ナノ学会編
シリーズ：未来を創るナノ・サイエンス&テクノロジー 第**5**巻

# 計算ナノ科学

## 第一原理計算の基礎と高機能ナノ材料への適用

編著 大野かおる
共著 中村振一郎
水関博志
佐原亮二

近代科学社

◆ 読者の皆さまへ ◆

平素より，小社の出版物をご愛読くださいまして，まことに有り難うございます．

㈱近代科学社は1959年の創立以来，微力ながら出版の立場から科学・工学の発展に寄与すべく尽力してきております．それも，ひとえに皆さまの温かいご支援があってのものと存じ，ここに衷心より御礼申し上げます．

なお，小社では，全出版物に対してHCD（人間中心設計）のコンセプトに基づき，そのユーザビリティを追求しております．本書を通じまして何かお気づきの事柄がございましたら，ぜひ以下の「お問合せ先」までご一報くださいますよう，お願いいたします．

お問合せ先：reader@kindaikagaku.co.jp


なお，本書の制作には，以下が各プロセスに関与いたしました：

・企画：小山 透
・編集：高山哲司
・組版：大日本法令印刷（LaTeX）
・印刷：大日本法令印刷
・製本：大日本法令印刷
・資材管理：大日本法令印刷
・カバー・表紙デザイン：tplot Inc. 中沢岳志
・広報宣伝・営業：山口幸治，東條風太

# シリーズ：未来を創るナノ・サイエンス&テクノロジー 刊行にあたって

これから10年もすれば，世の中にある集積回路の線幅はナノメートルに近づきます．そのときには，原子・分子の世界そのものが，大学や研究所の理論や実験の域を離れ，実世界の工業界で使われていることでしょう．量子力学は難しいから分からない，などとは言っていられなくなります．

とはいえ，誰もが量子力学を理解できるとは限りません．昔の車は，故障すれば個人で修理することもできました．それが今のコンピューター制御の車は，とても素人に手が出せる装置ではありません．その意味で，ナノテクノロジーが進展しても，一般人が量子力学そのものを話題にすることはないのです．逆に，より分かりやすい方策がとられるようになるはずです．

ナノテクノロジーも同様です．アインシュタインが相対性理論を発表した当時（1905年 特殊相対論，1916年 一般相対論），日常生活では，ほとんどの人に気づかれることなく彼の理論がカーナビという形で活用されるようになるとは，アインシュタイン本人も含めて誰も夢にも思わなかったことでしょう．しかし，カーナビ技術に相対性理論が利用されていることは事実なのです．それを理解する一握りの人が必要なのです．それが分かるような誰かが生まれ，気を入れて勉強し，本当に大事な事柄を確実に理解して実社会に応用する．その手助けとして本書が使われるとしたら，このシリーズを企画した者としてこの上ない喜びです．

本シリーズは，ナノ学会の出版事業の一環として，私たちと近代科学社が一緒になって企画しました．その趣旨は，次のとおりです：

クリントン米国大統領（当時）が2000年に発表したNNI（National Nanotechnology Initiative：国家ナノテクノロジー戦略）に端を発して「ナノテクノロジー」という言葉が盛んに用いられるようになり，10年以上の歳月が経ちました．ところが，初期に期待された急激なシリコンテクノロジーからの移行は進んでおらず，最近では，フィーバーは過ぎたという認識さえもたれはじめています．本当にそうでしょうか．

そもそも，ナノテクノロジーという単語自体は1974年に当時の東京理科大学の谷口紀男教授が作った造語ですし，日本が化学合成の分野で急激な進展をしていることに米国が危機感をもってNNIを始めたというのが真実です．これは日本人が誇りにすべきことだと思います．液晶テレビの最終製品は韓国製が優位に立ちつつありますが，そこで使われている伝導性光透過膜の原料（ターゲット）は日本製です．我が国は，このような材料系基盤において世界をリードする技術立国であり，その将来像がナノテクノロジーなのです．

ナノ学会は設立当初から，今で言う「true nano」を目指してきました．よく知られているとおり，数十ナノメートルのサイズの物質はまだバルク（固体）と同じ性質を示します．それが数ナノメートルを切るサイズになると，原子数がひとつ違えばまったく物性が異なる，いわゆる「ナノ粒子」となるのです．これらナノ粒子を集合させて新物質を創製あるいは新機能を実現しようとするのが「true nano」です．

本シリーズは，学部3年〜修士1年の学生，ナノスケールの科学技術を学ぼうとしている一般読者などを対象に，現在の技術の延長ではない「true nano」を正しく理解してもらうことを目指して企画されました．というのも，技術立国日本の将来は，本物のナノスケール制御による新技術を使いこなせる研究者の育成にかかっているからです．

本シリーズの各巻は，大まかに「概要の解説」と「テーマごとの解説」から構成されています．よく分からないと言われがちなナノ・サイエンス&テクノロジーの基礎的事項をまずは理解していただいたあと，最先端研究や将来展望にまで触れていただきます．もちろん，時々刻々と状況が変わり得る新技術を扱うため，“古い内容”とならないよう最新の情報まで盛り込むようにしました．

編集委員
川添良幸（代表）
池庄司民夫・太田憲雄・大野かおる・尾上 順・水関博志・村上純一

# まえがき

スケールの基礎として，1に対して1000倍ずつ尺度を大きくしていくと，順番にキロ (kilo)，メガ (mega)，ギガ (giga)，テラ (tera)，ペタ (peta)，エクサ (exa) となる．逆に，1に対して1/1000倍ずつ尺度を小さくしていくと，順番にミリ (milli)，マイクロ (micro)，ナノ (nano)，ピコ (pico)，フェムト (femto)，アト (atto) となる．ナノとは10億分の1の表現であり，地球（直径1万2000 km）に対するビー玉（直径12 mm）に相当する縮尺である．1ナノメートル (nm) は物質中で原子が数個並ぶ程度の極めて短い長さの尺度（スケール）である．さらに，原子一個一個の運動の時間スケールはフェムト ($10^{-15}$) 秒からピコ ($10^{-12}$) 秒のオーダーであり，電子の運動の時間スケールになるとアト ($10^{-18}$) 秒のオーダーになる．そこでは主として電子の量子性に由来する様々な奇妙な現象が起こっている．

ナノテクノロジーとは，このスケールで起こる様々な現象を積極的に利用する革新的な技術であり，様々な分野への産業応用が期待されている．このような中で計算機の進歩も目覚しい．計算機の演算速度は1秒間に掛け算や割り算のような浮動小数点演算を何回できるかという数をフロップス (flops) で表すが，最近はパソコンでも10ギガフロップス（1秒間に100億回 = $10^{10}$ 回）を超える演算速度であり，超大型のスーパーコンピュータ（以下，スパコンという）は10ペタフロップス（1秒間に1京回 = $10^{16}$ 回）を超える演算速度を持つ（1ペタフロップスを超えるスパコンをペタコンとも言う）．世界最高速のスパコンの性能で言うと，5年で10倍ずつ演算性能が高速化していっている勘定になり，文部科学省ではエクサコンピュータを1年以内に導入する計画が進んでいる．この割合での集積度技術の進歩は，1965年にインテルの創始者ゴードン・ムーアにより予言されていたもので，ムーアの法則と呼ばれている．現在，シリコンの超微細加工技術は10 nm

を切っている．集積度をこれ以上増すことには物理的な限界があり，これ以上小さなスケールでデバイスを構築することは不可能と言われている．この状況を打開するには，表面微細加工技術に頼る今までの考え方を変えるしか方法はない．表面微細加工で平面（2 次元）的な回路を作るのではなく，3 次元的に自在に組み上げることができれば，集積度を一挙に高めることができる．また，16〜128 キュービットの超伝導量子コンピュータなども実用化されており，夢の話ではなくなった．

ナノスケールで起こる現象の記述と理解には第一原理計算が欠かせない．第一原理計算とは経験的なパラメータや近似をなるべく用いず，物理の基本法則に忠実に計算する方法を指す．しかし，ナノスケールと言えどもたくさんの原子・分子で構成されており，電子数も多い．したがって，ナノスケールの物理化学の基本法則というのは一般に多体量子論を指し，第一原理計算を行うには多体量子論を知る必要がある．量子化学分野では古くから配置間相互作用や結合クラスター理論などの全波動関数を最適化する方法が用いられてきた．しかし，それらの方法は計算精度が高いものの，独立粒子のピクチャーでは捉えにくく，膨大な計算量を必要とする．最近では物性物理分野に限らず原子・分子の量子化学分野でも，比較的計算量が少なくて済む密度汎関数理論や多体摂動論のグリーン関数法が多く用いられるようになってきた．GW 近似などのグリーン関数法の大きな利点は，それが準粒子としての独立粒子ピクチャーで捉えることができ，光電子スペクトルを直接与えるところにある．さらに，ベーテ–サルペータ方程式 (BSE) を解けば光吸収スペクトルを求めることも可能である．最近，GW + BSE 法の論文が急増している（2018 年には 250 報以上の論文が出版されている）．したがって，これらの計算手法を統一的に理解することが必要になってきている．

しかし，現状では高速のスーパーコンピュータを使用しても，通常の密度汎関数理論でさえ，せいぜい数百個から 1000 個程度の原子の運動を取り扱うのが限度であり，動力学を行うことが可能な時間も 1 ナノ秒が限界である．すなわち，ナノスケールの「超」短時間・短距離の現象が第一原理計算の格好の研究対象となる．現在の第一原理計算技術を使えば，1 nm 程度の領域で起こる現象については非常に精密に予測することが可能であり，この領域であれば化学反応や機能発現，さらにはプロセスシミュレーションを行うこともできる．先に述べたように，コンピュータの能力は年々飛躍的に向上しており，数年後には今のスーパーコンピュータの性能がワークステーションで実現される時代が訪れることは間違いない．したがって，高精度第一原理計算はもとより，第一原理分子動力学法なども，今後ますます大きな系のより長時間の振舞いを調べるのに活用されていくはずである．

本書はナノシリーズの第6巻として，『計算ナノ科学――第一原理計算の基礎と高機能ナノ材料への応用』と題して，理工系の学部高学年から大学院1年生を対象とし，実験では正確に捉えることが難しいナノスケールの極微の世界の構造や性質，機能を実験よりも先に理論計算で正確に予測していくための高度な第一原理計算に必要不可欠な基礎知識と様々なナノテクノロジーへの応用例を与えることを目的に編集された．

第1章では，第一原理計算のベースとなる多体電子論を基礎から丁寧に説明した．特に，物性理論，量子化学を問わず，ハートリー-フォック近似，密度汎関数理論，準粒子理論，配置間相互作用，結合クラスター理論，グリーン関数，多体摂動論GW近似などを統一的に説明することを試みた．

第2章では，第一原理計算の計算手法を応用例とともに詳述した．ここに含まれる応用例としては，ディラックコーンや巨大な電子移動度や高い熱伝導度を持つことで脚光を浴びているグラフェン，太陽電池などへの応用で注目されているリチウムイオン内包フラーレン ($Li^+@C_{60}$)，極微小な金属クラスターを触媒とするカーボンナノチューブ (CNT) 規則成長，2種の異なる分子を接合したエネルギーギャップ・エンジニアリングの例として$\pi$共役デンドリマーの光捕集機能や有機太陽電池の電荷分離機能などがある．

第3章では，人類の夢である$CO_2$からギ酸やメタノールなどの有機分子を人工的に合成する壮大なテーマを取り上げた．これは，電池の電極などにおける酸素発生反応 (oxygen evolving reaction, OER) や酸素還元反応（oxygen reduction reaction, ORR）とも深く関係する極めて重要な研究テーマであり，果てしない究極の目標に向かって科学者の英知が注がれている最先端の研究分野である．実験から得られる知識とタイアップしたいろいろな第一原理計算の取組みについて紹介する．このような電気化学プロセスや電気触媒反応と関係する事象として，鉄の腐食やチタン合金の耐酸化性向上なども重要な研究テーマであるが，これらについては第４章で取り上げる．

第４章ではこの他，６価クロム除去剤，水素貯蔵材料などの性能を向上させるナノ材料として，ピロール環を含む２次元炭素材料やオニオンライクカーボン，リチウムドープ・カリックスアレーンやBNフラーレン ($B_{36}N_{36}$) などの第一原理計算を紹介する．また，今後我が国でますます重要となっていくであろう，水素ハイドレートの第一原理計算やニッケルクラスターを触媒とする水素分子の解離反応についても紹介する．最後に，材料科学への応用として，高クロムフェライト系の耐熱鋼の溶接などによる早期破断問題の解決に向けた第一原理計算を紹介する．

本書では，このように第一原理計算の基礎となる理論と実際の第一原理計算プログラムの中身の説明，そして非常に多岐に渡る様々な研究対象に対して第一原理計算がいかに役に立つかの数多くの応用例を示した．重要な語には索引を付けて太文字で示すとともに，各章でここだけは理解してほしい主要なポイントには下線を引いて強調した．紙数の制限と著者の力量の限界のため，各章で十分な説明が尽くされていない部分も多い．それらについては，より専門の図書や文献を参照していただきたい．本書は，そのような橋渡し的な役目を果たせれば目的は達成されたものと考える．今後，第一原理計算を核とする予測性能の高い精密計算科学はますます重要になり，実験に先行して実験研究をアシストしていくものと期待される．そして，そのような多くの取組みが，ボトムアップ型のナノテクノロジーの産業応用を加速させていくことが望まれている．本書がその一助になれば幸いである．

最後に，本書の構想から出版に至るまでの長い期間，近代科学社の高山哲司氏には大変お世話になった．また，横浜市立大学の立川仁典教授には，全ページにわたり非常に丁寧に校閲して頂き，数多くの貴重なコメントを頂戴した．この場を借りて両氏に厚く御礼申し上げたい．

2019年６月

著者を代表して

大野かおる

# 目　次

## 第3章　$CO_2$ 還元を目指す計算科学



## 第4章　第一原理計算の適用例

第 1 章

# 基礎理論


要約

あらゆる物質は原子核と電子で構成されており，多くの場合，原子核は原子番号に等しい正の電荷を持つ古典的な質点として扱うことができる．一方，負に帯電した電子はクーロン引力相互作用で多数の原子核に引き寄せられつつも，クーロン反発相互作用やパウリの排他原理で互いに離れながら存在する複雑な多電子系をなし，この量子状態を正しく記述するためには，多体量子論に基づく精密な理論が必要となる．本章では，ハートリー-フォック近似，密度汎関数理論，準粒子理論，結合クラスター理論，グリーン関数，多体摂動論などについて順を追って系統的に説明していく．ここで，ハートリー-フォック近似は準粒子理論の最も簡単な近似に相当する．


## 1.1 多電子系，ハートリー-フォック近似

電子は非常に小さい負 $(-e)$ に帯電した粒子である．このような小さな粒子は，粒としての性質と波としての性質を兼ね備えている．質量あるいは運動量が大きければ粒としての性質が顕著になり，小さければ波としての性質が顕著になる．波というのは，電場などと同じように，その絶対値 2 乗 $|\phi(\boldsymbol{r},t)|^2$ が強度，つまり存在確率を表すような「振幅 $\phi(\boldsymbol{r},t)$」としての波である．これを**波動関数** (wave function) と呼ぶ．電子は非常に小さい粒ではあるが，それが存在している確率密度（つまり粒子数密度）としての空間分布は観測することができる．それは電子雲と呼ばれ，まるで雲のような分布である．電子は $\frac{\hbar}{2}$ の大きさの**スピン** (spin) **角運動量**を持つ．スピンは相対論的な**ディラック** (Dirac) **方程式**に現れる電子の内部自由度である．

電子は原子核の周りを回っていて，原子を構成する．原子核も非常に小さいが，正 $(+e)$ に帯電した陽子と中性の中性子からなる．我々が原子やイオンと呼んでいるものは，原子核の周りの電子分布，つまり電子雲を見ているのである．電子は原子同士の結びつきでも重要な役割を果たす．それは糊のような役割で，電子がなければ原子は結合することはできない．それどころか，原子核同士のクーロン反発で爆発してしまう．したがって，物質・材料の性質を調べるには電子分布を調べることは非常に重要である．

自然法則によれば，エネルギーが最も低い状態が最も安定な状態であり，電子もこの法則に従う．つまり，エネルギーが最低となる電子分布が実現する．これを**基底状態** (ground state) と呼んでいる．これに対して，物質に光が照射されると電子は励起され，よりエネルギーの高い状態に移る．全エネルギーは保存するので，この状態は電子が吸収した光のエネルギー分だけ高いエネルギーを持つ**励起状態** (excited state) となる．光でなくても，熱や衝撃が加われば電子は励起状態に移ることがある．外から電場がかかると，電子は負に帯電しているため，電場の方向とは逆の方向に力を受ける．そして，原子を飛び出して隣の原子に移動する．これを繰り返して電子が1方向に集団で移動するようになると電流になる．あるいは，磁場中でも電子はローレンツ力を受けて回転運動をする．物質中でも同様な振舞いをするため，物質の性質は磁場にも影響される．もちろん，電子の状態（**電子状態** (electronic state)）は原子核の影響を受けて量子力学的に決まるので，電子だけでなく，原子核も正確に取り扱うことが必要不可欠である．

あらゆる物質は電子と原子核で構成されている．電子の総数を $M$，原子核の総数を $K$ とすると，この系の**ハミルトニアン**は非相対論的極限で，

$$H_{\mathrm{NR}} = \sum_{i=1}^{M} h^{(1)}(\boldsymbol{r}_i) + \sum_{i>j}^{M} V(\boldsymbol{r}_i - \boldsymbol{r}_j) - \sum_{I=1}^{K} \frac{\hbar^2}{2M_I}\nabla_I^2 + \frac{e^2}{4\pi\varepsilon_0}\sum_{I>J}^{K} \frac{Z_I Z_J}{|\boldsymbol{R}_I - \boldsymbol{R}_J|} \tag{1.1}$$

で与えられる．ここで $\boldsymbol{r}_i$ は電子の位置座標，$\boldsymbol{R}_I$ は原子核の位置座標であり，$M_I$ は原子核の質量，$Z_I$ は原子番号，$\hbar$ は $2\pi$ で割ったプランク定数である．一般に $M \neq N = \sum_{I=1}^{K} Z_I$ である．$M = N$ なら中性である．(1.1) 式で1体のハミルトニアン $h^{(1)}(\boldsymbol{r}_i)$ は $m$ を電子質量として次式で与えられる．

$$h^{(1)}(\boldsymbol{r}_i) = \frac{\hbar^2}{2m}\boldsymbol{p}_i^2 + v(\boldsymbol{r}_i) = -\frac{\hbar^2}{2m}\nabla_i^2 + v(\boldsymbol{r}_i) \tag{1.2}$$

(1.2) の第 1 項と (1.1) の第 3 項は電子と原子核の運動エネルギーを表し，

$$v(\boldsymbol{r}_i) = -\frac{e^2}{4\pi\varepsilon_0}\sum_{I=1}^{K}\frac{Z_I}{|\boldsymbol{r}_i - \boldsymbol{R}_I|}, \quad V(\boldsymbol{r}_i - \boldsymbol{r}_j) = \frac{e^2}{4\pi\varepsilon_0}\frac{1}{|\boldsymbol{r}_i - \boldsymbol{r}_j|} \tag{1.3}$$

の 2 式は原子核・電子間の引力的クーロン相互作用と電子間の斥力的クーロン相互作用を表す．さらに，(1.1) の第 4 項は原子核間の斥力的クーロン相互作用を表している．

相対論的な補正も考えることにすると，例えば 1 電子の場合は (1.1) に，

$$H = H_{\mathrm{NR}} - \frac{\boldsymbol{p}^4}{8m^3c^2} + \frac{\hbar}{4m^2c^2}\boldsymbol{\sigma}\cdot(\nabla v(\boldsymbol{r})\times\boldsymbol{p}) + \frac{\hbar^2}{8m^2c^2}\nabla^2 v(\boldsymbol{r}) \tag{1.4}$$

の 3 項が加わる．ここで $c$ は光速であり，$\boldsymbol{\sigma}$ はパウリ (Pauli) のスピン行列

$$\sigma_1 = \sigma_x = \begin{pmatrix} 0 & 1 \\ 1 & 0 \end{pmatrix}, \quad \sigma_2 = \sigma_y = \begin{pmatrix} 0 & -i \\ i & 0 \end{pmatrix}, \quad \sigma_3 = \sigma_z = \begin{pmatrix} 1 & 0 \\ 0 & -1 \end{pmatrix} \tag{1.5}$$

である．(1.4) の各項は運動量補正 (mass-velocity)，スピン軌道結合 (spin-orbit coupling, SOC)，ダーウィン (Darwin) 項と呼ばれる．孤立原子で $V(r) = -Ze^2/4\pi\varepsilon_0 r$ のときは SOC は $Ze^2\boldsymbol{L}\cdot\boldsymbol{s}/8\pi\varepsilon_0 m^2c^2r^3$ となり（LS 結合と呼ばれる），ダーウィン項は $(Ze^2\hbar^2/8\varepsilon_0 m^2c^2)\delta(\boldsymbol{r})$ に等しく，原子核上で振幅を持つ s 軌道だけに作用する．$\boldsymbol{L} = \boldsymbol{r}\times\boldsymbol{p}$ は角運動量である．核スピンを考えると電子スピン $\boldsymbol{s} = \frac{1}{2}\hbar\boldsymbol{\sigma}$ との間に超微細相互作用 (hyperfine interaction) としてフェルミ接触 (Fermi contact) 相互作用と双極子 (dipole) 相互作用が働く．外場があれば，スカラーポテンシャル $\varphi(\boldsymbol{r})$ 中では $v(\boldsymbol{r}_i) \to v(\boldsymbol{r}_i) - e\varphi(\boldsymbol{r}_i)$，ベクトルポテンシャル $\boldsymbol{A}(\boldsymbol{r})$ 中では $\boldsymbol{p} \to -i\hbar\nabla + e\boldsymbol{A}$ の置き換えが必要である．

陽子と中性子の質量は電子質量の 1836.153 倍，1838.684 倍あり，原子核の質量は電子質量に比べて十分重い．したがって，通常は電子の運動は原子核の運動に比べて十分速く，電子は原子核の運動に遅れずに追随すると考えてよい．また，原子核の量子性も H や He を除けば通常無視できる．すると各時刻の電子状態は原子核位置を固定した系の定常状態であるとする

ボルン-オッペンハイマー (Born-Oppenheimer) 近似が成り立ち，(1.1) の初めの 2 項のみを考えればよい．そのような電子系のハミルトニアンに対する定常状態のシュレーディンガー (Schrödinger) 方程式の解，つまり固有関数 (eigenfunction)$\Psi_\gamma^M(\boldsymbol{r}_1, \boldsymbol{r}_2, \ldots, \boldsymbol{r}_M)$ を考える（簡単のため電子スピンは無視する）．

電子は互いに区別できないので，ハミルトニアン $H$ は $i$ 番目の粒子と $j$ 番目の電子を入れ替える互換演算子 $P_{ij}$ と交換する ($[P_{ij}, H] = 0$)．すると $P_{ij}$ と $H$ は同時 (simultaneous) 固有状態[1]を持つので，固有関数 $\Psi_\gamma^M$ は演算子 $P_{ij}$ の固有値で分類することができる．演算子 $P_{ij}$ を固有関数に演算すると，

$$P_{ij}\Psi_\gamma^M(\boldsymbol{r}_1, \ldots, \boldsymbol{r}_i, \ldots, \boldsymbol{r}_j, \ldots, \boldsymbol{r}_M) = \Psi_\gamma^M(\boldsymbol{r}_1, \ldots, \boldsymbol{r}_j, \ldots, \boldsymbol{r}_i, \ldots, \boldsymbol{r}_M) \tag{1.6}$$

となる．これを 2 回演算すると固有関数は元に戻るので，$P_{ij}^2$ の固有値は 1 であることが分かる．したがって，$P_{ij}$ の固有値は ±1 でなければならず，

$$P_{ij}\Psi_\gamma^M(\boldsymbol{r}_1, \ldots, \boldsymbol{r}_i, \ldots, \boldsymbol{r}_j, \ldots, \boldsymbol{r}_M) = \pm\Psi_\gamma^M(\boldsymbol{r}_1, \ldots, \boldsymbol{r}_i, \ldots, \boldsymbol{r}_j, \ldots, \boldsymbol{r}_M) \tag{1.7}$$

であることが分かる．$P_{ij}$ の固有値は同種粒子系の波動関数の性質を決め，粒子の統計性に関わる大変重要なものである．相対論的量子力学によれば，スピンの大きさが $\hbar$ を単位に整数 ($s = 0, 1, 2, \ldots$) の粒子は固有値が +1 であり，ボーズ粒子 (Bose particle) あるいはボソン (Boson) と呼ばれ，スピンの大きさが半整数 ($s = \frac{1}{2}, \frac{3}{2}, \ldots$) の粒子は固有値が −1 であり，フェルミ粒子 (Fermi particle) あるいはフェルミオン (Fermion) と呼ばれる．ボーズ粒子系の波動関数は粒子の入れ替えに対して符号を変えず対称的だが，フェルミ粒子系の波動関数は粒子の入れ替えに対して符号を変え，反対称的である．二つの粒子が同じ位置 $\boldsymbol{r}_i$ に来ると波動関数は $\Psi_\gamma^M(\boldsymbol{r}_1, \ldots, \boldsymbol{r}_i, \ldots, \boldsymbol{r}_i, \ldots, \boldsymbol{r}_M) = \pm\Psi_\gamma^M(\boldsymbol{r}_1, \ldots, \boldsymbol{r}_i, \ldots, \boldsymbol{r}_i, \ldots, \boldsymbol{r}_M)$ となる．ボーズ粒子系は正符号なので問題ないが，フェルミ粒子系は負符号なので $2\Psi_\gamma^M = 0$ となり，波動関数は 0 になる．

---

[1] $[P_{ij}, H] = 0$ のとき，$H\Psi_\gamma^M = E_\gamma^M\Psi_\gamma^M$ の両辺に左から $P_{ij}$ を演算すると $H(P_{ij}\Psi_\gamma^M) = E_\gamma^M(P_{ij}\Psi_\gamma^M)$ が得られるので，$P_{ij}\Psi_\gamma^M$ は何らかの位相因子 $\tau_{ij}$ を除いて $\Psi_\gamma^M$ と同じであるとみなせる．したがって，固有値方程式 $P_{ij}\Psi_\gamma^M = \tau_{ij}\Psi_\gamma^M$ も同時に成り立つことが分かる．つまり，$\tau_{ij}$ は $P_{ij}$ の固有値としての意味を持つ．このような $\Psi_\gamma^M$ を同時固有状態という．

つまり，二つの粒子が同じ位置に来る確率は 0 である．これはパウリ (Pauli) の排他原理 (exclusion principle) の一つの側面である．電子や陽子，中性子はスピンの大きさ $\frac{1}{2}$ のフェルミオンである．したがって電子系の波動関数は反対称性 (antisymmetry) を持ち，パウリの排他原理を満たす．

電子間相互作用が無視できる場合，ハミルトニアン (1.1) は第 1 項のみとなり，1 体のハミルトニアン (1.2) つまり $h^{(1)}(\boldsymbol{r}_i)$ の単純な和で表される．$h^{(1)}(\boldsymbol{r}_i)$ の $\lambda_i$ で指定される固有関数を $\phi_{\lambda_i}(\boldsymbol{r}_i)$ と書くと，これらは固有値方程式 (eigenvalue equation)

$$h^{(1)}(\boldsymbol{r}_i)\phi_{\lambda_i}(\boldsymbol{r}_i) = \varepsilon_{\lambda_i}\phi_{\lambda_i}(\boldsymbol{r}_i) \tag{1.8}$$

を満たす．量子力学によれば，すべての $\lambda_i$ の固有関数 $\phi_{\lambda_i}(\boldsymbol{r}_i)$ の組は正規直交完全系をなす．$H\Psi_\gamma^M = E_\gamma^M \Psi_\gamma^M$ を満たす $M$ 電子系の固有関数は，反対称性を無視すれば，(1.8) の 1 電子固有関数 $\phi_{\lambda_i}(\boldsymbol{r}_i)$ の積で表され，固有値は (1.8) の 1 電子固有値の和で与えられる．

$$\Psi_\gamma^M(\boldsymbol{r}_1, \boldsymbol{r}_2, \ldots, \boldsymbol{r}_M) \Leftrightarrow \phi_{\lambda_1}(\boldsymbol{r}_1)\phi_{\lambda_2}(\boldsymbol{r}_2)\cdots\phi_{\lambda_M}(\boldsymbol{r}_M), \quad E_\gamma^M = \varepsilon_{\lambda_i} + \varepsilon_{\lambda_2} + \cdots + \varepsilon_{\lambda_M} \tag{1.9}$$

ボソン系では，波動関数を粒子位置について対称化して，$\Psi_\gamma^M(\boldsymbol{r}_1, \boldsymbol{r}_2, \ldots, \boldsymbol{r}_M) = (1/\sqrt{M!})\sum_P \phi_{\lambda_1}(\boldsymbol{r}_{P1})\phi_{\lambda_2}(\boldsymbol{r}_{P2})\cdots\phi_{\lambda_M}(\boldsymbol{r}_{PM})$ とすればよい（$P$ は $M!$ 通りの置換を表す）．右辺の和をパーマネント (parmanent) という．フェルミオン系では，粒子位置について反対称化して，$\Psi_\gamma^M(\boldsymbol{r}_1, \boldsymbol{r}_2, \ldots, \boldsymbol{r}_M) = (1/\sqrt{M!}) \times \sum_P (-1)^P \phi_{\lambda_1}(\boldsymbol{r}_{P1})\phi_{\lambda_2}(\boldsymbol{r}_{P2})\cdots\phi_{\lambda_M}(\boldsymbol{r}_{PM})$ とする．（$(-1)^P$ は $P$ 偶数回の互換（偶置換 (even permutation)）のとき +1 で，奇数回の互換（奇置換 (odd permutation)）のとき −1 とする）．これは行列式 (determinant) の定義に他ならず，

$$\Psi_\gamma^M(\boldsymbol{r}_1, \boldsymbol{r}_2, \ldots, \boldsymbol{r}_M) = \frac{1}{\sqrt{M!}}\begin{vmatrix} \phi_{\lambda_1}(\boldsymbol{r}_1) & \phi_{\lambda_2}(\boldsymbol{r}_1) & \cdots & \phi_{\lambda_M}(\boldsymbol{r}_1) \\ \phi_{\lambda_1}(\boldsymbol{r}_2) & \phi_{\lambda_2}(\boldsymbol{r}_2) & \cdots & \phi_{\lambda_M}(\boldsymbol{r}_2) \\ \vdots & \vdots & & \vdots \\ \phi_{\lambda_1}(\boldsymbol{r}_M) & \phi_{\lambda_2}(\boldsymbol{r}_M) & \cdots & \phi_{\lambda_M}(\boldsymbol{r}_M) \end{vmatrix} \tag{1.10}$$

と書くことができる．これをスレーター行列式 (Slater determinant) とい

う．行列式はユニタリー変換 (unitary transformation) で値を変えないので，1 電子固有関数の選び方には任意のユニタリー変換の自由度がある．ボーズ粒子系では二つの粒子が同じ位置でも同じ状態でも占有できるのに対して，フェルミ粒子系では二つの粒子が同じ位置や同じ状態を占有できない．これは波動関数の反対称性による（行列式の二つの行あるいは二つの列が同じになるので波動関数が 0 となる)．二つの粒子が同じ状態を占有できないという性質がパウリの排他原理であり，フェルミ粒子の重要な性質である．

電子間相互作用がある場合は，波動関数は (1.10) の線形結合として，

$$\Psi_\gamma^M(\boldsymbol{r}_1, \boldsymbol{r}_2, \ldots, \boldsymbol{r}_M) = \frac{1}{\sqrt{M!}} \sum_{\lambda_1 \neq \lambda_2 \neq \ldots \neq \lambda_M} C_{\lambda_1,\ldots,\lambda_M} \begin{vmatrix} \phi_{\lambda_1}(\boldsymbol{r}_1) & \phi_{\lambda_2}(\boldsymbol{r}_1) & \cdots & \phi_{\lambda_M}(\boldsymbol{r}_1) \\ \phi_{\lambda_1}(\boldsymbol{r}_2) & \phi_{\lambda_2}(\boldsymbol{r}_2) & \cdots & \phi_{\lambda_M}(\boldsymbol{r}_2) \\ \vdots & \vdots & & \vdots \\ \phi_{\lambda_1}(\boldsymbol{r}_M) & \phi_{\lambda_2}(\boldsymbol{r}_M) & \cdots & \phi_{\lambda_M}(\boldsymbol{r}_M) \end{vmatrix} \tag{1.11}$$

の形に表せる．以下では，この波動関数 $\Psi_\gamma^M(\boldsymbol{r}_1, \boldsymbol{r}_2, \ldots, \boldsymbol{r}_M)$ も規格化されて，

$$\langle \Psi_\gamma^M | \Psi_\gamma^M \rangle = \int |\Psi_\gamma^M(\boldsymbol{r}_1, \boldsymbol{r}_2, \ldots, \boldsymbol{r}_M)|^2 d\boldsymbol{r}_1 d\boldsymbol{r}_2 \cdots d\boldsymbol{r}_M = 1 \tag{1.12}$$

を満たすとする．粒子数密度 (particle number density) を与える演算子は $\hat{n}(\boldsymbol{r}) = \sum_{i=1}^M \delta(\boldsymbol{r} - \boldsymbol{r}_i)$ と書けるから，その期待値は次式で与えられる．

$$n(\boldsymbol{r}) = \langle \Psi_\gamma^M | \hat{n}(\boldsymbol{r}) | \Psi_\gamma^M \rangle = \sum_{j=1}^M \int \delta(\boldsymbol{r} - \boldsymbol{r}_j) |\Psi_\gamma^M(\boldsymbol{r}_1, \boldsymbol{r}_2, \ldots, \boldsymbol{r}_M)|^2 d\boldsymbol{r} d\boldsymbol{r}_2 \cdots d\boldsymbol{r}_M \tag{1.13}$$

これよりハミルトニアン中の 1 体のポテンシャル $\sum_{i=1}^M v(\boldsymbol{r}_i)$ の期待値も

$$\begin{aligned} \left\langle \sum_{i=1}^M v(\boldsymbol{r}_i) \right\rangle &= \int \cdots \int (\sum_{i=1}^M v(\boldsymbol{r}_i)) |\Psi_\gamma^M(\boldsymbol{r}_1, \boldsymbol{r}_2, \ldots, \boldsymbol{r}_M)|^2 d\boldsymbol{r}_1 d\boldsymbol{r}_2 \cdots d\boldsymbol{r}_M \\ &= \int v(\boldsymbol{r}) n(\boldsymbol{r}) d\boldsymbol{r} \end{aligned} \tag{1.14}$$

と書けることが分かる．

いま，すべての長さのスケールを $\alpha$ 倍すると，(1.12) は

$$\langle \Psi_\gamma^M | \Psi_\gamma^M \rangle = \int \cdots \int |\Psi_\gamma^M(\alpha\boldsymbol{r}_1, \alpha\boldsymbol{r}_2, \ldots, \alpha\boldsymbol{r}_M)|^2 d(\alpha\boldsymbol{r}_1) d(\alpha\boldsymbol{r}_2) \cdots d(\alpha\boldsymbol{r}_M) = 1 \tag{1.15}$$

となり，(1.14) やその他の期待値は

$$\begin{aligned}
\langle T \rangle &= \int \cdots \int \Psi_\gamma^{*M}(\alpha\boldsymbol{r}_1, \ldots, \alpha\boldsymbol{r}_M) \\
&\quad \times \left( -\sum_{i=1}^{M} \frac{\hbar^2}{2m\alpha^2} \nabla_i^2 \right) \Psi_\gamma^M(\alpha\boldsymbol{r}_1, \ldots, \alpha\boldsymbol{r}_M) d(\alpha\boldsymbol{r}_1) \cdots d(\alpha\boldsymbol{r}_M) \\
\langle v \rangle &= -\frac{e^2}{4\pi\varepsilon_0} \int \cdots \int \left( \sum_{i=1}^{M} \sum_{I=1}^{K} \frac{Z_I}{\alpha|\boldsymbol{r}_i - \boldsymbol{R}_I|} \right) \\
&\quad \times |\Psi_\gamma^M(\alpha\boldsymbol{r}_1, \ldots, \alpha\boldsymbol{r}_M)|^2 d(\alpha\boldsymbol{r}_1) \cdots d(\alpha\boldsymbol{r}_M)
\end{aligned} \tag{1.16}$$

$$\begin{aligned}
\left\langle \sum_{i>j}^{M} V(\boldsymbol{r}_i - \boldsymbol{r}_j) \right\rangle &= \frac{e^2}{4\pi\varepsilon_0} \int \cdots \int \left( \sum_{i>j}^{M} \frac{1}{\alpha|\boldsymbol{r}_i - \boldsymbol{r}_j|} \right) \\
&\quad \times |\Psi_\gamma^M(\alpha\boldsymbol{r}_1, \ldots, \alpha\boldsymbol{r}_M)|^2 d(\alpha\boldsymbol{r}_1) \cdots d(\alpha\boldsymbol{r}_M)
\end{aligned}$$

となる．(1.1) 式の第 4 項，第 5 項も

$$-\sum_{I=1}^{K} \frac{\hbar^2}{2\mathcal{M}_I\alpha^2} \nabla_I^2 + \frac{e^2}{4\pi\varepsilon_0} \sum_{I>J}^{K} \frac{Z_I Z_J}{\alpha|\boldsymbol{R}_I - \boldsymbol{R}_J|} \tag{1.17}$$

とスケールされる．(1.15) の波動関数の規格化より，$\langle T \rangle$ は $1/\alpha^2$ で，$\langle v \rangle$，$\langle V \rangle$ は $1/\alpha$ でスケールされることがわかる．全エネルギー $E_\gamma^M = \langle \Psi_\gamma^M | H | \Psi_\gamma^M \rangle$ は，これらの和として求まる．系が安定な平衡状態にあれば，全エネルギーは**停留値** (stationary value) をとり，$\alpha$ を微小変化させても不変なので，全エネルギーを $\alpha$ で微分して $\alpha = 1$ と置くと，全運動エネルギーの 2 倍と全ポテンシャル・エネルギーを加えたものが 0 になることが分かる ($\langle 2T_{\mathrm{total}} + V_{\mathrm{total}} \rangle = 0$)．この関係を**ビリアル定理** (virial theorem) といい，クーロン相互作用のみで相互作用するすべての粒子系に対して成り立つ一般的な関係であり，計算精度を問題にするときに参照されることが多い．

ダイナミクス計算には各原子核に働く力を計算する必要がある．これは全エネルギーを各原子核位置で微分することで計算される．

$$\boldsymbol{F}_I = -\nabla_I E_\gamma^M \tag{1.18}$$

ただし，このときはハミルトニアンに (1.1) の第4項を含める必要がある．

**ハートリー-フォック** (Hartree-Fock) **近似**は固有関数 $\Psi_\gamma^M(\boldsymbol{r}_1, \boldsymbol{r}_2, \ldots, \boldsymbol{r}_M)$ を1個の Slater 行列式 (1.10) で近似するものである．**基底状態の変分原理** (variational principle) によれば，この場合のハミルトニアンの期待値は真の基底状態エネルギー $E_G^M$ よりも必ず高くなる．1電子波動関数 $\phi_{\lambda_i}(\boldsymbol{r}_j)$ が

$$\int \phi_{\lambda_i}^*(\boldsymbol{r})\phi_{\lambda_j}(\boldsymbol{r})d\boldsymbol{r} = \delta_{\lambda_i\lambda_j} \tag{1.19}$$

のように**正規直交化** (orthonormalization) されていれば ($\delta_{\lambda_i\lambda_j}$ はクロネッカーのデルタである)，$\Psi_\gamma^M$ の**規格化条件** (normalization condition)

$$\langle \Psi_\gamma^M | \Psi_\gamma^M \rangle = \frac{1}{M!}\sum_P \prod_{i=1}^M \int \phi_{\lambda_{P_i}}^*(\boldsymbol{r}_i)\phi_{\lambda_{P_i}}(\boldsymbol{r}_i)d\boldsymbol{r}_i = \frac{1}{M!}\sum_P 1 = 1 \tag{1.20}$$

は自動的に成り立つ．粒子数密度演算子 $\hat{n}(\boldsymbol{r}) = \sum_{i=1}^M \delta(\boldsymbol{r} - \boldsymbol{r}_i)$ の期待値は

$$\begin{aligned} n(\boldsymbol{r}) &= \langle \Psi_\gamma^M | \hat{n}(\boldsymbol{r}) | \Psi_\gamma^M \rangle \\ &= \sum_{j=1}^M \frac{1}{M!}\sum_P \prod_{i=1}^M \int \phi_{\lambda_{P_i}}^*(\boldsymbol{r}_i)\phi_{\lambda_{P_i}}(\boldsymbol{r}_i)d\boldsymbol{r}_i\delta(\boldsymbol{r} - \boldsymbol{r}_j) = \sum_{i=1}^M |\phi_{\lambda_i}(\boldsymbol{r})|^2 \end{aligned} \tag{1.21}$$

となる．一方，ハミルトニアン (1.1) の最初の2項の期待値は

$$\begin{aligned} E_\gamma^M = &-\frac{\hbar^2}{2m}\sum_{i=1}^M \int \phi_{\lambda_i}^*(\boldsymbol{r})\nabla_i^2\phi_{\lambda_i}(\boldsymbol{r})d\boldsymbol{r} + \int n(\boldsymbol{r})v(\boldsymbol{r}_i)d\boldsymbol{r} \\ &+ \left[\frac{1}{2}\int n(\boldsymbol{r})n(\boldsymbol{r}')V(\boldsymbol{r} - \boldsymbol{r}')d\boldsymbol{r}d\boldsymbol{r}'\right. \\ &\left.- \frac{1}{2}\sum_{ij}^M \int \phi_{\lambda_i}^*(\boldsymbol{r})\phi_{\lambda_j}^*(\boldsymbol{r}')V(\boldsymbol{r} - \boldsymbol{r}')\phi_{\lambda_j}(\boldsymbol{r})\phi_{\lambda_i}(\boldsymbol{r}')d\boldsymbol{r}d\boldsymbol{r}'\delta_{\mathrm{spin}\lambda_i,\mathrm{spin}\lambda_j}\right] \end{aligned} \tag{1.22}$$

となる．ここで，$\lambda_i = \lambda_j$ の項は $[\cdots]$ 内で打ち消しあうので，この項も和に含め，$i > j$ の和を $i, j$ 独立な和に置き換え，ダブルカウントを防ぐように2で割り，(1.21) を用いた．右辺第1項と第2項はハミルトニアンの1体

部分の期待値の和を表し，第 3 項は電子密度同士の古典的なクーロン相互作用エネルギーを表し，**ハートリー項**または**直接項** (direct term) と呼ばれる．それに対して第 4 項は波動関数の反対称性から生ずるエネルギーで，量子力学的な粒子の**交換相互作用** (exchange interaction) を表し，**フォック項**または**交換項** (exchangeterm) と呼ばれる．粒子を交換する際，スピンの向き↑↓が入れ替わることは許されず，同じ向きを向いたスピン同士のみ交換相互作用が生ずる．これが原子がスピン磁気モーメントを持つ原因となる．

変分原理に基づいて (1.22) を拘束条件 $\int |\phi_{\lambda_i}(\boldsymbol{r})|^2 d\boldsymbol{r} = \int \phi^*_{\lambda_i}(\boldsymbol{r})\phi_{\lambda_i}(\boldsymbol{r})d\boldsymbol{r} = 1$ の下で最小化しよう．この式から 1 を引いたものは何倍しても 0 なので，$-\sum_{i=1}^{M} \varepsilon_{\lambda_i}(\int \phi^*_{\lambda_i}(\boldsymbol{r})\phi_{\lambda_i}(\boldsymbol{r})d\boldsymbol{r} - 1) = 0$ を (1.22) に加えて，その式を $\phi_{\lambda_i}(\boldsymbol{r})$ について変分することにする．ここで $-\varepsilon_{\lambda_i}$ は**ラグランジュの未定乗数** (Lagrange multiplier) である．変分する際，$\phi_{\lambda_i}(\boldsymbol{r})$ の実部と虚部を独立な関数とみなしてもよいし，$\phi_{\lambda_i}(\boldsymbol{r})$ と $\phi^*_{\lambda_i}(\boldsymbol{r})$ を独立な関数とみなしてもよい．後者を採用し，$\phi^*_{\lambda_i}(\boldsymbol{r})$ で変分する．すると**停留値条件** (stationary condition) として

$$\frac{\delta E^M_\gamma}{\delta \phi^*_{\lambda_i}(\boldsymbol{r})} = \left[-\frac{\hbar^2}{2m}\nabla^2 + v(\boldsymbol{r}) + \frac{e^2}{4\pi\varepsilon_0}\int \frac{n(\boldsymbol{r}')}{|\boldsymbol{r}-\boldsymbol{r}'|}d\boldsymbol{r}' - \varepsilon_{\lambda_i}\right]\phi_{\lambda_i}(\boldsymbol{r})$$
$$- \frac{e^2}{4\pi\varepsilon_0}\sum_{j=1}^{M}\int \frac{\phi^*_{\lambda_j}(\boldsymbol{r}')\phi_{\lambda_i}(\boldsymbol{r}')}{|\boldsymbol{r}-\boldsymbol{r}'|}d\boldsymbol{r}'\delta_{\mathrm{spin}\lambda_i,\mathrm{spin}\lambda_j}\phi_{\lambda_j}(\boldsymbol{r}) = 0 \tag{1.23}$$

が得られる．この式はハートリー-フォック方程式と呼ばれる．これは $\phi_{\lambda_i}(\boldsymbol{r})$ に対する非線形な方程式であり，内側の $\phi_{\lambda_j}(\boldsymbol{r})$ を与えて線形化して，固有値問題として解く．$\varepsilon_{\lambda_i}$ はこの方程式のエネルギー固有値となる．しかし，はじめに与えた $\phi_{\lambda_j}(\boldsymbol{r})$ と矛盾しない解 $\phi_{\lambda_j}(\boldsymbol{r})$ を得るには，必要に応じて (1.21) の電子密度 $n(\boldsymbol{r})$ を少しずつ混合しながら，何回も解き直す必要がある．つまり，**自己無撞着** (self-consistent) に解く必要がある．(1.23) 式の解は**正準ハートリー-フォック軌道** (canonical Hartree–Fock orbital) と呼ばれ，一般のユニタリー変換した軌道とは区別される．

(1.22) の全エネルギーに寄与する $M$ 個の軌道のうち，一つの $\lambda_i$ の軌道 $\phi_{\lambda_i}(\boldsymbol{r})$ を含む 1 電子分の寄与を $\varepsilon'_{\lambda_i}$ と書くと，これは

$$\varepsilon'_{\lambda_i} = \int \phi^*_{\lambda_i}(\boldsymbol{r})\left(-\frac{\hbar^2}{2m}\nabla^2 + v(\boldsymbol{r})\right)\phi_{\lambda_i}(\boldsymbol{r})d\boldsymbol{r} + \int |\phi_{\lambda_i}(\boldsymbol{r})|^2 n(\boldsymbol{r}')V(\boldsymbol{r}-\boldsymbol{r}')d\boldsymbol{r}d\boldsymbol{r}'$$
$$- \sum_j^M \int \phi^*_{\lambda_i}(\boldsymbol{r})\phi^*_{\lambda_j}(\boldsymbol{r}')V(\boldsymbol{r}-\boldsymbol{r}')\phi_{\lambda_j}(\boldsymbol{r})\phi_{\lambda_i}(\boldsymbol{r}')d\boldsymbol{r}d\boldsymbol{r}'\delta_{\mathrm{spin}\lambda_i,\mathrm{spin}\lambda_j} \tag{1.24}$$

となる．これは (1.23) の左から $\phi^*_{\lambda_i}(\boldsymbol{r})$ を掛けて $\boldsymbol{r}$ で積分したものに等しく，$\varepsilon_{\lambda_i} = \varepsilon'_{\lambda_i}$ であることが分かる．1 電子軌道を固定して考えると，一つの $\lambda_\mu$ の軌道 $\phi_{\lambda_\mu}(\boldsymbol{r})$ を取り除いた $M-1$ 電子系の全エネルギーを $E^{M-1}_\mu$ として，

$$\varepsilon_\mu = E^M_\gamma - E^{M-1}_\mu \tag{1.25}$$

が成り立つ．これを**クープマンスの定理** (Koopmans theorem) という．実際には 1 電子欠損による系の緩和のため，$M-1$ 電子系の 1 電子軌道は $M$ 電子系の 1 電子軌道と異なり，(1.25) は厳密には成り立たない．(1.25) を厳密に成り立たせるには，1.2 節の密度汎関数理論に関する**ヤナックの定理** (Janak theorem) を用いるか，1.4 節の**準粒子理論** (quasiparticle theory) による必要がある．(1.25) のエネルギー差は光電子分光実験で得られるスペクトルに厳密に対応するので，これが計算できれば実験との精密な比較が可能となる．

ハートリー・フォック近似で金属を扱うと，フェルミ面にギャップが生じてしまうことがある．また，半導体の場合にもエネルギーギャップを過大評価する傾向を持つ．一方，ハートリー・フォック近似では**ビリアル定理**は厳密に成り立っているので，量子化学では，1.8 節に述べるように，より精度の高い計算の出発点として用いられることが多い．

## 1.2　密度汎関数理論

**ホーエンベルク** (Hohenberg) と**コーン** (Kohn)[1] は，1964 年に外部ポテンシャル $v(\boldsymbol{r})$ 中の電子ガスの基底状態を考え，電子密度分布 $n(\boldsymbol{r})$ の普遍的な，つまり，外部ポテンシャル $v(\boldsymbol{r})$ に依存しない，汎関数 $F[n]$ が存在して，電子系の全エネルギーが

$$E^N_G[n] = F[n] + \int v(\boldsymbol{r})n(\boldsymbol{r})d\boldsymbol{r} \tag{1.26}$$

と書かれ，さらに $E_G^N[n]$ は $n(\boldsymbol{r})$ が外部ポテンシャル $v(\boldsymbol{r})$ 中の真の電子密度分布に一致したときに最小値を持つことを証明した．これを**密度汎関数理論** (density functional theory, DFT) という．この理論は基底状態に縮退がない場合に厳密であるが，後にレヴィ (Levy) による**制限つき探索法**により「非縮退系」という制限が取り除かれた [2]（それについては省略する）．

オリジナルの証明は次のように単純である．まず，**密度汎関数** $F[n]$ は

$$F[n] = \langle \Psi_G^N | H_{\mathrm{eg}} | \Psi_G^N \rangle, \quad H_{\mathrm{eg}} = -\frac{\hbar^2}{2m}\sum_{i=1}^{N} \nabla_i^2 + \sum_{i>j}^{N} V(\boldsymbol{r}_i - \boldsymbol{r}_j) \tag{1.27}$$

で与えられる．ここで $H_{\mathrm{eg}}$ は外部ポテンシャルのない**電子ガス** (electron gas) のハミルトニアンであり，$\Psi_G^N$ は $N$ 電子系の基底状態の波動関数である．

外部ポテンシャル $v(\boldsymbol{r})$ を持つ系のハミルトニアンは明らかに $v(\boldsymbol{r})$ のユニークな汎関数であり，したがって，そのハミルトニアンの固有値方程式を解いて得られる真の波動関数 $\Psi_G^N$ や，真の電子密度分布 $n(\boldsymbol{r})$ も $v(\boldsymbol{r})$ の汎関数である．したがって，密度汎関数理論の前半の部分を証明するためには，$v(\boldsymbol{r})$ と $n(\boldsymbol{r})$ が一対一の対応関係にあることを示せばよい．そのために**背理法**を用い，異なる二つの外部ポテンシャル $v(\boldsymbol{r}), v'(\boldsymbol{r})$ が同一の $n(\boldsymbol{r})$ を与えると仮定し，これが矛盾した結果に導くことを示す．

外部ポテンシャル $v(\boldsymbol{r})$ を持つハミルトニアンとそれに対応する固有値と固有関数を $H$，$E_G^N$，$\Psi_G^N$ と書き，$v'(\boldsymbol{r})$ に対応するハミルトニアン，固有値，固有関数を $H'$，$E'^N_G$，$\Psi'^N_G$ と書くと，$H\Psi_G^N = E_G^N\Psi_G^N$，$H'\Psi'^N_G = E'^N_G\Psi'^N_G$ である．基底状態の変分的性質より，

$$\begin{aligned} E'^N_G &= \langle \Psi'^N_G | H' | \Psi'^N_G \rangle \\ &< \langle \Psi_G^N | H' | \Psi_G^N \rangle = \langle \Psi_G^N | H | \Psi_G^N \rangle + \int [v'(\boldsymbol{r}) - v(\boldsymbol{r})] n(\boldsymbol{r}) d\boldsymbol{r} \\ &= E_G^N + \int [v'(\boldsymbol{r}) - v(\boldsymbol{r})] n(\boldsymbol{r}) d\boldsymbol{r} \end{aligned} \tag{1.28}$$

および，

$$
\begin{aligned}
E_G^N &= \langle \Psi_G^N | H | \Psi_G^N \rangle \\
&< \langle \Psi'^N_G | H | \Psi'^N_G \rangle = \langle \Psi'^N_G | H' | \Psi'^N_G \rangle + \int [v(\boldsymbol{r}) - v'(\boldsymbol{r})] n(\boldsymbol{r}) d\boldsymbol{r} \\
&= E'^N_G - \int [v'(\boldsymbol{r}) - v(\boldsymbol{r})] n(\boldsymbol{r}) d\boldsymbol{r}
\end{aligned} \tag{1.29}
$$

が得られる．これらの二つの式を加えると，

$$
E_G^N + E'^N_G < E_G^N + E'^N_G \tag{1.30}
$$

なる矛盾した結果が得られる．そこで，はじめの仮定が間違っていたことになり，二つ異なるポテンシャル $v(\boldsymbol{r}), v'(\boldsymbol{r})$ が同一の $n(\boldsymbol{r})$ を与えることはあり得ないことが分かる．つまり，$v(\boldsymbol{r})$ と $n(\boldsymbol{r})$ は一対一対応しており，$v(\boldsymbol{r})$ は $n(\boldsymbol{r})$ のユニークな汎関数であることが分かる．上に述べたように $v(\boldsymbol{r})$ はハミルトニアン $H$ の形をユニークに決めるので，このことは基底状態の波動関数 $\Psi_G^N$ 自体が $n(\boldsymbol{r})$ のユニークな汎関数であること，したがって，(1.27) の $F$ は $n(\boldsymbol{r})$ のユニークな汎関数であることが示された．

次に，密度汎関数理論の後半部分，つまり，$n(\boldsymbol{r})$ が真の基底状態の電子密度のときに (1.26) 式で与えられるエネルギーが最小になることを証明する．基底状態の変分原理 (variational principle) によって，$\Psi_G^N$ が真の基底状態の波動関数に一致したときにエネルギー (1.26) が最小になることは明らかである．先に調べたように，$\Psi_G^N$ は $n(\boldsymbol{r})$ のユニークな汎関数であるから，$n(\boldsymbol{r})$ が真の基底状態の電子密度に一致したときにエネルギー (1.26) の表式が最小になることが証明される．

密度汎関数 $F[n]$ の具体的な形を求めるために，まず $F[n]$ を

$$
F[n] = T[n] + U[n] + E'_{\mathrm{xc}}[n] \tag{1.31}
$$

と分解する．ここで $T[n]$ は電子の運動エネルギーを表し，ハートリー項

$$
U[n] = \frac{e^2}{8\pi\varepsilon_0} \int \frac{n(\boldsymbol{r}) n(\boldsymbol{r}')}{|\boldsymbol{r} - \boldsymbol{r}'|} d\boldsymbol{r} d\boldsymbol{r}' \tag{1.32}
$$

は古典的な電子間のクーロン相互作用エネルギーを表す．それ以外の項を $E'_{\mathrm{xc}}[n]$ と書き，これを交換相関 (exchange-correlation) エネルギーと呼ぶ．残

念ながら，$E'_{xc}[n]$ の具体的な汎関数の形は不明である．しかし，**一様電子ガス系** (homogeneous electron gas system) では密度は空間的に一定値をとるので，(1.27) の密度汎関数 $F[n]$ は単に密度の関数となり，その値は精密な**量子モンテカルロシミュレーション** (quantum Monte Carlo simulation) により正確に調べられている [3]．そこで，電子密度が空間的にゆるやかに変化すると考えて，$E'_{xc}[n]$ を

$$E'_{xc}[n] = \int \varepsilon_{xc}(n(\boldsymbol{r}))n(\boldsymbol{r})d\boldsymbol{r} \tag{1.33}$$

のように，**局所的な** (local) **交換相関エネルギー** $\varepsilon_{xc}(n)$ の空間積分として表し，これに一様電子密度 $n$ の電子ガスの値を用いることにする．このようにして，1965 年に**コーン** (Kohn) と**シャム** (Sham) は**局所密度近似** (local density approximation, LDA) を定式化した [4]．スピン偏極した系では，上向きスピン電子と下向きスピン電子を区別して取り扱う必要がある．これを区別して取り扱う方法は**局所スピン密度近似** (local spin density approximation, LSDA) と呼ばれ，**バース** (Barrh) と**ヘディン** (Hedin)[5] により定式化された．

これらの近似は一見粗い近似に思えるが，グナーソン (Gunnarsson) とルンドクヴィスト (Lundqvist)[6] は**交換相関孔** (exchange-correlation hole)（電子の 2 体分布関数の原点付近の孔）の球平均のみが交換相関ポテンシャルに寄与し，局所密度近似でもこの孔が 1 電荷単位のみを含む総和則を満たしていることを 1976 年に指摘し，LDA や LSDA が良い近似になっていることを示した．実際，LDA や LSDA は意外に良い結果を与える．また，LDA からのずれを密度勾配に関する展開で近似する方法を**一般化勾配近似** (generalized gradient approximation, GGA) といい，現在では様々な GGA が提案されており，LDA とともに広く用いられている．

電子の運動エネルギーを密度の汎関数として直接表すことは難しいので，**コーン-シャム軌道**（Kohn-Sham orbital，以下，KS 軌道）と呼ばれる相互作用していない仮想的な 1 電子軌道 $\phi_n(\boldsymbol{r})$ を用いて，まず電子密度を

$$n(\boldsymbol{r}) = \sum_{n=1}^{N} |\phi_n(\boldsymbol{r})|^2 \tag{1.34}$$

と表すことにする．電子密度を (1.34) 式のように表すのは勝手なので，ここまでは問題ない．続いて，そのように導入したKS軌道を用いて，相互作用していない仮想系の運動エネルギー

$$T_{\mathrm{s}}[n] = -\frac{\hbar^2}{2m}\sum_{n=1}^{N}\int \phi_n^*(\boldsymbol{r})\nabla^2\phi_n(\boldsymbol{r})d\boldsymbol{r} \tag{1.35}$$

を計算する．これを $T_{\mathrm{s}}[n]$ と書いたのは正確な電子の運動エネルギー $T[n]$ と区別するためである．$T[n]$ と $T_{\mathrm{s}}[n]$ の差を交換相関エネルギー $E'_{\mathrm{xc}}[n]$ に加えて，これを新しく交換相関エネルギー $E_{\mathrm{xc}}[n]$ と再定義する．つまり，

$$E_{\mathrm{xc}}[n] = E'_{\mathrm{xc}}[n] + T[n] - T_{\mathrm{s}}[n] \tag{1.36}$$

とする．すると，全エネルギーは次式で表される．

$$E_G^N[n] = T_{\mathrm{s}}[n] + U[n] + E_{\mathrm{xc}}[n] + \int v(\boldsymbol{r})n(\boldsymbol{r})d\boldsymbol{r} \tag{1.37}$$

KS軌道に対する方程式を導くためには，密度汎関数理論の変分原理に従って，電子系の全エネルギー (1.37) をKS軌道で変分すればよい．変分の際，$\phi_n(\boldsymbol{r})$ の実部と虚部を独立な関数とみなしてもよいし，$\phi_n(\boldsymbol{r})$ と $\phi_n^*(\boldsymbol{r})$ を独立な関数とみなしてもよい．ここでは後者の立場を採用し，まず $\phi_n^*(\boldsymbol{r})$ で変分することにする．その際，KS軌道の規格化条件

$$\int |\phi_n(\boldsymbol{r})|^2 d\boldsymbol{r} = \int \phi_n^*(\boldsymbol{r})\phi_n(\boldsymbol{r})d\boldsymbol{r} = 1 \tag{1.38}$$

を考慮する必要がある．(1.38) から1を引いたものは何倍しても0なので，この式にラグランジュの未定乗数 $-\varepsilon_n$ を掛けた式を (1.37) 式に加えて，その式を変分することにする．すると停留値条件として次の式が得られる．

$$\frac{\delta E_G^N[n]}{\delta\phi_n^*(\boldsymbol{r})} = \left[-\frac{\hbar^2}{2m}\nabla^2 + v(\boldsymbol{r}) + \frac{e^2}{4\pi\varepsilon_0}\int\frac{n(\boldsymbol{r}')}{|\boldsymbol{r}-\boldsymbol{r}'|}d\boldsymbol{r}' + \mu_{\mathrm{xc}}(\boldsymbol{r}) - \varepsilon_n\right]\phi_n(\boldsymbol{r}) = 0 \tag{1.39}$$

ここで $\mu_{\mathrm{xc}}(\boldsymbol{r})$ は，

$$\mu_{\mathrm{xc}}(\boldsymbol{r}) = \frac{\delta E_{\mathrm{xc}}[n]}{\delta n(\boldsymbol{r})} \tag{1.40}$$

で定義される交換相関ポテンシャル (exchange-correlation potential) と呼ばれ

る量である．上に述べたように，$E_{\rm xc}[n]$ は一様電子ガスの知識などを用いて求められるので，交換相関ポテンシャルも求められる．(1.39) 式は

$$\left[-\frac{\hbar^2}{2m}\nabla^2 + v(\boldsymbol{r}) + \frac{e^2}{4\pi\varepsilon_0}\int\frac{n(\boldsymbol{r}')}{|\boldsymbol{r}-\boldsymbol{r}'|}d\boldsymbol{r}' + \mu_{\rm xc}(\boldsymbol{r})\right]\phi_n(\boldsymbol{r}) = \varepsilon_n\phi_n(\boldsymbol{r}) \tag{1.41}$$

と書くことができる．この式は**コーン-シャム** (KS) **方程式**と呼ばれる．$\varepsilon_n$ と $\phi_n(\boldsymbol{r})$ はこの式の解として求まる固有値と固有関数であり，**KS エネルギー固有値**，**KS 波動関数**（または KS 軌道）と呼ばれる．変分原理に従って全エネルギーは最低になる必要があり，(1.41) の解のうち，エネルギーの低い固有値から順番に $N$ 個の軌道に電子を占有させる必要がある．ただし，これによって計算された電子密度 (1.34) が初めに仮定した電子密度と一致しなければならず，(1.41) 式は**自己無撞着** (self-consistent) に解く必要がある．

基本的に，各 KS 軌道にスピン ↑↓ の違いを考慮しながら電子を 1 個ずつ詰めていくが，**ヤナックの定理** (Janak theorem) によれば，電子占有数 $f_n$ を 0 から 1 までの実数に拡張することで，軌道 $n$ から 1 電子を取り除いた $N-1$ 電子系の全エネルギー $E_n^{N-1}$ を次の式から求めることができる．

$$E_G^N - E_n^{N-1} = \int_0^1 \varepsilon_n(f_n)df_n \tag{1.42}$$

ここで，$E_G^N$ は $N$ 電子系の基底状態の全エネルギーである．ヤナックの定理を用いなくても，**クープマンスの定理** (1.25) によれば，最高占有準位 $i$ の KS エネルギー $\varepsilon_i$ は，この系の**イオン化ポテンシャル** (ionization potential) を与えることが期待される．しかし，これは交換相関ポテンシャルが厳密な場合のみ成り立つことが示されている [7]．

KS エネルギー固有値 $\varepsilon_n$ にはこれ以外の物理的な意味はないので，全エネルギーを求めるには (1.36) 式を計算しなければならない．これは，

$$E_G^N[n] = \sum_{n=1}^{N}\varepsilon_n - \frac{e^2}{8\pi\varepsilon_0}\int\frac{n(\boldsymbol{r})n(\boldsymbol{r}')}{|\boldsymbol{r}-\boldsymbol{r}'|}d\boldsymbol{r}d\boldsymbol{r}' + \int[\varepsilon_{xc}(\boldsymbol{r}) - \mu_{xc}(\boldsymbol{r})]n(\boldsymbol{r})d\boldsymbol{r} \tag{1.43}$$

を計算するのと同じである．

LDA の交換相関エネルギー $E_{xc}[n] = \int\varepsilon_{xc}(\boldsymbol{r})\rho(\boldsymbol{r})d\boldsymbol{r}$ を運動エネルギー部分 $T_{xc}[n] = T[n] - T_s[n]$ とポテンシャル・エネルギー部分 $U_{\rm xc}[n] = E'_{\rm xc}[n]$ に分

ける．アヴリル (Averill) とペインター (Painter)[8] は $T_{\rm xc}[n]$ を

$$T_{\rm xc}[n] = \int [3\mu_{\rm xc}(\boldsymbol{r}) - 4\varepsilon_{\rm xc}(\boldsymbol{r})]n(\boldsymbol{r})d\boldsymbol{r} \tag{1.44}$$

と考えればビリアル定理が成り立つことを示した．本来の運動エネルギーは $T[n] = T_{\rm s}[n] + T_{\rm xc}[n]$ であり，本来の交換相関エネルギーは $E'_{\rm xc}[n] = E_{\rm xc}[n] - T_{\rm xc}[n]$ であるので，(1.44) のように選ぶと，$T[n]$ と $V[n] = U[n] + E'_{\rm xc}[n] + \int v(\boldsymbol{r})n(\boldsymbol{r})d\boldsymbol{r}$ は $2T[n] + V[n] = 0$ を満たす．ただし，これは LDA の場合であって，GGA では成り立たない．

いずれの局所密度近似も，電子構造などに対してひととおり良い結果を与える．しかし，半導体や絶縁体のバンドギャップは，LDA でも GGA でも実験値のせいぜい 2/3 程度にしかならないことが経験事実として知られている．これがいわゆるバンドギャップ問題 (band gap problem) である．バンドギャップは，Fock 交換項を取り入れない限りは改善されない．

バンドギャップ問題を解決するには，厳密には 1.4 節で詳述する準粒子理論に基づくか，あるいは自己相互作用補正 (self-interaction correction, SIC)[9] を考慮する必要がある．しかし，より簡便な方法として，フォック交換項と DFT の交換相関項を混ぜ合わせたハイブリッド汎関数 [10] や同じ軌道にスピン ↑↓ の 2 電子が占有されるとエネルギーが $U$ だけ上昇するような経験的なハバード $U$ パラメータを導入する DFT+$U$ 法 [11] を用いることも多い．

## 1.3　第2量子化

独立粒子描像では個々の電子は 1 粒子状態 $\lambda$ を占有したり，しなかったりするが，同じ状態を 2 個の電子が占有することはできない．各状態の占有数は 1 か 0 のデジタル的である．$\lambda$ に粒子がいる状態をケット (ket) $|\lambda\rangle$，粒子がいない状態をケット $|0\rangle$ で表すことにする．これらの状態は，ベクトル表記を用いて，

$$|\lambda\rangle = \begin{pmatrix} 1 \\ 0 \end{pmatrix}, \quad |0\rangle = \begin{pmatrix} 0 \\ 1 \end{pmatrix} \tag{1.45}$$

と書ける．これらの状態のエルミート共役（この場合は転置）を

$$\langle\lambda| = (|\lambda\rangle)^\dagger = \begin{pmatrix} 1 & 0 \end{pmatrix}, \quad \langle 0| = (|0\rangle)^\dagger = \begin{pmatrix} 0 & 1 \end{pmatrix} \tag{1.46}$$

と書き，**ブラ** (bra) と呼ぶ．これらの内積は次の正規直交性を満たす．

$$\langle n|n'\rangle = \delta_{nn'} \quad (n, n' = 0, \lambda, \text{or } \lambda') \tag{1.47}$$

二つの状態の**内積（ブラケット，braket）**はケットに占めるブラの割合，つまり確率振幅を表す．粒子を生成する演算子と粒子を消滅する演算子を

$$a_\lambda^\dagger = |\lambda\rangle\langle 0| = \begin{pmatrix} 0 & 1 \\ 0 & 0 \end{pmatrix}, \quad a_\lambda = |0\rangle\langle\lambda| = \begin{pmatrix} 0 & 0 \\ 1 & 0 \end{pmatrix} \tag{1.48}$$

として導入する．**生成演算子** (creation operator) $a_\lambda^\dagger$ は**消滅演算子** (annihilation operator)$a_\lambda$ のエルミート共役である．これらの演算子をケット $|\lambda\rangle$ とケット $|0\rangle$ に演算した結果は，確かに，

$$a_\lambda^\dagger|\lambda\rangle = \begin{pmatrix} 0 \\ 0 \end{pmatrix} = 0, \quad a_\lambda^\dagger|0\rangle = |\lambda\rangle, \quad a_\lambda|\lambda\rangle = |0\rangle, \quad a_\lambda|0\rangle = \begin{pmatrix} 0 \\ 0 \end{pmatrix} = 0 \tag{1.49}$$

となる．最初の式は状態 $\lambda$ に 2 個目の粒子をつけ加えることに相当し，最後の式は粒子が空の状態から粒子を取り去ることに相当する．これらはいずれも不可能なので，第 1 式と第 4 式の右辺は 0 になる．$a_\lambda, a_\lambda^\dagger$ の積は

$$a_\lambda a_\lambda^\dagger + a_\lambda^\dagger a_\lambda = \begin{pmatrix} 1 & 0 \\ 0 & 1 \end{pmatrix} = 1, \quad a_\lambda a_\lambda = a_\lambda^\dagger a_\lambda^\dagger = \begin{pmatrix} 0 & 0 \\ 0 & 0 \end{pmatrix} = 0, \tag{1.50}$$

を満たす．二つの状態 $\lambda, \lambda'$ に電子を一つずつ付ける演算は $a_\lambda^\dagger a_{\lambda'}^\dagger$ または $a_{\lambda'}^\dagger a_\lambda^\dagger$ である．新しく付ける状態はケットの一番左に加えるものと定義し，

$$a_{\lambda'}^\dagger|\lambda\rangle = a_{\lambda'}^\dagger a_\lambda^\dagger|0\rangle = |\lambda', \lambda\rangle \tag{1.51}$$

と書く．状態の反対称性から $|\lambda'.\lambda\rangle = -|\lambda, \lambda'\rangle$ でなければならないので，

$$\{a_\lambda^\dagger, a_{\lambda'}^\dagger\} = a_\lambda^\dagger a_{\lambda'}^\dagger + a_{\lambda'}^\dagger a_\lambda^\dagger = 0 \tag{1.52}$$

なる**反交換関係** (anti-commutation relation) が得られる．このエルミート共役

も次の**反交換関係**となる.

$$\{a_\lambda, a_{\lambda'}\} = a_\lambda a_{\lambda'} + a_{\lambda'} a_\lambda = 0 \tag{1.53}$$

$\lambda$ から電子を取り去り，$\lambda'$ に電子を付ける演算は $a_\lambda a_{\lambda'}^\dagger$ または $a_{\lambda'}^\dagger a_\lambda$ と表せる．$\lambda \neq \lambda'$ なら，演算する順番で波動関数の符号が入れ替わるだけなので，

$$\{a_\lambda, a_{\lambda'}^\dagger\} = a_\lambda a_{\lambda'}^\dagger + a_{\lambda'}^\dagger a_\lambda = 0 \tag{1.54}$$

なる**反交換関係**が成り立つ．(1.50) と (1.54) をまとめると

$$\{a_\lambda, a_{\lambda'}^\dagger\} = a_\lambda a_{\lambda'}^\dagger + a_{\lambda'}^\dagger a_\lambda = \delta_{\lambda\lambda'} \tag{1.55}$$

と書けることが分かる．$a_\lambda^\dagger a_\lambda$ を $\hat{n}_\lambda$ と書くことにする.

$$\hat{n}_\lambda = a_\lambda^\dagger a_\lambda \tag{1.56}$$

この演算子は 1, 0 を対角成分に持つ行列なので，$|\lambda\rangle$ と $|0\rangle$ に演算すると，

$$\begin{aligned} \hat{n}_\lambda|\lambda\rangle &= \begin{pmatrix} 1 & 0 \\ 0 & 0 \end{pmatrix}\begin{pmatrix} 1 \\ 0 \end{pmatrix} = \begin{pmatrix} 1 \\ 0 \end{pmatrix} = |\lambda\rangle, \\ \hat{n}_\lambda|0\rangle &= \begin{pmatrix} 1 & 0 \\ 0 & 0 \end{pmatrix}\begin{pmatrix} 0 \\ 1 \end{pmatrix} = \begin{pmatrix} 0 \\ 0 \end{pmatrix} = 0 = 0|0\rangle \end{aligned} \tag{1.57}$$

となり，$|\lambda\rangle$ には 1 を，$|0\rangle$ には 0 を掛けたものと一致する．つまり，$\hat{n}_\lambda$ を演算することは粒子数を掛けることと同じであり，$\hat{n}_\lambda = a_\lambda^\dagger a_\lambda$ は**粒子数演算子** (number operator) の意味を持つことが分かる．状態 $\lambda$ のエネルギーを $\varepsilon_\lambda$ と書けば，全エネルギーは次式となる.

$$H_0 = \sum_\lambda \varepsilon_\lambda \hat{n}_\lambda = \sum_\lambda \varepsilon_\lambda a_\lambda^\dagger a_\lambda \tag{1.58}$$

点 $\boldsymbol{r}$ に粒子を生成する**場の演算子** (field operator)（生成演算子）$\psi^\dagger(\boldsymbol{r})$ を

$$\psi^\dagger(\boldsymbol{r})|0\rangle = |\boldsymbol{r}\rangle \text{ または } \psi^\dagger(\boldsymbol{r}) = |\boldsymbol{r}\rangle\langle 0| \tag{1.59}$$

によって導入する．ここで $|\boldsymbol{r}\rangle$ は，点 $\boldsymbol{r}$ に粒子がいる状態を表し，$\boldsymbol{r}$ が連続

変数なので，ディラックのデルタ関数の**正規直交性**

$$\langle \boldsymbol{r}|\boldsymbol{r}'\rangle = \delta(\boldsymbol{r}-\boldsymbol{r}') \tag{1.60}$$

を満たす．$|\boldsymbol{r}\rangle$ と $\boldsymbol{r}$ は位置の演算子 $\hat{\boldsymbol{r}}$ の固有状態と固有値である．$|\boldsymbol{r}\rangle$ は

$$\int |\boldsymbol{r}\rangle\langle \boldsymbol{r}|d\boldsymbol{r} = 1 \tag{1.61}$$

なる**完全性の条件** (completeness condition) を満たす．状態 $\lambda$ の波動関数は

$$\phi_\lambda(\boldsymbol{r}) = \langle \boldsymbol{r}|\lambda\rangle, \quad \phi^*_\lambda(\boldsymbol{r}) = \langle \lambda|\boldsymbol{r}\rangle \tag{1.62}$$

と表せる．波動関数は点 $\boldsymbol{r}$ での状態 $\lambda$ の**確率振幅** (probability amplitude) だからである．一般に，1 電子ハミルトニアンの固有状態 $|\lambda\rangle$ は完全性の条件

$$\sum_\lambda |\lambda\rangle\langle\lambda| = 1 \tag{1.63}$$

を満たす（$|\lambda\rangle\langle\lambda|$ は，その右に掛かる任意のケットから状態 $\lambda$ の成分を抽出する，つまり状態 $|\lambda\rangle$ に射影する演算子（**射影演算子**，projection operator）の意味を持ち，状態 $\lambda$ が**完全系**をなせば，この和は 1 である．(1.61) も同様である）．これより**波動関数の完全性** (completeness of wave function)

$$\sum_\lambda \phi_\lambda(\boldsymbol{r})\phi^*_\lambda(\boldsymbol{r}') = \sum_\lambda \langle \boldsymbol{r}|\lambda\rangle\langle\lambda|\boldsymbol{r}'\rangle = \langle \boldsymbol{r}|\boldsymbol{r}'\rangle = \delta(\boldsymbol{r}-\boldsymbol{r}') \tag{1.64}$$

が導かれる．ケット $|\boldsymbol{r}\rangle$ はケット $|\lambda\rangle$ と

$$|\boldsymbol{r}\rangle = \sum_\lambda |\lambda\rangle\langle\lambda|\boldsymbol{r}\rangle = \sum_\lambda |\lambda\rangle\phi^*_\lambda(\boldsymbol{r}) \tag{1.65}$$

なる**ユニタリー変換**の関係で結ばれており，この式と (1.59) と (1.49) より，

$$\psi^\dagger(\boldsymbol{r})|0\rangle = \sum_\lambda \phi^*_\lambda(\boldsymbol{r})|\lambda\rangle = \sum_\lambda \phi^*_\lambda(\boldsymbol{r})a^\dagger_\lambda|0\rangle \tag{1.66}$$

が成り立つ．両辺のケット $|0\rangle$ は共通なので，**演算子同士の関係式**として

$$\psi^\dagger(\boldsymbol{r}) = \sum_\lambda \phi^*_\lambda(\boldsymbol{r})a^\dagger_\lambda \tag{1.67}$$

が得られる（この式は (1.59) の 2 番目の式の右辺に左側から (1.63) を掛けることによっても直接得られる）．この式のエルミート共役

$$\psi(\boldsymbol{r}) = \sum_{\lambda} \phi_\lambda(\boldsymbol{r}) a_\lambda \tag{1.68}$$

も演算子同士の関係式である．1粒子状態 $|\boldsymbol{r}_1\rangle = \psi^\dagger(\boldsymbol{r}_1)|0\rangle$ の左からさらに $\psi^\dagger(\boldsymbol{r})$ を演算すると2粒子状態 $|\boldsymbol{r}, \boldsymbol{r}_1\rangle$ が作られる．この場合にも必ずケットの一番左に粒子を追加するルールである．

$$\psi^\dagger(\boldsymbol{r})|\boldsymbol{r}_1\rangle = \psi^\dagger(\boldsymbol{r})\psi^\dagger(\boldsymbol{r}_1)|0\rangle = |\boldsymbol{r}, \boldsymbol{r}_1\rangle \tag{1.69}$$

ここで，$|\boldsymbol{r}_1, \boldsymbol{r}\rangle = -|\boldsymbol{r}, \boldsymbol{r}_1\rangle$ に注意する．$\psi(\boldsymbol{r})$ を $|\boldsymbol{r}'\rangle$ に演算すると，(1.65), (1.68) と $a_\lambda|\lambda'\rangle = \delta_{\lambda\lambda'}|0\rangle$ より，

$$\begin{aligned}\psi(\boldsymbol{r})|\boldsymbol{r}'\rangle &= \sum_{\lambda}\sum_{\lambda'} \phi_\lambda(\boldsymbol{r}) a_\lambda |\lambda'\rangle \phi^*_{\lambda'}(\boldsymbol{r}') \\ &= \sum_{\lambda}\sum_{\lambda'} \phi_\lambda(\boldsymbol{r})\phi^*_{\lambda'}(\boldsymbol{r}')\delta_{\lambda\lambda'}|0\rangle = \delta(\boldsymbol{r}-\boldsymbol{r}')|0\rangle\end{aligned} \tag{1.70}$$

となり，$\psi_\lambda(\boldsymbol{r})$ は位置 $\boldsymbol{r}$ から粒子を取り除く消滅演算子であることが分かる．(1.67), (1.68) より，生成消滅演算子 $\psi^\dagger(\boldsymbol{r}), \psi(\boldsymbol{r})$ と生成消滅演算子 $a^\dagger_\lambda, a_\lambda$ の間の関係は，状態 $|\boldsymbol{r}\rangle$ と状態 $|\lambda\rangle$ の間の関係 (1.65) と同じユニタリー変換で結ばれていることに注意する．場の演算子 $\psi^\dagger(\boldsymbol{r}), \psi(\boldsymbol{r})$ は次の反交換関係に従う．

$$\begin{aligned}\{\psi(\boldsymbol{r}), \psi^\dagger(\boldsymbol{r}')\} &= \sum_{\lambda\lambda'} \phi_\lambda(\boldsymbol{r})\phi^*_{\lambda'}(\boldsymbol{r}')(a_\lambda a^\dagger_{\lambda'} + a^\dagger_{\lambda'} a_\lambda) \\ &= \sum_{\lambda,\lambda'} \phi_\lambda(\boldsymbol{r})\phi^*_{\lambda'}(\boldsymbol{r}')\delta_{\lambda\lambda'} = \delta(\boldsymbol{r}-\boldsymbol{r}')\end{aligned} \tag{1.71}$$

$$\begin{aligned}\{\psi(\boldsymbol{r}), \psi(\boldsymbol{r}')\} &= \sum_{\lambda,\lambda'} \phi_\lambda(\boldsymbol{r})\phi_{\lambda'}(\boldsymbol{r}')(a_\lambda a_{\lambda'} + a_{\lambda'} a_\lambda) \\ &= \sum_{\lambda,\lambda'} \phi_\lambda(\boldsymbol{r})\phi_{\lambda'}(\boldsymbol{r}') \cdot 0 = 0\end{aligned} \tag{1.72}$$

$$\begin{aligned}\{\psi^\dagger(\boldsymbol{r}), \psi^\dagger(\boldsymbol{r}')\} &= \sum_{\lambda,\lambda'} \phi^*_\lambda(\boldsymbol{r})\phi^*_{\lambda'}(\boldsymbol{r}')(a^\dagger_\lambda a^\dagger_{\lambda'} + a^\dagger_{\lambda'} a^\dagger_\lambda) \\ &= \sum_{\lambda,\lambda'} \phi^*_\lambda(\boldsymbol{r})\phi^*_{\lambda'}(\boldsymbol{r}') \cdot 0 = 0\end{aligned} \tag{1.73}$$

ケット $|0\rangle$ に対して (1.69) の操作を繰り返せば，

$$\psi^\dagger(\boldsymbol{r}_1)\psi^\dagger(\boldsymbol{r}_2)\cdots\psi^\dagger(\boldsymbol{r}_M)|0\rangle = |\boldsymbol{r}_1, \boldsymbol{r}_2, \ldots, \boldsymbol{r}_M\rangle \tag{1.74}$$

が得られる．この式のエルミート共役は次式となる（ダッシュを付けた）．

$$\langle 0|\psi(\boldsymbol{r}'_M)\cdots\psi(\boldsymbol{r}'_2)\psi(\boldsymbol{r}'_1) = \langle \boldsymbol{r}'_1, \boldsymbol{r}'_2, \ldots, \boldsymbol{r}'_M| \tag{1.75}$$

この状態はパウリの排他原理により，粒子の入れ替えに対して反対称的で $P|\boldsymbol{r}_1, \boldsymbol{r}_2, \ldots, \boldsymbol{r}_M\rangle = (-1)^P|\boldsymbol{r}_1, \boldsymbol{r}_2, \ldots, \boldsymbol{r}_M\rangle$ である．ここで $(-1)^P$ は (1.10) の直上で述べた定義と同じである．粒子数の異なる状態は直交するので，

$$\langle \boldsymbol{r}'_1, \boldsymbol{r}'_2, \ldots, \boldsymbol{r}'_{M'}|\boldsymbol{r}_1, \boldsymbol{r}_2, \ldots, \boldsymbol{r}_M\rangle = 0, \quad (M \neq M') \tag{1.76}$$

である．粒子数が同じ場合の規格化について調べよう．(1.70) 式より，

$$\psi(\boldsymbol{r})|\boldsymbol{r}_1, \boldsymbol{r}_2, \ldots, \boldsymbol{r}_M\rangle = \sum_{i=1}^{M}(-1)^{i-1}\delta(\boldsymbol{r} - \boldsymbol{r}_i)|\boldsymbol{r}_1, \boldsymbol{r}_2, \ldots, \boldsymbol{r}_{i-1}, \boldsymbol{r}_{i+1}, \ldots, \boldsymbol{r}_M\rangle \tag{1.77}$$

である．(1.77) の演算を繰り返すと，

$$\begin{aligned}&\psi(\boldsymbol{r}'_M)\cdots\psi(\boldsymbol{r}'_2)\psi(\boldsymbol{r}'_1)|\boldsymbol{r}_1, \boldsymbol{r}_2, \ldots, \boldsymbol{r}_M\rangle\\&\quad = \sum_P(-1)^P\delta(\boldsymbol{r}'_1 - \boldsymbol{r}_{P1})\delta(\boldsymbol{r}'_2 - \boldsymbol{r}_{P2})\cdots\delta(\boldsymbol{r}'_M - \boldsymbol{r}_{PM})|0\rangle\end{aligned} \tag{1.78}$$

を得る．$P$ は $M!$ 通りの置換を表す．この式の左から $\langle 0|$ を演算すれば，

$$\begin{aligned}&\langle 0|\psi(\boldsymbol{r}'_M)\cdots\psi(\boldsymbol{r}'_2)\psi(\boldsymbol{r}'_1)|\boldsymbol{r}_1, \boldsymbol{r}_2, \ldots, \boldsymbol{r}_M\rangle\\&\quad = \sum_P(-1)^P\delta(\boldsymbol{r}'_1 - \boldsymbol{r}_{P1})\delta(\boldsymbol{r}'_2 - \boldsymbol{r}_{P2})\cdots\delta(\boldsymbol{r}'_M - \boldsymbol{r}_{PM})\end{aligned} \tag{1.79}$$

となる．この式は (1.75) より，

$$\begin{aligned}&\langle \boldsymbol{r}'_1, \boldsymbol{r}'_2, \ldots, \boldsymbol{r}'_M|\boldsymbol{r}_1, \boldsymbol{r}_2, \ldots, \boldsymbol{r}_M\rangle\\&\quad = \sum_P(-1)^P\delta(\boldsymbol{r}'_1 - \boldsymbol{r}_{P1})\delta(\boldsymbol{r}'_2 - \boldsymbol{r}_{P2})\cdots\delta(\boldsymbol{r}'_M - \boldsymbol{r}_{PM})\end{aligned} \tag{1.80}$$

と書け，状態 $|\boldsymbol{r}_1, \boldsymbol{r}_2, \ldots, \boldsymbol{r}_M\rangle$ の正規直交性を表す．一方，状態の完全性は

$$\sum_{M=0}^{\infty}\frac{1}{M!}\int|\boldsymbol{r}_1,\boldsymbol{r}_2,\ldots,\boldsymbol{r}_M\rangle\langle\boldsymbol{r}_1,\boldsymbol{r}_2,\ldots\boldsymbol{r}_M|d\boldsymbol{r}_1d\boldsymbol{r}_2\cdots d\boldsymbol{r}_M=1 \tag{1.81}$$

となる．この式の左右を相互作用している $M$ 電子系の状態 $|\Psi_\gamma^M\rangle$ で挟むと，

$$\frac{1}{M!}\int\langle\Psi_\gamma^M|\boldsymbol{r}_1\boldsymbol{r}_2,\ldots,\boldsymbol{r}_M\rangle\langle\boldsymbol{r}_1,\boldsymbol{r}_2,\ldots,\boldsymbol{r}_M|\Psi_r^M\rangle d\boldsymbol{r}_1d\boldsymbol{r}_2\cdots d\boldsymbol{r}_M=1 \tag{1.82}$$

が得られる．そこで，

$$\Psi_\gamma^M(\boldsymbol{r}_1,\boldsymbol{r}_2,\ldots,\boldsymbol{r}_M)=\frac{1}{\sqrt{M!}}\langle\boldsymbol{r}_1,\boldsymbol{r}_2,\ldots,\boldsymbol{r}_M|\Psi_\gamma^M\rangle \tag{1.83}$$

とおけば，これが規格化された $M$ 電子波動関数である．つまり，1.1 節の (1.12) が成り立つ．$|\boldsymbol{r}_1,\boldsymbol{r}_2,\ldots,\boldsymbol{r}_M\rangle$ に $\hat{n}(\boldsymbol{r})=\psi^\dagger(\boldsymbol{r})\psi(\boldsymbol{r})$ を演算すると，

$$\begin{aligned}\hat{n}(\boldsymbol{r})|\boldsymbol{r}_1,\boldsymbol{r}_2,\ldots,\boldsymbol{r}_M\rangle&=\sum_{i=1}^{M}(-1)^{i-1}\delta(\boldsymbol{r}-\boldsymbol{r}_i)|\boldsymbol{r},\boldsymbol{r}_1,\ldots,\boldsymbol{r}_{i-1},\boldsymbol{r}_{i+1},\ldots,\boldsymbol{r}_M\rangle\\&=\sum_{i=1}^{M}\delta(\boldsymbol{r}-\boldsymbol{r}_i)|\boldsymbol{r}_1,\boldsymbol{r}_2,\ldots,\boldsymbol{r}_M\rangle\end{aligned} \tag{1.84}$$

となり，$\hat{n}(\boldsymbol{r})=\psi^\dagger(\boldsymbol{r})\psi(\boldsymbol{r})$ は $\sum_{i=1}^{M}\delta(\boldsymbol{r}-\boldsymbol{r}_i)$ を表す**粒子数密度演算子** (number density operator) であることが分かる．実際，$\hat{n}(\boldsymbol{r})$ を相互作用している $M$ 個の電子系の状態 $|\Psi_\gamma^M\rangle$ で挟むと，(1.13) 式と同じ式が得られる．

$$\begin{aligned}n(\boldsymbol{r})&=\langle\Psi_\gamma^M|\hat{n}(\boldsymbol{r})|\Psi_\gamma^M\rangle\\&=\frac{1}{M!}\int\langle\Psi_\gamma^M|\hat{n}(\boldsymbol{r})|\boldsymbol{r}_1,\boldsymbol{r}_2,\ldots,\boldsymbol{r}_M\rangle\langle\boldsymbol{r}_1,\boldsymbol{r}_2,\ldots,\boldsymbol{r}_M|\Psi_\gamma^M\rangle d\boldsymbol{r}_1d\boldsymbol{r}_2\cdots d\boldsymbol{r}_M\\&=\int\sum_{i=1}^{M}\delta(\boldsymbol{r}-\boldsymbol{r}_i)|\Psi_\gamma^M(\boldsymbol{r}_1,\boldsymbol{r}_2,\ldots,\boldsymbol{r}_M)|^2d\boldsymbol{r}_1d\boldsymbol{r}_2\cdots d\boldsymbol{r}_M\end{aligned} \tag{1.85}$$

同様に，**運動エネルギー演算子** (kinetic energy operator) は

$$
\begin{aligned}
\hat{T} &= -\frac{\hbar^2}{2m}\int \psi^\dagger(\boldsymbol{r})\nabla^2\psi(\boldsymbol{r})d\boldsymbol{r} \\
&= -\frac{\hbar^2}{2m}\sum_{M=0}^{\infty}\frac{1}{M!}\int \psi^\dagger(\boldsymbol{r})\nabla^2\psi(\boldsymbol{r})|\boldsymbol{r}_1,\ldots,\boldsymbol{r}_M\rangle\langle\boldsymbol{r}_1,\ldots,\boldsymbol{r}_M|d\boldsymbol{r}d\boldsymbol{r}_1\cdots d\boldsymbol{r}_M \\
&= -\frac{\hbar^2}{2m}\sum_{M-0}^{\infty}\frac{1}{M!}\sum_{\imath=i}^{M}(-1)^{i=1}\int \nabla_i^2[\delta(\boldsymbol{r}-\boldsymbol{r}_i)|\boldsymbol{r},\boldsymbol{r}_1,\ldots,\boldsymbol{r}_{i-1},\boldsymbol{r}_{i+1},\ldots,\boldsymbol{r}_M\rangle] \\
&\quad \times\langle\boldsymbol{r}_1,\ldots,\boldsymbol{r}_M|d\boldsymbol{r}d\boldsymbol{r}_1\cdots d\boldsymbol{r}_M \\
&= -\frac{\hbar^2}{2m}\sum_{M=0}^{\infty}\frac{1}{M!}\sum_{i-1}^{M}\int |\boldsymbol{r}_1,\boldsymbol{r}_2,\ldots,\boldsymbol{r}_M\rangle\nabla_i^2\langle\boldsymbol{r}_1,\boldsymbol{r}_2,\ldots,\boldsymbol{r}_{i-1},\boldsymbol{r}_i,\boldsymbol{r}_{i+1},\ldots,\boldsymbol{r}_M| \\
&\quad \times d\boldsymbol{r}_1d\boldsymbol{r}_2\cdots d\boldsymbol{r}_M
\end{aligned}
\tag{1.86}
$$

で与えられる．最初に (1.77) 式を用い，デルタ関数の前で $\nabla^2$ を $\nabla_i^2$ に置き換えた．最後の変形では $\nabla_i^2$ の各項，例えば $\partial^2/\partial x_i^2$ の項の $x_i$ 積分で部分積分を 2 回行い，積分の上限・下限（無限遠方）で $|\boldsymbol{r}_1,\ldots,\boldsymbol{r}_i,\ldots,\boldsymbol{r}_M\rangle = 0$ となることを用いた（$\partial^2/\partial y_i^2, \partial^2/\partial z_i^2$ の $y_i, z_i$ 積分も同様）．これより $\hat{T}$ の期待値は

$$
\begin{aligned}
\langle T\rangle &= -\frac{\hbar^2}{2m}\int\langle\Psi_\gamma^M|\psi^\dagger(\boldsymbol{r})\nabla^2\psi(\boldsymbol{r})|\Psi_\gamma^M\rangle d\boldsymbol{r} \\
&= -\frac{\hbar^2}{2m}\sum_{i=1}^{M}\int\langle\Psi_\gamma^M|\boldsymbol{r}_1,\boldsymbol{r}_2,\ldots,\boldsymbol{r}_M\rangle\nabla_i^2\langle\boldsymbol{r}_1,\boldsymbol{r}_2,\ldots,\boldsymbol{r}_{i-1},\boldsymbol{r}_i,\boldsymbol{r}_{i+1},\ldots,\boldsymbol{r}_M|\Psi_\gamma^M\rangle \\
&\quad \times d\boldsymbol{r}_1d\boldsymbol{r}_2\cdots d\boldsymbol{r}_M \\
&= \int\cdots\int \Psi_\gamma^{*M}(\boldsymbol{r}_1,\boldsymbol{r}_2,\ldots,\boldsymbol{r}_M)\left(-\sum_{i=1}^{M}\frac{\hbar^2}{2m}\nabla_i^2\right)\Psi_\gamma^M(\boldsymbol{r}_1,\boldsymbol{r}_2,\ldots,\boldsymbol{r}_M) \\
&\quad \times d\boldsymbol{r}_1d\boldsymbol{r}_2\cdots d\boldsymbol{r}_M
\end{aligned}
\tag{1.87}
$$

となる．原子核と電子の間のクーロン相互作用エネルギーの演算子は

$$
\hat{v} = \int v(\boldsymbol{r})\hat{n}(\boldsymbol{r})d\boldsymbol{r} = \int \psi^\dagger(\boldsymbol{r})v(\boldsymbol{r})\psi(\boldsymbol{r})d\boldsymbol{r} \tag{1.88}
$$

と書け，この期待値は (1.14) となる．(1.87) の $\langle T\rangle$ も $\alpha = 1$ とした (1.16) 式に等しい．これらより，1 体のハミルトニアン (one-body Hamiltonian) は

$$H^{(1)} = \int \psi^\dagger(\boldsymbol{r})h^{(1)}(\boldsymbol{r})\psi(\boldsymbol{r})d\boldsymbol{r}, \quad h^{(1)}(\boldsymbol{r}) = -\frac{\hbar^2}{2m}\nabla^2 + v(\boldsymbol{r}) \tag{1.89}$$

と書けることが分かる．同様に電子間相互作用エネルギーの演算子は

$$\hat{V} = \frac{1}{2}\int V(\boldsymbol{r}-\boldsymbol{r}')\hat{n}(\boldsymbol{r})\hat{n}(\boldsymbol{r}')d\boldsymbol{r}d\boldsymbol{r}' \tag{1.90}$$

で与えられる．この期待値が

$$\begin{aligned}\langle\hat{V}\rangle &= \int\cdots\int\left(\frac{1}{2}\sum_{i,j}^{M}V(\boldsymbol{r}_i-\boldsymbol{r}_j)\right)|\Psi_\gamma^M(\boldsymbol{r}_1,\boldsymbol{r}_2,\ldots,\boldsymbol{r}_M)|^2 d\boldsymbol{r}_1 d\boldsymbol{r}_2\cdots d\boldsymbol{r}_M \\ &= \left\langle\frac{1}{2}\sum_{i,j}^{M}V(\boldsymbol{r}_i-\boldsymbol{r}_j)\right\rangle \end{aligned} \tag{1.91}$$

に等しくなることは簡単に示せる．和の $i = j$ の発散を取り除くために，電子間相互作用エネルギー演算子つまり２体相互作用ハミルトニアン (two-body interaction Hamiltonian) を次のように書くのが一般的である．

$$H^{(2)} = \frac{1}{2}\int \psi^\dagger(\boldsymbol{r})\psi^\dagger(\boldsymbol{r}')V(\boldsymbol{r}-\boldsymbol{r}')\psi(\boldsymbol{r}')\psi(\boldsymbol{r})d\boldsymbol{r}d\boldsymbol{r}' \tag{1.92}$$

(1.90) の演算子の順番を並べ替えて再定義しただけである．

## 1.4 （拡張）準粒子理論

有名な藤永茂先生の著書 [12] の最後の章には次のような示唆に富んだ文章が書かれている．

独立粒子模型あるいは１粒子近似というものが人間の理解の基本であり限界でもあるが，電子の間の相関を考慮することはどうしても必要である．したがって独立粒子の概念から出発して粒子間相互作用を記述する有効な言葉をつくることが重要な課題になる．（中略）その一つにグリーン関数法がある．この方法の魅力は本質的に単体模型のイメージを保ちながら複雑な物理化学現象に切り込めるところにある．グリーン関数法を含め，量子化学者の間で広く用いられるようになると思われる各種のダイアグラムの使用も，大規模であると同時に神経のよく行き届い

た分子計算の内容を的確に表現するための言葉として，ますます重要性をますであろう.

まだ GW 近似も行われていなかった 1979 年当時に，藤永先生が現在の発展状況を予言していたことは，まさに驚きである．現在では多体摂動論のグリーン関数法の GW+BSE 法は量子化学分野にも浸透しつつあり，2018 年には 1 年間で 250 報以上の論文が出版されるなど，論文数が急上昇している．多体摂動論のグリーン関数法については以降の節で詳しく述べていくとして，まずはそのエッセンスを紹介していきたい.

電子はクーロン相互作用で相関するので独立ではないが，**準粒子** (quasiparticle) **としての記述**（**準粒子描像**，quasiparticle picture）は厳密に成り立つ．アインシュタインの光電効果と同じ原理の**光電子分光** (photoemission spectroscopy) **実験**を考えよう．$M$ 電子系の始状態 $\gamma$ の全エネルギーを $E_\gamma^M$ とする．これに 1 個の光子（フォトン）を照射し，電子が 1 個飛び出し，$M-1$ 電子系の終状態 $\mu$ になったとし，終状態の全エネルギーを $E_\mu^{M-1}$ とする．エネルギー保存則から，このエネルギー $E_\mu^{M-1}$ と始状態の全エネルギー $E_\gamma^M$ の差が入射光のエネルギー $h\nu$ と光電子の運動エネルギー $K$ の差になる.

$$E_\mu^{M-1} - E_\gamma^M = h\nu - K \tag{1.93}$$

このエネルギーの差はスペクトルをなし，**占有電子状態の情報** (information of occupied states) を持つ．孤立原子・分子を考え，結晶表面の仕事関数は無視した．また，光電子分光の逆過程の**逆光電子分光** (inverse photoemission spectroscopy) **実験**では，始状態に電子を 1 個注入し，光を放出させる．この場合にも，始状態の全エネルギー $E_\gamma^M$ と終状態の全エネルギー $E_\nu^{M+1}$ の差が放出光のエネルギーと入射電子の運動エネルギーの差になる.

$$E_\gamma^M - E_\nu^{M+1} = h\nu - K \tag{1.94}$$

このエネルギーの差もスペクトルをなし，**非占有電子状態の情報** (information of empty states) を持つ．(1.93) は始状態から電子 1 個を取り，エネルギー 0 の**真空準位** (vacuum level) に置くのに必要なエネルギーを表す．その最

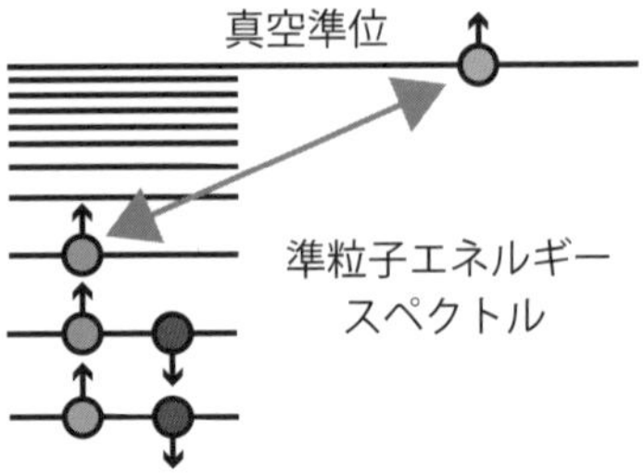


図 **1.1**　準粒子エネルギー $\varepsilon_\mu$, $\varepsilon_\nu$ は真空準位との間での 1 電子の授受のエネルギーを表す.

小値が**イオン化ポテンシャル** (ionization potential, IP) である. (1.94) は, 真空準位から始状態に電子 1 個を加える際に放出されるエネルギーを表し, その最大値が**電子親和力** (electron affinity, EA) である.

$$\varepsilon_\mu = E_\gamma^M - E_\mu^{M-1}, \quad \varepsilon_\nu = E_\nu^{M+1} - E_\gamma^M \tag{1.95}$$

(1.95) の $\varepsilon_\mu, \varepsilon_\nu$ を**準粒子エネルギー** (quasiparticle energy) と呼ぶ. これは図 1.1 のように準粒子エネルギースペクトルを成す. 準粒子とは, 電子 1 個取り去った状態と元の状態との差を**正孔** (hole) という粒子と見なし, 電子 1 個付け加えた状態と元の状態との差を**電子** (electron) という粒子と見なす概念である. 正孔, 電子という準粒子は実際の粒子ではなく, あくまで電子数が 1 だけ異なる二つの状態の差を表すものである. 正孔はホールとも呼ばれる.

始状態を $|\Psi_\gamma^M\rangle$ とし, 二つの終状態を $|\Psi_\mu^{M-1}\rangle, |\Psi_\nu^{M+1}\rangle$ とする. 始状態は電気的に中性の基底状態 $|\Psi_G^N\rangle$ である必要はなく, 任意の電子励起固有状態でよい. その場合の準粒子理論を**拡張準粒子理論** (extended quasiparticle theory) という [13]. ハートリー・フォック近似の範囲では, そのような拡張が可能であることは以前から知られている [14]. 始状態 $|\Psi_\gamma^M\rangle$ の点 $\boldsymbol{r}$ に 1 電子を付加または削除した状態を考える. この状態が $M \pm 1$ 電子系の終状態 $|\Psi_\mu^{M-1}\rangle, |\Psi_\nu^{M+1}\rangle$ に占める割合（確率振幅）は

$$\phi_\mu(\boldsymbol{r}) = \langle \Psi_\mu^{M-1}|\psi(\boldsymbol{r})|\Psi_\gamma^M\rangle, \quad \phi_\nu^*(\boldsymbol{r}) = \langle \Psi_\nu^{M+1}|\psi^\dagger(\boldsymbol{r})|\Psi_\gamma^M\rangle \tag{1.96}$$

で与えられる. $\psi^\dagger(\boldsymbol{r}), \psi(\boldsymbol{r})$ は $\boldsymbol{r}$ の点で電子を付加または削除する場の演算子

である．簡単のためスピンは無視した．(1.96) で定義される $\phi_\mu(\boldsymbol{r})$, $\phi_\nu(\boldsymbol{r})$ を**準粒子波動関数** (quasiparticle wave function) と呼ぶ．これは $|\Psi_\gamma^M\rangle$ と $|\Psi_\mu^{M-1}\rangle$, $|\Psi_\nu^{M+1}\rangle$ の差の電子 1 個分の空間分布の確率振幅を表す (図 1.2)．つまり，始状態 $|\Psi_\gamma^M\rangle$ の $\boldsymbol{r}$ の点から電子 1 個取り除いた状態 $\psi(\boldsymbol{r})|\Psi_\gamma^M\rangle$ と終状態 $|\Psi_\mu^{M-1}\rangle$ の重なりが**正孔軌道** $\phi_\mu(\boldsymbol{r})$ であり，始状態 $|\Psi_\gamma^M\rangle$ の $\boldsymbol{r}$ の点に電子 1 個を付け加えた状態 $\psi^\dagger(\boldsymbol{r})|\Psi_\gamma^M\rangle$ と $|\Psi_\nu^{M+1}\rangle$ の重なりが**電子軌道** $\phi_\nu^*(\boldsymbol{r})$ である．これら準粒子波動関数は始状態と終状態を比べたときの，電子 1 個余剰分の確率振幅の空間分布を表す．基底状態においては，イオン化ポテンシャル (IP) は正孔の準粒子エネルギーの最大値のマイナスに等しく，その正孔軌道を**最高占有分子軌道** (highest occupied molecular orbital, HOMO) と呼び，その一つ下，二つ下，…の正孔軌道を HOMO − 1, HOMO − 2, …などと呼ぶ．一方，電子親和力 (EA) は電子の準粒子エネルギーの最低値のマイナスに等しく，その軌道を**最低非占有分子軌道** (lowest unoccupied molecular orbital, LUMO) と呼び，その一つ上，二つ上，…の軌道を LUMO + 1, LUMO + 2, …と呼ぶ．

始状態の密度行列 $\gamma(\boldsymbol{r},\boldsymbol{r}')$ と密度 $n(\boldsymbol{r})$ は，準粒子波動関数を用いて，

$$\gamma(\boldsymbol{r},\boldsymbol{r}') = \sum_\mu^{\mathrm{occ}} \langle\Psi_\gamma^M|\psi^\dagger(\boldsymbol{r})|\Psi_\mu^{M-1}\rangle\langle\Psi_\mu^{M-1}|\psi(\boldsymbol{r}')|\Psi_\gamma^M\rangle = \sum_\mu^{\mathrm{occ}} \phi_\mu^*(\boldsymbol{r})\phi_\mu(\boldsymbol{r}'), \tag{1.97}$$

$$n(\boldsymbol{r}) = \gamma(\boldsymbol{r},\boldsymbol{r}) = \sum_\mu^{\mathrm{occ}} |\phi_\mu(\boldsymbol{r})|^2 \tag{1.98}$$

で与えられることが分かる．つまり，準粒子波動関数は密度行列を対角的にする表現となっており，1.8 節に述べる**配置間相互作用** (configuration interaction, CI) における**自然軌道** (natural orbital) と同じものであることが分かる．ここで $M-1$ 電子状態の完全性の条件

$$\sum_\mu^{\mathrm{occ}} |\Psi_\mu^{M-1}\rangle\langle\Psi_\mu^{M-1}| = 1, \quad \sum_\nu^{\mathrm{emp}} |\Psi_\nu^{M+1}\rangle\langle\Psi_\nu^{M+1}| = 1 \tag{1.99}$$

の第 1 式を利用した．occ は $M-1$ 電子状態の和を表す．第 2 式は $M+1$ 電子状態の完全性を表し，emp は $M+1$ 電子状態の和を表す．これらと $\psi(\boldsymbol{r})$, $\psi^\dagger(\boldsymbol{r}')$ の反交換関係より，$\phi_\lambda(\boldsymbol{r})$ は**完全性の条件**を満たすことが分かる．

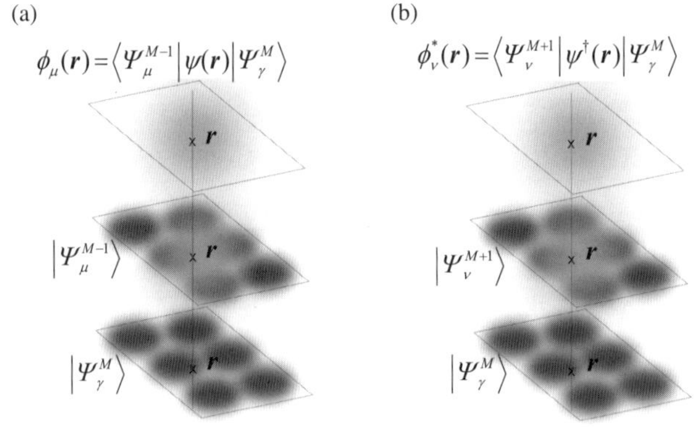


**図 1.2**　準粒子波動関数は $M\pm1$ 電子状態と $M$ 電子状態の電子 1 個分の差を表す．

$$\begin{aligned}\langle\Psi_\gamma^M|\{\psi(\boldsymbol{r}),\psi^\dagger(\boldsymbol{r}')\}|\Psi_\gamma^M\rangle &= \sum_\nu^{\mathrm{emp}}\langle\Psi_\gamma^M|\psi(\boldsymbol{r})|\Psi_\nu^{M+1}\rangle\langle\Psi_\nu^{M+1}|\psi^\dagger(\boldsymbol{r}')|\Psi_\gamma^M\rangle \\ +\sum_\mu^{\mathrm{occ}}\langle\Psi_\gamma^M|\psi^\dagger(\boldsymbol{r}')|\Psi_\mu^{M-1}\rangle\langle\Psi_\mu^{M-1}|\psi(\boldsymbol{r})|\Psi_\gamma^M\rangle &= \sum_\lambda^{\mathrm{all}}\phi_\lambda(\boldsymbol{r})\phi_\lambda^*(\boldsymbol{r}') = \delta(\boldsymbol{r}-\boldsymbol{r}')\end{aligned} \tag{1.100}$$

しかし，$\phi_\lambda(\boldsymbol{r})$ は正規直交性 (orthonormality) を満たさない．これを見るため

$$\int \phi_\alpha^*(\boldsymbol{r})\phi_\beta(\boldsymbol{r})d\boldsymbol{r} = S_{\alpha\beta} \tag{1.101}$$

なる重なり行列を定義する．この行列の積は，

$$\begin{aligned}\sum_\lambda^{\mathrm{all}} S_{\alpha\lambda}S_{\lambda\beta} &= \sum_\lambda^{\mathrm{all}}\int \phi_\alpha^*(\boldsymbol{r})\phi_\lambda(\boldsymbol{r})\phi_\lambda^*(\boldsymbol{r}')\phi_\beta(\boldsymbol{r}')d\boldsymbol{r}d\boldsymbol{r}' \\ &= \sum_\lambda^{\mathrm{all}}\int \phi_\alpha^*(\boldsymbol{r})\delta(\boldsymbol{r}-\boldsymbol{r}')\phi_\beta(\boldsymbol{r}')d\boldsymbol{r}d\boldsymbol{r}' = S_{\alpha\beta}\end{aligned} \tag{1.102}$$

となるが，この行列積をシンボリックに表すと，$S^2 = S$ つまり $S(S-1) = 0$ である．$S$ をユニタリー変換によって対角的にすると，その対角要素は恒等的に 0 か 1 でなければならない．しかし，$S$ 自体は対角的である必然性はなく，これは準粒子波動関数が正規直交性を満たさず，互いに 1 次独立であ

る必要もないことを物語っている．実際，初期状態 $|\Psi_\gamma^M\rangle$ に 1 電子を付ける / 取り除く操作とは全く関係のない無数の $M \pm 1$ 電子状態が存在する．これらの無関係な $M \pm 1$ 電子状態を取り除いても (1.97) の密度行列の式や (1.100) の完全性が成り立つので，このことは本質的な問題ではない [13]．これらの状態を取り除くことはユニタリー変換で 0 になる対角要素の成分を消去することに相当し，これにより**正規直交性**が回復する．本節の最後に説明するように，実際にそのようなことを行うことができる．

我々の目的は準粒子波動関数（つまり自然軌道）と準粒子エネルギー（つまり $M$ 電子系と $M \pm 1$ 電子系の全エネルギー差）が満たす閉じた方程式（つまり準粒子方程式）を導くことである．1 電子系の場合には (1.96) 式で $M = 0$ または $M = 1$ と置けば，

$$\phi_\nu^*(\boldsymbol{r}) = \langle \nu|\psi^\dagger(\boldsymbol{r})|0\rangle = \langle \nu|\boldsymbol{r}\rangle, \quad \phi_\nu(\boldsymbol{r}) = \langle 0|\psi(\boldsymbol{r})|\nu\rangle = \langle \boldsymbol{r}|\nu\rangle \tag{1.103}$$

は 1 電子波動関数に等しい．相互作用のない独立な電子系の場合にも (1.96) 式の $\phi_\nu(\boldsymbol{r})$ は 1 電子波動関数を与える．相互作用する多電子系では，(1.89), (1.92) を用いて，ハミルトニアンは $H = H^{(1)} + H^{(2)}$ と書ける．ここで，

$$H^{(1)} = \int \psi^\dagger(\boldsymbol{r})h^{(1)}(\boldsymbol{r})\psi(\boldsymbol{r})d\boldsymbol{r}, \quad h^{(1)}(\boldsymbol{r}) = -\frac{\hbar^2}{2m}\nabla^2 + v(\boldsymbol{r}) \tag{1.104}$$

であり，この $v(\boldsymbol{r})$ と $H^{(2)}$ 中の $V(\boldsymbol{r} - \boldsymbol{r}')$ は (1.3) で与えられる．これらは

$$[\psi(\boldsymbol{r}), H^{(1)}] = \int \{\psi(\boldsymbol{r}), \psi^\dagger(\boldsymbol{r}')\}h^{(1)}(\boldsymbol{r}')\psi(\boldsymbol{r}')d\boldsymbol{r}' = h^{(1)}(\boldsymbol{r})\psi(\boldsymbol{r}), \tag{1.105}$$

$$\begin{aligned}[\psi(\boldsymbol{r}), H^{(2)}] &= \frac{1}{2}\int \psi^\dagger(\boldsymbol{r}'')V(\boldsymbol{r} - \boldsymbol{r}'')\psi(\boldsymbol{r}'')\psi(\boldsymbol{r})d\boldsymbol{r}'' \\ &\quad + \frac{1}{2}\int \psi^\dagger(\boldsymbol{r}')V(\boldsymbol{r}' - \boldsymbol{r})\psi(\boldsymbol{r}')\psi(\boldsymbol{r})d\boldsymbol{r}' \\ &= \int \psi^\dagger(\boldsymbol{r}')V(\boldsymbol{r}' - \boldsymbol{r})\psi(\boldsymbol{r}')d\boldsymbol{r}'\psi(\boldsymbol{r})\end{aligned} \tag{1.106}$$

なる交換関係を満たすので，

$$[\psi(\boldsymbol{r}), H] = h^{(1)}(\boldsymbol{r})\psi(\boldsymbol{r}) + \int \psi^\dagger(\boldsymbol{r}')V(\boldsymbol{r}' - \boldsymbol{r})\psi(\boldsymbol{r}')d\boldsymbol{r}'\psi(\boldsymbol{r}) \tag{1.107}$$

が得られる．この交換関係を $\langle \Psi_\gamma^M|$ と $|\Psi_\nu^{M+1}\rangle$ で挟んでみる．

$$
\begin{aligned}
&\langle \Psi_\gamma^M | [\psi(\boldsymbol{r}), H] | \Psi_\nu^{M+1} \rangle \\
&\quad = \langle \Psi_\gamma^M | \left[ h^{(1)}(\boldsymbol{r})\psi(\boldsymbol{r}) + \int \psi^\dagger(\boldsymbol{r}')V(\boldsymbol{r}'-\boldsymbol{r})\psi(\boldsymbol{r}')d\boldsymbol{r}'\psi(\boldsymbol{r}) \right] | \Psi_\nu^{M+1} \rangle
\end{aligned} \tag{1.108}
$$

左辺は (1.96) 式より $(E_\nu^{M+1} - E_\gamma^M)\phi_\nu(\boldsymbol{r}) = \varepsilon_\nu \phi_\nu(\boldsymbol{r})$ であり，右辺第1項は $h^{(1)}(\boldsymbol{r})\phi_\nu(\boldsymbol{r})$ である．今，右辺第2項で $\boldsymbol{r}, \boldsymbol{r}'$ と共にスピン $s, s'$ を考慮して

$$
\begin{aligned}
\langle \Psi_\gamma^M | \psi_{s'}^\dagger(\boldsymbol{r}')\psi_{s'}(\boldsymbol{r}')\psi_s(\boldsymbol{r}) | \Psi_\nu^{M+1} \rangle &\approx \langle \Psi_\gamma^M | \psi_{s'}^\dagger(\boldsymbol{r}')\psi_{s'}(\boldsymbol{r}') | \Psi_\gamma^M \rangle \langle \Psi_\gamma^M | \psi_s(\boldsymbol{r}) | \Psi_\nu^{M+1} \rangle \\
&- \langle \Psi_\gamma^M | \psi_{s'}^\dagger(\boldsymbol{r}')\psi_s(\boldsymbol{r}) | \Psi_\gamma^M \rangle \langle \Psi_\gamma^M | \psi_{s'}(\boldsymbol{r}') | \Psi_\nu^{M+1} \rangle
\end{aligned} \tag{1.109}
$$

なる**切断** (decoupling) 近似を導入すると，$\sum_{s'} \langle \Psi_\gamma^M | \psi_{s'}^\dagger(\boldsymbol{r}')\psi_{s'}(\boldsymbol{r}') | \Psi_\gamma^M \rangle = n(\boldsymbol{r}')$ および $\sum_{s'} \langle \Psi_\gamma^M | \psi_{s'}^\dagger(\boldsymbol{r}')\psi_s(\boldsymbol{r}) | \Psi_\gamma^M \rangle \langle \Psi_\gamma^M | \psi_{s'}(\mathrm{r}') | \Psi_\nu^{M+1} \rangle = \sum_{s'} \sum_\mu^{\mathrm{occ}} \langle \Psi_\gamma^M | \psi_{s'}^\dagger(\boldsymbol{r}') | \Psi_\mu^{M-1} \rangle \times \langle \Psi_\mu^{M-1} | \psi_s(\boldsymbol{r}) | \Psi_\gamma^M \rangle \langle \Psi_\gamma^M | \psi_{s'}(\boldsymbol{r}') | \Psi_\nu^{M+1} \rangle = \sum_\mu^{\mathrm{occ}} \phi_\mu^*(\boldsymbol{r}')\phi_\mu(\boldsymbol{r})\phi_\nu(\boldsymbol{r}')\delta_{\mathrm{spin}\,\mu,\,\mathrm{spin}\,\nu}$ より，**非占有状態** (empty state) $\boldsymbol{\nu}$ **に対するハートリー-フォック方程式**

$$
\begin{aligned}
\varepsilon_\nu \phi_\nu(\boldsymbol{r}) &= h^{(1)}(\boldsymbol{r})\phi_\nu(\boldsymbol{r}) + \int n(\boldsymbol{r}')V(\boldsymbol{r}'-\boldsymbol{r})d\boldsymbol{r}'\phi_\nu(\boldsymbol{r}) \\
&\quad - \int V(\boldsymbol{r}'-\boldsymbol{r}) \sum_\mu^{\mathrm{occ}} \phi_\mu^*(\boldsymbol{r}')\phi_\mu(\boldsymbol{r})\phi_\nu(\boldsymbol{r}')\delta_{\mathrm{spin}\,\mu,\mathrm{spin}\,\nu} d\boldsymbol{r}'
\end{aligned} \tag{1.110}
$$

が得られる．同様に，(1.107) を $\langle \Psi_\mu^{M-1}|$ と $|\Psi_\gamma^M\rangle$ で挟んでみる．

$$
\begin{aligned}
&\langle \Psi_\mu^{M-1} | [\psi(\boldsymbol{r}), H] | \Psi_\gamma^M \rangle \\
&\quad = \langle \Psi_\mu^{M-1} | [h^{(1)}(\boldsymbol{r})\psi(\boldsymbol{r}) + \int \psi^\dagger(\boldsymbol{r}')V(\boldsymbol{r}'-\boldsymbol{r})\psi(\boldsymbol{r}')d\boldsymbol{r}'\psi(\boldsymbol{r})] | \Psi_\gamma^M \rangle
\end{aligned} \tag{1.111}
$$

そして，同様の切断近似を行うと，**占有状態** (occupied state) $\boldsymbol{\mu}$ **に対するハートリー-フォック方程式**

$$
\begin{aligned}
\varepsilon_\mu \phi_\mu(\boldsymbol{r}) &= h^{(1)}(\boldsymbol{r})\phi_\mu(\boldsymbol{r}) + \int n(\boldsymbol{r}')V(\boldsymbol{r}'-\boldsymbol{r})d\boldsymbol{r}'\phi_\mu(\boldsymbol{r}) \\
&\quad - \int V(\boldsymbol{r}'-\boldsymbol{r}) \sum_{\mu'}^{\mathrm{occ}} \phi_{\mu'}^*(\boldsymbol{r}')\phi_{\mu'}(\boldsymbol{r})\phi_\mu(\boldsymbol{r}')\delta_{\mathrm{spin}\,\mu',\mathrm{spin}\,\mu} d\boldsymbol{r}'
\end{aligned} \tag{1.112}
$$

が得られる．$\boldsymbol{r}'$ の電子は同じスピンを持つ必要があるので，(1.112) の右辺第2項の $\mu'$ の和は $\mu$ と同じスピン状態についてのみとる必要があり，(1.110)

の右辺第 2 項の $\mu$ の和は $\nu$ と同じスピン状態についてのみとる必要がある．

切断近似を導入せずに，(1.108) 式に戻って，この右辺第 2 項を，

$$\int V(\boldsymbol{r}'-\boldsymbol{r})\langle\Psi_\gamma^M|\psi^\dagger(\boldsymbol{r}')\psi(\boldsymbol{r}')\psi(\boldsymbol{r})|\Psi_\nu^{M+1}\rangle d\boldsymbol{r}' = \int \Sigma(\boldsymbol{r},\boldsymbol{r}';\varepsilon_\nu)\phi_\nu(\boldsymbol{r}')d\boldsymbol{r}' \tag{1.113}$$

と書くことにすると，**非占有軌道 $\boldsymbol{\nu}$ に対する準粒子方程式** (quasiparticle equation) が得られる．

$$h^{(1)}(\boldsymbol{r})\phi_\nu(\boldsymbol{r}) + \int \Sigma(\boldsymbol{r},\boldsymbol{r}';\varepsilon_\nu)\phi_\nu(\boldsymbol{r}')d\boldsymbol{r}' = \varepsilon_\nu\phi_\nu(\boldsymbol{r}) \tag{1.114}$$

ここで $\Sigma(\boldsymbol{r},\boldsymbol{r}';\varepsilon_\nu)$ は**自己エネルギー** (self-energy) と呼ばれる関数であり，ハートリー–フォック近似では次式で与えられる．

$$\begin{aligned}\Sigma^{\mathrm{HF}}(\boldsymbol{r},\boldsymbol{r}') &= \int V(\boldsymbol{r}-\boldsymbol{r}'')n(\boldsymbol{r}'')d\boldsymbol{r}''\delta(\boldsymbol{r}-\boldsymbol{r}') - V(\boldsymbol{r}-\boldsymbol{r}')\sum_\mu^{\mathrm{occ}}\phi_\mu(\boldsymbol{r})\phi_\mu^*(\boldsymbol{r}')\delta_{\mathrm{spin}\,\mu,\mathrm{spin}\,\nu}\\ &= \frac{e^2}{4\pi\varepsilon_0}\int\frac{n(\boldsymbol{r}'')}{|\boldsymbol{r}-\boldsymbol{r}''|}d\boldsymbol{r}''\delta(\boldsymbol{r}-\boldsymbol{r}') - \frac{e^2}{4\pi\varepsilon_0}\sum_\mu^{\mathrm{occ}}\frac{\phi_\mu(\boldsymbol{r})\phi_\mu^*(\boldsymbol{r}')}{|\boldsymbol{r}-\boldsymbol{r}'|}\delta_{\mathrm{spin}\,\mu,\mathrm{spin}\,\nu}\end{aligned} \tag{1.115}$$

この第 1 項は**ハートリー項**または**直接項**と呼ばれ，（自分自身を含む）全電子分布の作るクーロン斥力ポテンシャルを表す．第 2 項は**フォック項**または**交換項**と呼ばれ，同一スピンの電子の交換によって生ずる引力ポテンシャルを表す．真の自己エネルギーとハートリー–フォック近似の自己エネルギーの差を**相関項** (correlation term) と呼び，それを**電子相関** (electron correlation) という．(1.111) の右辺第 2 項を (1.113) 式と同様に，

$$\int V(\boldsymbol{r}'-\boldsymbol{r})\langle\Psi_\mu^{M-1}|\psi^\dagger(\boldsymbol{r}')\psi(\boldsymbol{r}')\psi(\boldsymbol{r})|\Psi_\gamma^M\rangle d\boldsymbol{r}' = \int \Sigma(\boldsymbol{r},\boldsymbol{r}';\varepsilon_\mu)\phi_\mu(\boldsymbol{r}')d\boldsymbol{r}' \tag{1.116}$$

と書くことにすると，**占有軌道 $\boldsymbol{\mu}$ に対する準粒子方程式** (quasiparticle equation) が得られる．

$$h^{(1)}(\boldsymbol{r})\phi_\mu(\boldsymbol{r}) + \int \Sigma(\boldsymbol{r},\boldsymbol{r}';\varepsilon_\mu)\phi_\mu(\boldsymbol{r}')d\boldsymbol{r}' = \varepsilon_\mu\phi_\mu(\boldsymbol{r}) \tag{1.117}$$

(1.113) に (1.95)，(1.96) を代入した式で $M+1$ を $M$ に，$\nu$ を $\gamma$ に，$\gamma$ を $\mu$ におけば (1.116) になるので，この二つの式は矛盾のない自己エネルギー

の定義になっている．(1.114)，(1.117) が我々の求めたかった準粒子波動関数と準粒子エネルギーが満たす準粒子方程式である．(1.114) や (1.117) は固有値方程式 $H^{\mathrm{QP}}(\varepsilon_\lambda)\phi_\lambda(\boldsymbol{r}) = \varepsilon_\lambda\phi_\lambda(\boldsymbol{r})$ の形を持つが，準粒子ハミルトニアン $H^{\mathrm{QP}}(\varepsilon_\lambda)$ が求めたいエネルギー固有値 $\varepsilon_\lambda$ に依存するので，固有関数の正規直交性は保証されない．この問題を回避するには $\Sigma(\boldsymbol{r},\boldsymbol{r}';\varepsilon_\lambda)$ を $\varepsilon_\lambda$ について線形化すればよい [16]．この手続きはワード-高橋恒等式 (Ward-Takahashi identity) を満たしている（1.6 節の最後参照）．

(1.116) に $\frac{1}{2}\langle\Psi_\gamma^M|\psi^\dagger(\boldsymbol{r})|\Psi_\mu^{M-1}\rangle = \frac{1}{2}\phi_\mu^*(\boldsymbol{r})$ を掛け，$\mu$ で足し上げ $\boldsymbol{r}$ で積分し，

$$\frac{1}{2}\sum_\mu^{\mathrm{occ}}\int V(\boldsymbol{r}'-\boldsymbol{r})\langle\Psi_\gamma^M|\psi^\dagger(\boldsymbol{r})|\Psi_\mu^{M-1}\rangle\langle\Psi_\mu^{M-1}|\psi^\dagger(\boldsymbol{r}')\psi(\boldsymbol{r}')\psi(\boldsymbol{r})|\Psi_\gamma^M\rangle d\boldsymbol{r}d\boldsymbol{r}'$$
$$= \frac{1}{2}\sum_\mu^{\mathrm{occ}}\int \phi_\mu^*(\boldsymbol{r})\Sigma(\boldsymbol{r},\boldsymbol{r}';\varepsilon_\mu)\phi_\mu(\boldsymbol{r}')d\boldsymbol{r}d\boldsymbol{r}' \tag{1.118}$$

が得られる．$M-1$ 粒子状態の完全性 (1.99) を用いると，この式の左辺は 2 体電子間相互作用 $H^{(2)}$ の始状態 $|\Psi_\gamma^M\rangle$ での期待値

$$\frac{1}{2}\int V(\boldsymbol{r}'-\boldsymbol{r})\langle\Psi_\gamma^M|\psi^\dagger(\boldsymbol{r})\psi^\dagger(\boldsymbol{r}')\psi(\boldsymbol{r}')\psi(\boldsymbol{r})|\Psi_\gamma^M\rangle d\boldsymbol{r}d\boldsymbol{r}'$$
$$= \langle\Psi_\gamma^M|H^{(2)}|\Psi_\gamma^M\rangle \tag{1.119}$$

に等しいことが分かる．したがって，これを $E_{\mathrm{int}}$ と書くことにすると，

$$E_{\mathrm{int}} = \langle\Psi_\gamma^M|H^{(2)}|\Psi_\gamma^M\rangle = \frac{1}{2}\sum_\mu^{\mathrm{occ}}\int \phi_\mu^*(r)\Sigma(\boldsymbol{r},\boldsymbol{r}';\varepsilon_\mu)\phi_\mu(\boldsymbol{r}')d\boldsymbol{r}d\boldsymbol{r}' \tag{1.120}$$

が得られる．この式はガリツキー-ミグダル (Galitskii-Migdal) の公式と呼ばれる（元々は 1.9 節のグリーン関数を使った表式 (1.261) である）．より正確に全エネルギーを決定するためには，グリーン関数に対する変分原理を満たすラッティンジャー-ワード (Luttinger-Ward) 汎関数 $\Phi[G]$ を用いるべきであることに注意しておく（詳しくは [15, 16] を見てほしい）．

## 1.5 連結クラスター定理，骨格図形，自己無撞着 GWΓ 法

量子化学でも $H^{(1)}$ に対して電子間相互作用 $H^{(2)}$ を摂動とみなしてレイリー-シュレーディンガー (Rayleigh-Schrödinger) の摂動論を適用し，全エネルギーの摂動展開を行う方法が用いられている．これはメラー-プレセット (Møllcr-Plesset) の摂動論と呼ばれる．しかし，この方法では電子の励起スペクトルを一挙に求めることができず，摂動展開の高次の寄与の和をあらかじめとっておくこと (resummation) もできない．それに対して，グリーン関数法では，これらのことが可能であるばかりでなく，何といっても 1 粒子的な準粒子ピクチャーで系を記述することができるという大きなメリットがある．本節ではグリーン関数は導入せずに，その方法（ファインマン図形を用いた多体摂動論）の基本的内容を説明する．

初期状態 $|\Psi_\gamma^M\rangle$ は，準粒子が一つもない状態である．これに電子 1 個を加える，または取り去って $M\pm1$ 電子状態 $|\Psi_\nu^{M+1}\rangle, |\Psi_\mu^{M-1}\rangle$ を作る演算子として，

$$|\Psi_\nu^{M+1}\rangle = a_\nu^\dagger|\Psi_\gamma^M\rangle, \quad |\Psi_\mu^{M-1}\rangle = a_\mu|\Psi_\gamma^M\rangle, \quad a_\mu^\dagger|\Psi_\gamma^M\rangle = a_\nu|\Psi_\gamma^M\rangle = 0 \tag{1.121}$$

なる準粒子状態 $\lambda = \nu, \mu$ の生成・消滅演算子 $a_\lambda^\dagger, a_\lambda$ を定義しよう．すると，

$$\begin{aligned}
\psi^\dagger(\boldsymbol{r})|\Psi_\gamma^M\rangle &= \sum_\nu^{\text{emp}} |\Psi_\nu^{M+1}\rangle\langle\Psi_\nu^{M+1}|\psi^\dagger(\boldsymbol{r})|\Psi_\gamma^M\rangle \\
&= \sum_\nu^{\text{emp}} |\Psi_\nu^{M+1}\rangle\phi_\nu^*(\boldsymbol{r}) = \sum_\lambda^{\text{all}} a_\lambda^\dagger|\Psi_\gamma^M\rangle\phi_\lambda^*(\boldsymbol{r}) \\
\psi(r)|\Psi_\gamma^M\rangle &= \sum_\mu^{\text{occ}} |\Psi_\mu^{M-1}\rangle\langle\Psi_\mu^{M-1}|\psi(\boldsymbol{r})|\Psi_\gamma^M\rangle \\
&= \sum_\mu^{\text{occ}} |\Psi_\mu^{M-1}\rangle\phi_\mu(\boldsymbol{r}) = \sum_\lambda^{\text{all}} a_\lambda|\Psi_\gamma^M\rangle\phi_\lambda(\boldsymbol{r})
\end{aligned} \tag{1.122}$$

より，$\psi^\dagger(\boldsymbol{r})$，$\psi(\boldsymbol{r})$ と $a_\lambda^\dagger, a_\lambda$ の間の関係式として

$$\psi^\dagger(\boldsymbol{r}) = \sum_\lambda^{\text{all}} \phi_\lambda^*(\boldsymbol{r})a_\lambda^\dagger, \quad \psi(\boldsymbol{r}) = \sum_\lambda^{\text{all}} \phi_\lambda(\boldsymbol{r})a_\lambda \tag{1.123}$$

が成り立つことが分かる．一方，

$$\{\psi(\boldsymbol{r}),\psi^\dagger(\boldsymbol{r}')\} = \sum_{\lambda}^{\text{all}} \phi_\lambda(\boldsymbol{r})\phi^*_{\lambda'}(\boldsymbol{r}')\{a_\lambda, a^\dagger_{\lambda'}\} = \delta(\boldsymbol{r}-\boldsymbol{r}') \tag{1.124}$$

と (1.100) より $\{a_\lambda, a^\dagger_{\lambda'}\} = \delta_{\lambda\lambda'}$ が得られ，$\{\psi(\boldsymbol{r}),\psi(\boldsymbol{r}')\} = \{\psi^\dagger(\boldsymbol{r}),\psi^\dagger(\boldsymbol{r}')\} = 0$ と $\boldsymbol{r},\boldsymbol{r}'$ の任意性より $\{a_\lambda, a_{\lambda'}\} = \{a^\dagger_\lambda, a^\dagger_{\lambda'}\} = 0$ が得られる．したがって，$a^\dagger_\lambda, a_\lambda$ は初期状態に準粒子を生成したり消滅させたりする演算子としての意味を持つ．これは系に準粒子が 1 個だけ存在する（つまり準粒子濃度が希薄極限の）場合に正しい．この場合には，準粒子は互いに独立であるとみなせる．

**多体摂動論** (many-body perturbation theory) は次節のグリーン関数を用いるが，まずは簡単のために，**ブリルアン-ウィグナー** (Brillouin-Winger) **の摂動論**を使って最終式を導こう [17, 13]．準粒子は希薄極限を除いて一般に相互作用するが，ここでは準粒子同士が相互作用しない仮想的な系を考える．この仮想系は準粒子が全く存在しない場合には参照系の初期状態 $|\Psi^M_\gamma\rangle$ に等しい．仮想系のハミルトニアンは

$$H' = H^{(1)} + H^{(2)}_{\text{self}} \tag{1.125}$$

で与えられる．$H^{(2)}_{\text{self}}$ は (1.92) の $H^{(2)}$ のうち準粒子間の相互作用を含まず，**自己エネルギーを与える相互作用** (interaction constituting self-energy) のみを含むものである．この仮想系を被摂動系とする．つまり (1.125) を**被摂動ハミルトニアン** (unperturbed Hamiltonian) とする．これに対して，

$$H'' = H^{(2)} - H^{(2)}_{\text{self}} \tag{1.126}$$

なる**準粒子間相互作用**のみを**摂動ハミルトニアン**とする．被摂動系は，

$$H'|\Phi^M_\alpha\rangle = E'^M_\alpha|\Phi^M_\alpha\rangle \tag{1.127}$$

なる固有値方程式を満たすとする．$M$ 電子系の初期状態 $\gamma$ では準粒子が存在しないので，被摂動系と摂動系のエネルギーは等しい（$E'^M_\gamma = E^M_\gamma$）．それ以外の状態では，摂動系では準粒子間相互作用が働くので，両者のエネルギーは異なる（$E'^M_\alpha \neq E^M_\alpha$）．$H = H' + H''$, $H|\Psi^M_\gamma\rangle = E^M_\gamma|\Psi^M_\gamma\rangle$ より，

$$(E_\gamma^M - H')|\Psi_\gamma^M\rangle = H''|\Psi_\gamma^M\rangle \tag{1.128}$$

である．ここで被摂動系は $\langle\Phi_\alpha^M|\Phi_\beta^{M'}\rangle = \delta_{MM'}\delta_{\alpha\beta}$ のように規格化されているものとし，ヒルベルト空間から被摂動系の初期状態を排除する**射影演算子**

$$P = 1 - |\Phi_\gamma^M\rangle\langle\Phi_\gamma^M| \tag{1.129}$$

を導入すると，(1.127) より，$P$ は $H'$ と交換するので，

$$(E_\gamma^M - H')P|\Psi_\gamma^M\rangle = PH''|\Psi_\gamma^M\rangle \tag{1.130}$$

である．この式は

$$|\Psi_\gamma^M\rangle = |\Phi_\gamma^M\rangle\langle\Phi_\gamma^M|\Psi_\gamma^M\rangle + \frac{1}{E_\gamma^M - H'}PH''|\Psi_\gamma^M\rangle \tag{1.131}$$

と書け，これの右辺第 2 項の $|\Psi_\gamma^M\rangle$ に左辺を入れる反復代入を繰り返せば，

$$\frac{|\Psi_\gamma^M\rangle}{\langle\Phi_\gamma^M|\Psi_\gamma^M\rangle} = |\Phi_\gamma^M\rangle + \frac{1}{E_\gamma^M - H'}PH''|\Phi_\gamma^M\rangle + \frac{1}{E_\gamma^M - H'}PH''\frac{1}{E_\gamma^M - H'}PH''|\Phi_\gamma^M\rangle + \cdots \tag{1.132}$$

なる**ブリルアン-ウィグナーの公式**と呼ばれる無限の展開式が得られる．1 体のハミルトニアン $H^{(1)}$ に対しては $|\Phi_\gamma^M\rangle$ も $|\Psi_\gamma^M\rangle$ も同じ効果をもつので，$H^{(1)}$ の期待値の表式として，

$$\langle H^{(1)}\rangle = \langle\Phi_\gamma^M|H^{(1)}|\Phi_\gamma^M\rangle = \frac{\langle\Psi_\gamma^M|H^{(1)}|\Psi_\gamma^M\rangle}{\langle\Psi_\gamma^M|\Psi_\gamma^M\rangle} = \frac{\langle\Phi_\gamma^M|H^{(1)}|\Psi_\gamma^M\rangle}{\langle\Phi_\gamma^M|\Psi_\gamma^M\rangle} \tag{1.133}$$

などが成り立つはずである．したがって，2 体相互作用の期待値 $E_{\text{int}}$ は

$$E_{\text{int}} = E_\gamma^M - \langle H^{(1)}\rangle = \frac{\langle\Phi_\gamma^M|H' - H^{(1)}|\Psi_\gamma^M\rangle}{\langle\Phi_\gamma^M|\Psi_\gamma^M\rangle} = \frac{\langle\Phi_\gamma^M|H_{\text{self}}^{(2)}|\Psi_\gamma^M\rangle}{\langle\Phi_\gamma^M|\Psi_\gamma^M\rangle} \tag{1.134}$$

と書けることが分かる．これに (1.132) を用いると，$E_{\text{int}}$ は

$$E_{\text{int}} = \langle \Phi_\gamma^M | H_{\text{self}}^{(2)} | \Phi_\gamma^M \rangle + \langle \Phi_\gamma^M | H_{\text{self}}^{(2)} \frac{1}{E_\gamma^M - H'} P H'' | \Phi_\gamma^M \rangle + \langle \Phi_\gamma^M | H_{\text{self}}^{(2)} \frac{1}{E_\gamma^M - H'} P H'' \frac{1}{E_\gamma^M - H'} P H'' | \Phi_\gamma^M \rangle + \cdots \tag{1.135}$$

となる．これは電子間相互作用の期待値 $E_{\text{int}}$ を与える重要な式である．この式に現れる $H''$ は自己エネルギーを構成しない $H^{(2)}$ の部分である．(1.135) 式の右辺第 1 項は $H^{(2)}$ を被摂動状態で挟んだ期待値である．第 2 項は

$$\langle \Phi_\gamma^M | H_{\text{self}}^{(2)} \frac{1}{E_\gamma^M - H'} P H'' | \Phi_\gamma^M \rangle = \sum_n \sum_m (H_{\text{self}}^{(2)})_{\gamma m} \left( \frac{1}{E_\gamma^M - H'} P \right)_{mn} (H'')_{n\gamma} \tag{1.136}$$

と評価される．ここで，

$$\left( \frac{1}{E_\gamma^M - H'} P \right)_{mn} = \langle \Phi_m^M | \frac{1}{E_\gamma^M - H'} P | \Phi_n^M \rangle = \delta_{mn} \frac{1}{E_\gamma^M - E'^M_n} (1 - \delta_{n r}) \tag{1.137}$$

である．したがって，

$$E_{\text{int}} = \langle \Phi_\gamma^M | H_{\text{self}}^{(2)} | \Phi_\gamma^M \rangle + \sum_{n \neq \gamma} \frac{(H_{\text{self}}^{(2)})_{\gamma n} (H'')_{n\gamma}}{E_\gamma^M - E'^M_n} + \sum_{n \neq \gamma} \sum_{m \neq \gamma} \frac{(H_{\text{self}}^{(2)})_{\gamma m} (H'')_{mn} (H'')_{n\gamma}}{(E_\gamma^M - E'^M_m)(E_\gamma^M - E'^M_n)} + \cdots \tag{1.138}$$

が得られる．ここで $(H_{\text{self}}^{(2)})_{\gamma m}$ や $(H'')_{mn}$ などは (1.92) の $H^{(2)}$ の四つの場の演算子に (1.123) を代入して得られ，四つの準粒子波動関数の積の形になる．

展開式の各項は非常に複雑なので，見て理解しやすいファインマン (Feynman) 図形で表すのが便利である [17]．図 1.3 が基本図形であり，相互作用 $H^{(2)}$ による電子の散乱プロセス (electron scattering process) を表す．点線は電子間相互作用 $H^{(2)}$ を表し，矢印付きの実線は被摂動系の電子状態 $(n, m, \cdots)$ を表す（これが 0 次のグリーン関数であることは 1.9 節で分かる）．縦方向を時間軸 (time axis)，横方向を空間軸 (space axis) と考える（電子間相互作用は瞬時に伝わるので，水平になる）．時間が下から上に進んでいるとすると，上向きの矢印は電子，下向きの矢印は正孔を表す．プロセス (a) のみが初期状態から出発する．(a) の解釈は，ある点で電子と正孔が対生

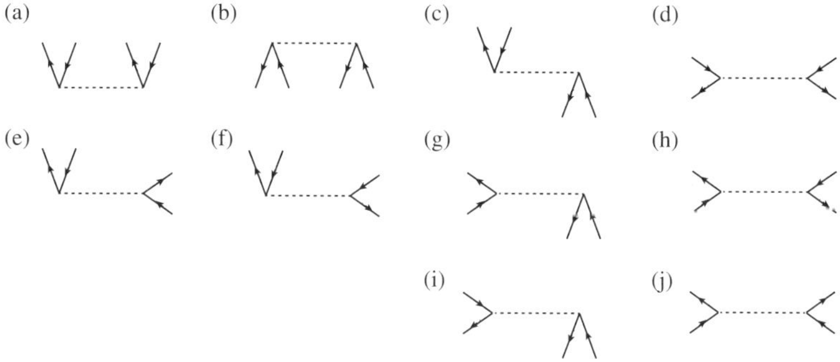


図 **1.3** 電子間相互作用の部分を表す基本的なファインマン図形

成 (pair creation) し，電子間相互作用によって，別の点でも電子と正孔が対生成することである．

ブリルアン-ウィグナーの摂動展開の各項には射影演算子 $P$ があるので，中間状態が初期状態 $|\Phi_\gamma^M\rangle$ に戻ることは許されない．図形がどこかで初期状態に戻ったとすると，その前後が実線や点線で結ばれることはないので，そこは実線も点線も無い空白の領域となる．このことは，すべての図形はつながっていなければならないことを意味する．これを**連結クラスター定理** (linked cluster theorem) という．

電子間相互作用の期待値 $E_{\mathrm{int}}$ は，図 1.4 のファインマン図形の和で与えられる．これには図 1.5 のような図形は含まれない．すぐ下の議論で，これらは自己エネルギーを構成する相互作用 $H_{\mathrm{self}}^{(2)}$ を含む図形であることが分かるからである．$H_{\mathrm{self}}^{(2)}$ の寄与は各図形で 1 個だけ含まれる．

1 次近似でのエネルギーのずれは (1.138) 式の第 1 項，つまり，

$$\langle\Phi_\gamma^M|H^{(2)}|\Phi_\gamma^M\rangle = \frac{1}{2}\int V(\boldsymbol{r}-\boldsymbol{r}')\langle\Phi_\gamma^M|\psi^\dagger(\boldsymbol{r})\psi^\dagger(\boldsymbol{r}')\psi(\boldsymbol{r}')\psi(\boldsymbol{r})|\Phi_\gamma^M\rangle d\boldsymbol{r}d\boldsymbol{r}' \qquad (1.139)$$

で与えられ，この中の $\langle\Phi_\gamma^M|\psi^\dagger(\boldsymbol{r})\psi^\dagger(\boldsymbol{r}')\psi(\boldsymbol{r}')\psi(\boldsymbol{r})|\Phi_\gamma^M\rangle$ を計算する必要がある．この期待値の中の場の演算子を準粒子の生成消滅演算子の線形結合で表すと（展開係数は準粒子波動関数），$M$ 粒子状態 $|\Phi_\gamma^M\rangle$ から占有状態 $\mu$ と $\mu'$ を消し，非占有状態 $\mu''$ と $\mu'''$ に準粒子を付けて元の $M$ 粒子状態 $|\Phi_\gamma^M\rangle$ に戻す必要がある．そのためには，消す二つの準粒子状態 $\mu, \mu'$ と付ける二つの準粒子状態 $\mu'', \mu'''$ は等しい必要がある．そこで，$\mu = \mu'', \mu' = \mu'''$ であるか

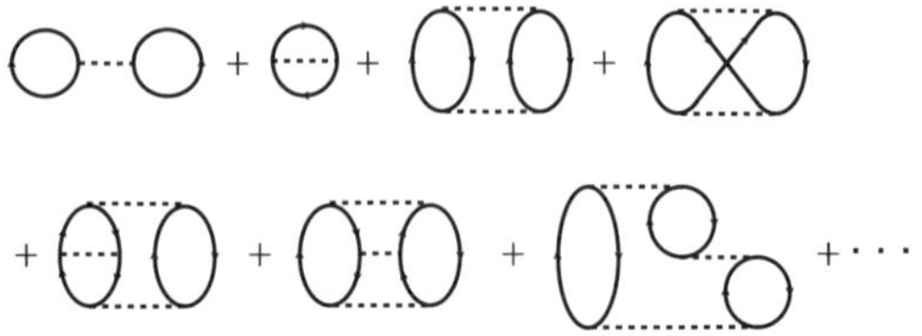

図 **1.4**　電子間相互作用の期待値 $E_{int}$ を表すファインマン図形

図 **1.5**　電子間相互作用の期待値 $E_{\rm int}$ に含まれないファインマン図形．これらは自己エネルギーが挿入されている図形なので，骨格図形ではない．

$\mu = \mu'''$, $\mu' = \mu''$ でなければならない．演算子の順番を入れ替える際には，反交換関係に注意して符号を逐次入れ替える必要がある．これより，

$$
\begin{aligned}
&\langle \Phi_\gamma^M | \psi^\dagger(\boldsymbol{r})\psi^\dagger(\boldsymbol{r}')\psi(\boldsymbol{r}')\psi(\boldsymbol{r})|\Phi_\gamma^M\rangle \\
&= \sum_{\mu\mu'\mu''\mu'''}^{\rm occ} \phi_{\mu''}^*(\boldsymbol{r})\phi_{\mu'''}^*(\boldsymbol{r}')\phi_{\mu'}(\boldsymbol{r}')\phi_\mu(\boldsymbol{r})\langle \Phi_\gamma^M | a_{\mu''}^\dagger a_{\mu'''}^\dagger a_{\mu'} a_\mu |\Phi_\gamma^M\rangle \\
&= \sum_{\mu\mu'}^{\rm occ} \phi_\mu^*(\boldsymbol{r})\phi_{\mu'}^*(\boldsymbol{r}')\phi_{\mu'}(\boldsymbol{r}')\phi_\mu(\boldsymbol{r})\langle \Phi_\gamma^M | a_\mu^\dagger a_{\mu'}^\dagger a_{\mu'} a_\mu |\Phi_\gamma^M\rangle \\
&\quad + \sum_{\mu\mu'}^{\rm occ} \phi_{\mu'}^*(\boldsymbol{r})\phi_\mu^*(\boldsymbol{r}')\phi_{\mu'}(\boldsymbol{r}')\phi_\mu(\boldsymbol{r})\langle \Phi_\gamma^M | a_{\mu'}^\dagger a_\mu^\dagger a_{\mu'} a_\mu |\Phi_\gamma^M\rangle \delta_{{\rm spin}\,\mu,\,{\rm spin}\,\mu'} \\
&= \sum_{\mu\mu'}^{\rm occ} \phi_\mu^*(\boldsymbol{r})\phi_{\mu'}^*(\boldsymbol{r}')\phi_{\mu'}(\boldsymbol{r}')\phi_\mu(\boldsymbol{r})(1-\delta_{\mu\mu'}) \\
&\quad + \sum_{\mu\mu'}^{\rm occ} \phi_{\mu'}^*(\boldsymbol{r})\phi_\mu^*(\boldsymbol{r}')\phi_{\mu'}(\boldsymbol{r}')\phi_\mu(\boldsymbol{r})(\delta_{\mu\mu'}-1)\delta_{{\rm spin}\,\mu,\,{\rm spin}\,\mu'} \\
&= n(\boldsymbol{r})n(\boldsymbol{r}') - \sum_{\mu\mu'}^{\rm occ} \phi_\mu^*(\boldsymbol{r})\phi_\mu(\boldsymbol{r}')\phi_{\mu'}^*(\boldsymbol{r}')\phi_{\mu'}(\boldsymbol{r})\delta_{{\rm spin}\,\mu,\,{\rm spin}\,\mu'} \qquad (1.140)
\end{aligned}
$$

が得られる．$\phi_\mu(\boldsymbol{r})$ は準粒子波動関数である．この式を (1.139) に代入し，

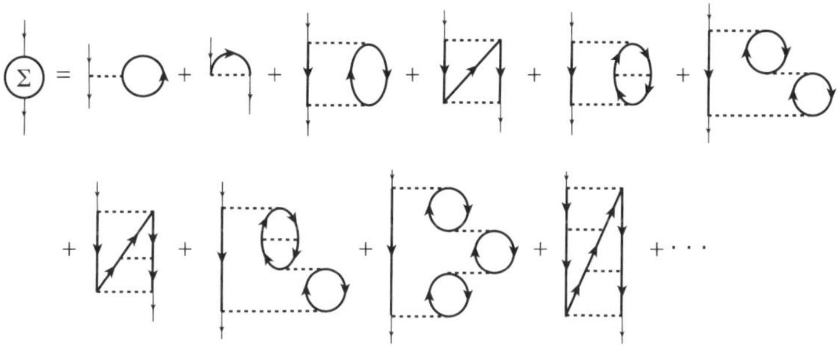

**図 1.6**　自己エネルギーを表すファインマン図形

$$\frac{e^2}{8\pi\varepsilon_0}\int\frac{\langle\Phi_\gamma^M|\psi^\dagger(\boldsymbol{r})\psi^\dagger(\boldsymbol{r}')\psi(\boldsymbol{r}')\psi(\boldsymbol{r})|\Phi_\gamma^M\rangle}{|\boldsymbol{r}-\boldsymbol{r}'|}d\boldsymbol{r}d\boldsymbol{r}'$$
$$=\frac{e^2}{8\pi\varepsilon_0}\int\frac{n(\boldsymbol{r})n(\boldsymbol{r}')}{|\boldsymbol{r}-\boldsymbol{r}'|}d\boldsymbol{r}d\boldsymbol{r}'-\frac{e^2}{8\pi\varepsilon_0}\int\sum_{\mu\mu'}^{\text{occ}}\frac{\phi_\mu^*(\boldsymbol{r})\phi_\mu(\boldsymbol{r}')\phi_{\mu'}^*(\boldsymbol{r}')\phi_{\mu'}(\boldsymbol{r})}{|\boldsymbol{r}-\boldsymbol{r}'|}d\boldsymbol{r}d\boldsymbol{r}'\delta_{\text{spin}\,\mu,\text{spin}\,\mu'} \tag{1.141}$$

の第 1 項がハートリー（直接）項で図 1.6 第 1 項の**オタマジャクシ** (tadpole) **図形**，第 2 項がフォック（交換）項で図 1.6 第 2 項の半円図形を表す．

2 次には行列要素

$$\langle\Phi_\gamma^M|\psi^\dagger(\boldsymbol{r}_1)\psi^\dagger(\boldsymbol{r}_1')\psi(\boldsymbol{r}_1')\psi(\boldsymbol{r}_1)|\Phi_n^M\rangle\langle\Phi_n^M|\psi^\dagger(\boldsymbol{r}_2)\psi^\dagger(\boldsymbol{r}_2')\psi(\boldsymbol{r}_2')\psi(\boldsymbol{r}_2)|\Phi_\gamma^M\rangle \tag{1.142}$$

が現れ，様々な準粒子の消去・付加のパターンが存在する．いずれも，消去・付加の順番を整理して考えると，$\mu$ を消して $\mu'$ を付けると，次は必ず $\mu'$ を消して別の $\mu''$ を付ける必要がある．この次も $\mu''$ を消して別の $\mu'''$ を付けることになり，最後に $\mu'''$ を消して元の $M$ 粒子状態 $|\Phi_\gamma^M\rangle$ に戻る．したがって，同じ準粒子の生成消滅演算子が必ず 1 個ずつペアで登場する．これより，展開係数としての準粒子波動関数も同じ準粒子状態の複素共役 (*) の付いていないものと付いているもののペアとして現れることになる．これらをファインマン図形で表したとき，必要な図形は図 1.4 の第 3 項の直接項と第 4 項の交換項の二つだけである．

ガリツキー–ミグダルの公式 (1.120) を見れば分かるように，自己エネルギ

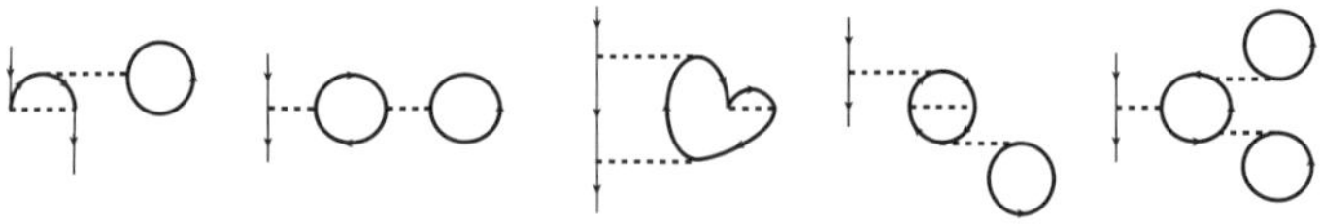

図 **1.7**　自己エネルギーに含めてはいけないファインマン図形．これらは自己エネルギーが挿入されている図形なので，骨格図形ではない．

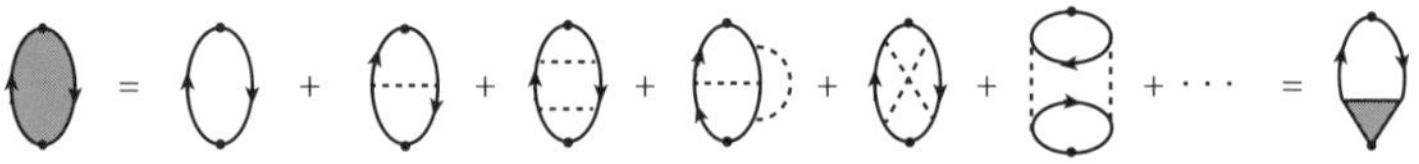

図 **1.8**　分極関数 P を表す図形とバーテックス関数 Γ を用いた表現

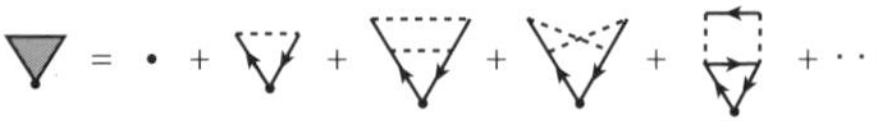

図 **1.9**　バーテックス関数 Γ のファインマン図形

ーΣ のファインマン図形は，$E_{\mathrm{int}}$ のファインマン図形（図 1.3）から矢印付きの実線を 1 本取り去った図形の和で与えられ，図 1.6 のようになる．ここで，図 1.7 のような図形は自己エネルギーの図形には現れない．これらの図形は自己エネルギーのダブルカウンティングになるので含めてはならない．図 1.3, 図 1.6 のような自己エネルギー図形の挿入が必要ない図形を骨格図形 (skeleton diagram) と言う．

高次項の系統的な和をとるにはどうしたらよいだろうか？**分極関数** (polarization function) $P$ を塗りつぶしたリングで書くと，それは図 1.8 のような和になる [18, 19]．これは図 1.9 の**バーテックス関数** (vertex function) $\Gamma$ を用いて一番右の形にまとめられる．**動的遮蔽クーロン相互作用** (dynamically screened Coulomb interaction) $W$ を波線で書くと，それは図 1.10 のような無限和で表される．これは一番右の図形のように $W$ 自体を用いてまとめられる．これは無限等比級数の和として簡単に評価することができ，$W = V + VPW$ つまり $(1 - VP)W = V$ である．**誘電関数** (dielectric function) $\varepsilon$ は $\varepsilon = 1 - VP$ で定義され，誘電関数 $\varepsilon$ を用いれば，動的遮蔽クーロン相互作用は $W = \varepsilon^{-1}V$ と書ける．半導体の場合にはエネルギーギャップがあるので $\varepsilon$ は定数と近似でき，$W(\boldsymbol{r} - \boldsymbol{r}') = e^2/4\pi\varepsilon|\boldsymbol{r} - \boldsymbol{r}'|$ となる．これは $V(\boldsymbol{r} - \boldsymbol{r}') =$

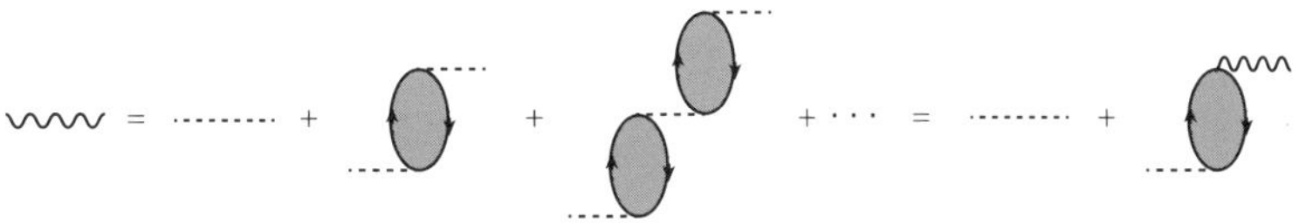

図 **1.10**　電子間の遮蔽クーロン相互作用 $W$（波線）を表すファインマン図形

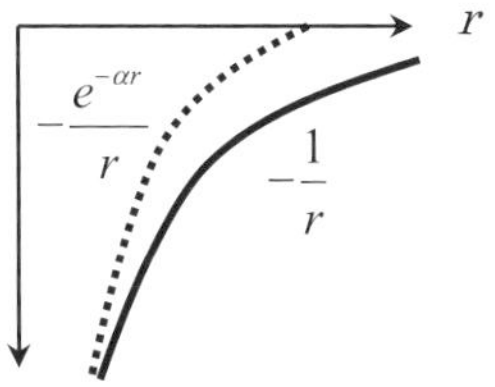


図 **1.11**　原子核からのクーロン引力ポテンシャル（$-1/r$）が周りの電子により遮蔽された湯川型ポテンシャル（$-e^{-\alpha r}/r$）の模式図

$e^2/4\pi\varepsilon_0|\boldsymbol{r}-\boldsymbol{r}'|$ の**フーリエ変換** (Fourier transformation) が $\tilde{V}(q) = e^2/\varepsilon_0\Omega q^2$ となり（$\Omega$ は系の体積），分極関数 $P$ のフーリエ変換が $q \to 0$ の極限で $q^2$ に比例するからである．金属の場合には $P$ のフーリエ変換は $\varepsilon(q) = 1 + \alpha^2/q^2$ のように発散するので，$\tilde{W}(q) = \varepsilon^{-1}(q)\tilde{V}(q) = e^2/\varepsilon\Omega(q^2+\alpha)$ となり，このフーリエ逆変換 (Fourier inverse transformation) は

$$W(\boldsymbol{r}-\boldsymbol{r}') = \frac{e^2}{4\pi\varepsilon_0}\frac{e^{-\alpha|\boldsymbol{r}-\boldsymbol{r}'|}}{|\boldsymbol{r}-\boldsymbol{r}'|} \tag{1.143}$$

の形の**湯川型ポテンシャル**となる（図 1.11）．ここで $1/\alpha$ は遮蔽長を表す．このように，静的近似の範囲であるが，遮蔽クーロン相互作用が得られる．

真の $W$，真の $\Gamma$ が分かったとすると，電子間相互作用のすべての効果は図 1.12(a) のファインマン図形で表され，電子間相互作用の期待値 $E_{\mathrm{int}}$ は図 1.12(b) のファインマン図形で表される．(b) の第 1 項はハートリー項を表す．真の自己エネルギーは図 1.12(c) で与えられる．これは形式的に厳密であり，真の $\Gamma$ が分かれば相互作用する電子系の問題が完全に解かれたことになる．この一連の式を**ヘディン** (Hedin) **の式**という [18]．$\Gamma$ を近似的に求めてこの方程式系を自己無撞着に解く方法を**自己無撞着 GWΓ 法**と呼んでいる．これは非常にチャレンジングな問題であり，将来の発展に期待したい．

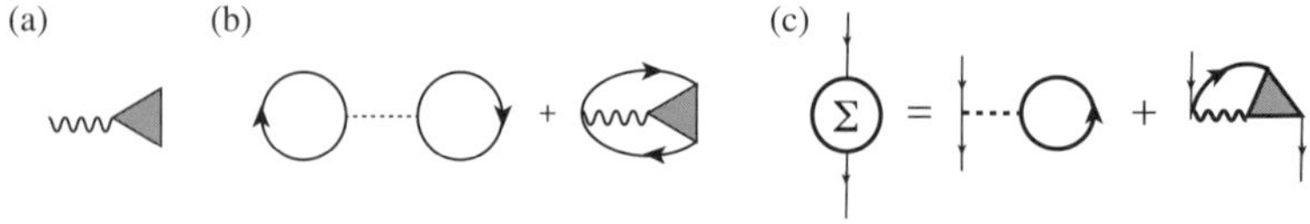


**図 1.12**　(a) は電子間相互作用のすべての効果を，(b) は真の電子間相互作用の期待値 $E_{\mathrm{int}}$ を，(c) は真の自己エネルギーを，それぞれ表す

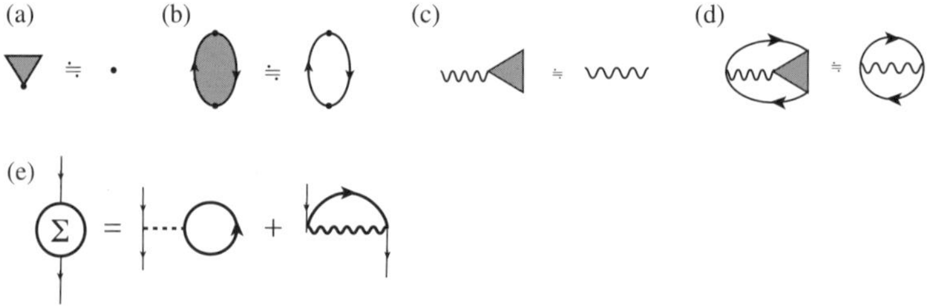


**図 1.13**　自己無撞着 GW 近似では $\Gamma = 1$ とし，$P \approx P^0$ とする．その場合の図形はこのようになる．

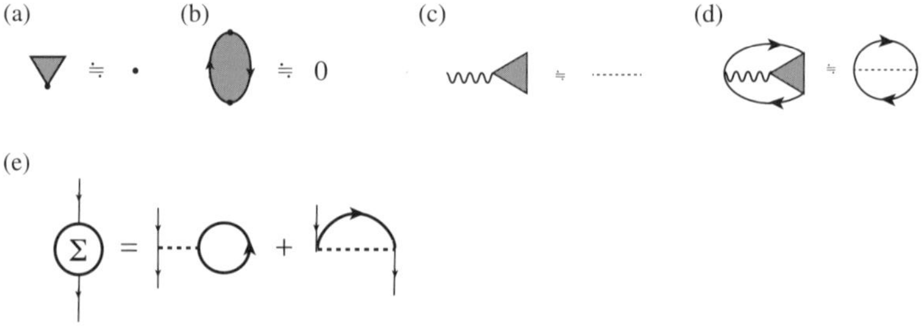


**図 1.14**　ハートリー・フォック近似では $\Gamma = 1$ とし，$P \approx 0$ とする．その場合の図形はこのようになる．

現時点で行われている具体的な計算例は 2.6 節で紹介する．これに対して自己無撞着 GW 近似は $\Gamma = 1$ とする近似であり，分極関数は乱雑位相近似 (random phase approximation, RPA) のリング図形 ($P^0$) になる（図 1.13）．GW 近似でもハートリー–フォックよりは大幅に改善された結果が得られる．ハートリー–フォック近似はさらに $\Gamma = 1$, $P = 0$（つまり，$W = V$）とする近似であり（図 1.14），$E_{\mathrm{int}}$ は (1.141) 式で与えられる．

## 1.6 グリーン関数

位置 $\boldsymbol{r}$ と時間 $t$ に関する演算子 $L(\boldsymbol{r},t)$ に対して，

$$L(\boldsymbol{r},t)G(\boldsymbol{r},t;\boldsymbol{r}',t') = \delta(\boldsymbol{r}-\boldsymbol{r}')\delta(t-t') \tag{1.144}$$

を満たすような関数 $G$ を一般に**グリーン関数** (Green's function) という．多電子系を摂動論で扱う場合にも，このグリーン関数を用いるのがスマートなやり方であり，すぐ後で述べるように，グリーン関数の極は準粒子エネルギースペクトルを与えるので，グリーン関数を求めることは準粒子方程式を解くことと等価であることがわかる．

時間依存系では，**シュレーディンガー表示** (Schrödinger representation) から**ハイゼンベルク表示** (Heisenberg representation) に移ると，すべての演算子はハミルトニアン $H$ に従った時間依存性を持つ．

$$\hat{A}(t) = e^{iHt/\hbar}Ae^{-iHt/\hbar}, \quad \hat{\psi}(\boldsymbol{r},t) = e^{iHt/\hbar}\psi(\boldsymbol{r})e^{-iHt/\hbar}, \quad \hat{\psi}^\dagger(\boldsymbol{r},t) = e^{iHt/\hbar}\psi^\dagger(\boldsymbol{r})e^{-iHt/\hbar} \tag{1.145}$$

ハイゼンベルク表示の演算子はハット（$\hat{}$）を付けて区別した．これに対して状態ベクトル $e^{iHt/\hbar}|\Psi_\gamma^M(t)\rangle = |\Psi_\gamma^M\rangle$ は時間依存性を持たなくなり，定常状態の固有ベクトルに一致する．$\hat{\psi}(\boldsymbol{r},t), \hat{\psi}^\dagger(\boldsymbol{r},t)$ は**同時刻の（反）交換関係**

$$[\hat{\psi}(\boldsymbol{r},t),\hat{\psi}(\boldsymbol{r}',t)]_\mp = 0, \quad [\hat{\psi}^\dagger(\boldsymbol{r},t),\hat{\psi}^\dagger(\boldsymbol{r}',t)]_\mp = 0, \quad [\hat{\psi}(\boldsymbol{r},t),\hat{\psi}^\dagger(\boldsymbol{r}',t)]_\mp = \delta(\boldsymbol{r}-\boldsymbol{r}') \tag{1.146}$$

を満たす．ここで $[A,B]_\mp = AB \mp BA$ であり，上下の符号は上がボーズ粒子，下がフェルミ粒子に対応する．演算子はハイゼンベルクの運動方程式

$$i\hbar\frac{\partial}{\partial t}\hat{A}(t) = [\hat{A}(t),H], \quad i\hbar\frac{\partial}{\partial t}\hat{\psi}(\boldsymbol{r},t) = [\hat{\psi}(\boldsymbol{r},t),H], \quad i\hbar\frac{\partial}{\partial t}\psi^\dagger(\boldsymbol{r},t) = [\psi^\dagger(\boldsymbol{r},t),H] \tag{1.147}$$

を満たす．消滅演算子と $H$ の交換関係 (1.106) を $e^{iHt/\hbar}$, $e^{-iHt/\hbar}$ で挟んでハイゼンベルク表示にし，これを (1.147) に代入すると次式が得られる．

$$i\hbar\frac{\partial}{\partial t}\hat{\psi}(\boldsymbol{r},t)=[\hat{\psi}(\boldsymbol{r},t),H]=h^{(1)}(\boldsymbol{r})\hat{\psi}(\boldsymbol{r},t)+\int\psi^{\dagger}(\boldsymbol{r}',t)V(\boldsymbol{r}'-\boldsymbol{r})\hat{\psi}(\boldsymbol{r}',t)\hat{\psi}(\boldsymbol{r},t)d\boldsymbol{r}' \tag{1.148}$$

ハミルトニアンの $M$ 粒子固有状態（中性基底状態以下も可）を$|\Psi_{\gamma}^{M}\rangle$として，ハイゼンベルク表示でのグリーン関数（伝達関数 (propagator)）を

$$G(\boldsymbol{r},t;\boldsymbol{r}',t')=-\frac{i}{\hbar}\langle\Psi_{\gamma}^{M}|\mathrm{T}[\hat{\psi}(\gamma,t)\hat{\psi}^{\dagger}(\boldsymbol{r}',t')]|\Psi_{\gamma}^{M}\rangle \tag{1.149}$$

と定義する．T は時間順序積 (time ordered product) あるいは T 積と呼ばれ，

$$\mathrm{T}[\hat{\psi}(\boldsymbol{r},t)\hat{\psi}^{\dagger}(\boldsymbol{r}',t')]=\begin{cases}\hat{\psi}(\boldsymbol{r},t)\hat{\psi}^{\dagger}(\boldsymbol{r}',t'), & t>t'\\ \pm\hat{\psi}^{\dagger}(\boldsymbol{r}',t')\hat{\psi}(\boldsymbol{r},t), & t<t'\end{cases} \tag{1.150}$$

のように時間を過去から未来に向かって右から左に並べ替える演算子である．フェルミオンの場合には並べ替えの際に，1 回ごとに符号を変える．

まずグリーン関数の一般的な性質を調べることにする [20]．$M\pm1$ 電子系の固有状態の完全性 (1.99) を用いると，

$$\begin{aligned}
&G(\boldsymbol{r},t;\boldsymbol{r}',t')\\
&=-\frac{i}{\hbar}[\langle\Psi_{\gamma}^{M}|\hat{\psi}(\boldsymbol{r},t)\hat{\psi}^{\dagger}(\boldsymbol{r}',t')|\Psi_{\gamma}^{M}\rangle\theta(t-t')\pm\langle\Psi_{\gamma}^{M}|\hat{\psi}^{\dagger}(\boldsymbol{r}',t')\hat{\psi}(\boldsymbol{r},t)|\Psi_{\gamma}^{M}\rangle\theta(t'-t)]\\
&=-\frac{i}{\hbar}[\langle\Psi_{\gamma}^{M}|e^{iHt/\hbar}\psi(\boldsymbol{r})e^{-iH(t-t')/\hbar}\psi^{\dagger}(\boldsymbol{r}')e^{-iHt'/\hbar}|\Psi_{\gamma}^{M}\rangle\theta(t-t')\\
&\qquad\pm\langle\Psi_{\gamma}^{M}|e^{iHt'/\hbar}\psi^{\dagger}(\boldsymbol{r}')e^{-iH(t'-t)/\hbar}\psi(\boldsymbol{r})e^{-iHt/\hbar}|\Psi_{\gamma}^{M}\rangle\theta(t'-t)]\\
&=-\frac{i}{\hbar}\sum_{\nu}^{\mathrm{emp}}e^{iE_{r}^{M}(t-t')/\hbar}\langle\Psi_{\gamma}^{M}|\psi(\boldsymbol{r})e^{-iH(t-t')/\hbar}|\hat{\Psi}_{\nu}^{M+1}\rangle\langle\Psi_{\nu}^{M+1}|\psi^{\dagger}(\boldsymbol{r}')|\Psi_{\gamma}^{M}\rangle\theta(t-t')\\
&\mp\frac{i}{\hbar}\sum_{\mu}^{\mathrm{occ}}e^{iE_{r}^{M}(t'-t)/\hbar}\langle\Psi_{\gamma}^{M}|\psi^{\dagger}(\boldsymbol{r}')e^{-iH(t-t')/\hbar}|\Psi_{\mu}^{M-1}\rangle\langle\Psi_{\mu}^{M-1}|\psi(\boldsymbol{r})|\Psi_{\gamma}^{M}\rangle\theta(t'-t)\\
&=-\frac{i}{\hbar}\sum_{\nu}^{\mathrm{emp}}e^{-i(E_{\nu}^{M+1}-E_{\gamma}^{M})(t-t')/\hbar}\langle\Psi_{\gamma}^{M}|\psi(\boldsymbol{r})|\Psi_{\nu}^{M+1}\rangle\langle\Psi_{\nu}^{M+1}|\psi^{\dagger}(\boldsymbol{r}')|\Psi_{\gamma}^{M}\rangle\theta(t-t')\\
&\mp\frac{i}{\hbar}\sum_{\mu}^{\mathrm{occ}}e^{-i(E_{r}^{M}-E_{\mu}^{M-1})(t-t')/\hbar}\langle\Psi_{\gamma}^{M}|\psi^{\dagger}(\boldsymbol{r}')|\Psi_{\mu}^{M-1}\rangle\langle\Psi_{\mu}^{M-1}|\psi(\boldsymbol{r})|\Psi_{\gamma}^{M}\rangle\theta(t'-t)
\end{aligned} \tag{1.151}$$

である．ここで，

$$\varepsilon_\nu = E_\nu^{M+1} - E_\gamma^M, \quad \varepsilon_\mu = E_\gamma^M - E_\mu^{M-1} \tag{1.152}$$

は $M \pm 1$ 粒子励起状態 $|\Psi_\nu^{M+1}\rangle, |\Psi_\mu^{M-1}\rangle$ と $M$ 粒子基底状態 $|\Psi_\gamma^M\rangle$ のエネルギー差であり，(1.95) で定義した準粒子エネルギーである．(1.151) 中の行列要素

$$\phi_\mu(\boldsymbol{r}) = \langle \Psi_\mu^{M-1}|\psi(\boldsymbol{r})|\Psi_\gamma^M\rangle,\ \phi_\nu^*(\boldsymbol{r}) = \langle \Psi_\nu^{M+1}|\psi^\dagger(\boldsymbol{r})|\Psi_\gamma^M\rangle \tag{1.153}$$

も (1.96) の準粒子波動関数である．これは完全性 (1.99) を満たすが，正規直交性を満たすには工夫が必要である．これを用いてグリーン関数は

$$\begin{aligned} G(\boldsymbol{r}, t; \boldsymbol{r}', t') = &-\frac{i}{\hbar}\sum_\nu^{emp} e^{-i\varepsilon_\nu(t-t')/\hbar}\phi_\nu(\boldsymbol{r})\phi_\nu^*(\boldsymbol{r}')\theta(t-t') \\ &\mp \frac{i}{\hbar}\sum_\mu^{occ} e^{-i\varepsilon_\mu(t-t')/\hbar}\phi_\mu(\boldsymbol{r})\phi_\mu^*(\boldsymbol{r}')\theta(t'-t) \end{aligned} \tag{1.154}$$

と書かれる．これを時間についてフーリエ変換すると，

$$\int_{-\infty}^{\infty} dt e^{i\omega t} e^{-i\varepsilon t/\hbar}\theta(t) = \int_0^{\infty} dt e^{i\omega t} e^{-i\varepsilon t/\hbar} e^{-\eta t/\hbar} = \frac{i}{\omega - \varepsilon/\hbar + i\eta/\hbar} \tag{1.155}$$

$$\int_{-\infty}^{\infty} dt e^{i\omega t} e^{-i\varepsilon t/\hbar}\theta(-t) = \int_{-\infty}^{0} dt e^{i\omega t} e^{-i\varepsilon t/\hbar} e^{\eta t/\hbar} = \frac{-i}{\omega - \varepsilon/\hbar - i\eta/\hbar} \tag{1.156}$$

より（ここで $\eta$ は積分を収束させるために導入した無限小の正の量（これを $0^+$ と書く）である）

$$G(\boldsymbol{r}, \boldsymbol{r}'; \omega) = \sum_\nu^{\mathrm{emp}} \frac{\phi_\nu(\boldsymbol{r})\phi_\nu^*(\boldsymbol{r}')}{\hbar\omega - \varepsilon_\nu + i\eta} \mp \sum_\mu^{\mathrm{occ}} \frac{\phi_\mu(\boldsymbol{r})\phi_\mu^*(\boldsymbol{r}')}{\hbar\omega - \varepsilon_\mu - i\eta} \tag{1.157}$$

を得る．これより，グリーン関数の極 (pole) は準粒子エネルギースペクトル (quasiparticle energy spectrum) を表し，留数 (residue) は準粒子波動関数とその複素共役 (complex conjugate) の積を表すことが分かる．フェルミオンの場合，$\phi_\nu(\boldsymbol{r}), \phi_\nu^*(\boldsymbol{r}')$ と $\phi_\mu(\boldsymbol{r}), \phi_\mu^*(\boldsymbol{r}')$ を区別せず，これらをひとまとめに書くと

$$G(\boldsymbol{r},\boldsymbol{r}';\omega)=\sum_{\lambda}\frac{\phi_\lambda(\boldsymbol{r})\phi^*_\lambda(\boldsymbol{r}')}{\hbar\omega-\varepsilon_\lambda-i\delta_\lambda} \tag{1.158}$$

となる．$\delta_\lambda$ は状態 $\lambda$ が $M+1$ 粒子状態の場合に $-\eta$ であり，状態が $M-1$ 粒子状態の場合に $+\eta$ である．(1.151) 式に戻り，$t'\to t+0^+$ とすると，

$$G(\boldsymbol{r},t;\boldsymbol{r}',t+0^+)=\mp\frac{i}{\hbar}\langle\Psi^M_\gamma|\psi^\dagger(\boldsymbol{r}')\psi(\boldsymbol{r})|\Psi^M_\gamma\rangle=\mp\frac{i}{\hbar}\sum_{\mu}^{\rm occ}\phi_\mu(\boldsymbol{r})\phi^*_\mu(\boldsymbol{r}')=\mp\frac{i}{\hbar}\gamma(\boldsymbol{r},\boldsymbol{r}') \tag{1.159}$$

が得られ，$\gamma(\boldsymbol{r},\boldsymbol{r}')$ は密度行列である．準粒子波動関数は密度行列(density matrix) を対角的にする表現であり，1.8 節に述べる自然軌道 (natural orbital) と同じものである．$n(\boldsymbol{r})=\gamma(\boldsymbol{r},\boldsymbol{r})$ は電子密度 (electron density) である．

グリーン関数の定義式において，時間順序積の時間微分をとると，

$$\begin{aligned}&\frac{\partial}{\partial t}\mathrm{T}[\hat{\psi}(\boldsymbol{r},t)\hat{\psi}^\dagger(\boldsymbol{r}',t')]=\frac{\partial}{\partial t}[\hat{\psi}(\boldsymbol{r},t)\hat{\psi}^\dagger(\boldsymbol{r}',t')\theta(t-t')\pm\hat{\psi}^\dagger(\boldsymbol{r}',t')\hat{\psi}(\boldsymbol{r},t)\theta(t'-t)]\\&=\mathrm{T}[\frac{\partial}{\partial t}\hat{\psi}(\boldsymbol{r},t)\hat{\psi}^\dagger(\boldsymbol{r}',t')]+[\hat{\psi}(\boldsymbol{r},t)\hat{\psi}^\dagger(\boldsymbol{r}',t')\mp\hat{\psi}^\dagger(\boldsymbol{r}',t')\hat{\psi}(\boldsymbol{r},t)]\delta(t-t')\\&=\mathrm{T}[\frac{\partial}{\partial t}\hat{\psi}(\boldsymbol{r},t)\hat{\psi}^\dagger(\boldsymbol{r}',t')]+[\hat{\psi}(\boldsymbol{r},t),\hat{\psi}^\dagger(\boldsymbol{r}',t')]_\mp\delta(t-t')\\&=\mathrm{T}[\frac{\partial}{\partial t}\hat{\psi}(\boldsymbol{r},t)\hat{\psi}^\dagger(\boldsymbol{r}',t')]+\delta(\boldsymbol{r}-\boldsymbol{r}')\delta(t-t')\end{aligned} \tag{1.160}$$

である．したがって，(1.148), (1.149), (1.160) を用いて，

$$\begin{aligned}&(i\hbar\frac{\partial}{\partial t}-h^{(1)}(\boldsymbol{r}))G(\boldsymbol{r},t;\boldsymbol{r}',t')\\&\quad=\int V(\boldsymbol{r}''-\boldsymbol{r})G^{(2)}(\boldsymbol{r}'',t;\boldsymbol{r},t;\boldsymbol{r}',t')d\boldsymbol{r}''+\delta(\boldsymbol{r}-\boldsymbol{r}')\delta(t-t')\end{aligned} \tag{1.161}$$

$$\begin{aligned}&G^{(2)}(\boldsymbol{r}'',t;\boldsymbol{r},t;\boldsymbol{r}',t')\\&\quad=-\frac{i}{\hbar}\langle\Psi^M_\gamma|\mathrm{T}[\hat{\psi}^\dagger(\boldsymbol{r}'',t)\hat{\psi}(\boldsymbol{r}'',t)\hat{\psi}(\boldsymbol{r},t)\hat{\psi}^\dagger(\boldsymbol{r}',t')]|\Psi^M_\gamma\rangle\end{aligned} \tag{1.162}$$

が得られる．ここで $G^{(2)}(\boldsymbol{r}'',t;\boldsymbol{r},t;\boldsymbol{r}',t')$ は２粒子グリーン関数 (two-particle Green's function) であり，四つの生成消滅演算子を含む．この式はグリー

ン関数の方程式のハイアラキー (hierarchy)（1体のグリーン関数を微分すると2体のグリーン関数が現れ，それを微分すると3体のグリーン関数が現れる，という方程式の連鎖）を意味する．電子間相互作用がない場合には（$V(\boldsymbol{r}''-\boldsymbol{r})=0$ の場合には），(1.161) は (1.144) の形の

$$\left[i\hbar\frac{\partial}{\partial t}-h^{(1)}(\boldsymbol{r})\right]G^0(\boldsymbol{r},t;\boldsymbol{r}',t')=\delta(\boldsymbol{r}-\boldsymbol{r}')\delta(t-t') \tag{1.163}$$

となる．この場合のグリーン関数 $G^0(\boldsymbol{r},t;\boldsymbol{r}',t')$ を0次のグリーン関数と呼ぶ．(1.161) で，

$$\int V(\boldsymbol{r}''-\boldsymbol{r})G^{(2)}(\boldsymbol{r}'',t;\boldsymbol{r},t;\boldsymbol{r}',t')d\boldsymbol{r}''=\int\Sigma(\boldsymbol{r},t;\boldsymbol{r}'',t'')G(\boldsymbol{r}'',t'';\boldsymbol{r}',t')d\boldsymbol{r}''dt'' \tag{1.164}$$

と置いて自己エネルギーを導入することにすると，(1.161) は

$$\left[i\hbar\frac{\partial}{\partial t}-h^{(1)}(\boldsymbol{r})\right]G(\boldsymbol{r},t;\boldsymbol{r}',t')-\int\Sigma(\boldsymbol{r},t;\boldsymbol{r}'',t'')G(\boldsymbol{r}'',t'';\boldsymbol{r}',t')d\boldsymbol{r}''dt''$$
$$=\delta(\boldsymbol{r}-\boldsymbol{r}')\delta(t-t') \tag{1.165}$$

となる．この式もグリーン関数に対する (1.144) の形をしている．時間対称性からグリーン関数も自己エネルギーも時間差のみを通して二つの時間に依存する．したがって，時間についてフーリエ変換して

$$[\hbar\omega-h^{(1)}(\boldsymbol{r})]G(\boldsymbol{r},\boldsymbol{r}';\omega)-\int\Sigma(\boldsymbol{r},\boldsymbol{r}'';\omega)G(\boldsymbol{r}'',\boldsymbol{r}';\omega)d\boldsymbol{r}''=\delta(\boldsymbol{r}-\boldsymbol{r}') \tag{1.166}$$

を得る．この式にグリーン関数のレーマン表示 (1.158) 式を代入し，$\hbar\omega\to\varepsilon_{\lambda'}$ の極限をとると，$\lambda$ の和の中で $\lambda=\lambda'$ の項のみが支配的に大きくなるので，その項のみを残すことができて，厳密に準粒子方程式 (1.114), (1.117), つまり，

$$h^{(1)}(\boldsymbol{r})\phi_{\lambda'}(\boldsymbol{r})+\int\Sigma(\boldsymbol{r},\boldsymbol{r}';\varepsilon_{\lambda'})\phi_{\lambda'}(\boldsymbol{r}')d\boldsymbol{r}'=\varepsilon_{\lambda'}\phi_{\lambda'}(\boldsymbol{r}) \tag{1.167}$$

が得られる．ここでもちろん $\varepsilon_\lambda,\phi_\lambda(\boldsymbol{r})$ は準粒子エネルギーと準粒子波動関数である．1.4節の (1.109) で議論したような切断 (decoupling) 近似を用いればハートリー-フォック近似が導かれる．自己エネルギーからハートリー・ポ

テンシャル $V_H(\boldsymbol{r})$ の寄与を除いて $\Sigma_{\rm xc}(\boldsymbol{r},\boldsymbol{r}';\omega) = \Sigma(\boldsymbol{r},\boldsymbol{r}';\omega) - V_{\rm H}(\boldsymbol{r})\delta(\boldsymbol{r}-\boldsymbol{r}')$ と定義し直し（xc は相関交換の意味），(1.167) を

$$[h^{(1)}(\boldsymbol{r}) + V_{\rm H}(\boldsymbol{r})]\phi_\lambda(\boldsymbol{r}) + \int \Sigma_{\rm xc}(\boldsymbol{r},\boldsymbol{r}';\varepsilon_\lambda)\phi_\lambda(\boldsymbol{r}')d\boldsymbol{r}' = \varepsilon_\lambda\phi_\lambda(\boldsymbol{r}) \tag{1.168}$$

と書き直すこともできる．準粒子方程式 (1.168) は基本的には自己無撞着に解く必要がある．その手続きによって衣を着たグリーン関数が得られ，0 次グリーン関数で表したときの高次の図形の寄与が骨格図形の矢印付きの太実線の中に取り込まれる．1.4 節の最後に述べたように，ハートリー-フォック近似を超えると，自己エネルギーが求めたいエネルギー固有値 $\varepsilon_\lambda$ に依存するので，固有関数の正規直交性は保証されない．この問題を回避するためには次のように $\Sigma_{\rm xc}(\boldsymbol{r},\boldsymbol{r}';\varepsilon_\lambda)$ を $\varepsilon_\lambda$ について線形化すればよい（**自己エネルギーの線形化** (self-energy linearization)）[16].

$$\Sigma_{\rm xc}(\boldsymbol{r},\boldsymbol{r}';\varepsilon_\lambda) \approx \Sigma_{\rm xc}(\boldsymbol{r},\boldsymbol{r}';\varepsilon_0) + (\varepsilon_\lambda - \varepsilon_0)\frac{\partial}{\partial\varepsilon}\Sigma_{\rm xc}(\boldsymbol{r},\boldsymbol{r}';\varepsilon)\bigg|_{\varepsilon=\varepsilon_0} \tag{1.169}$$

ここで $\varepsilon_0$ は，例えば最高占有準位 $\varepsilon_{\rm HOMO}$（あるいは最低非占有準位との平均値 $(\varepsilon_{\rm HOMO} + \varepsilon_{\rm LUMO})/2$）と設定する．これにより (1.168) は

$$[h^{(1)}(\boldsymbol{r}) + V_H(\boldsymbol{r})]\phi_\lambda(\boldsymbol{r}) + \int \Sigma'_{\rm xc}(\boldsymbol{r},\boldsymbol{r}')\phi_\lambda(\boldsymbol{r}')d\boldsymbol{r}' = \varepsilon_\lambda \int \Lambda(\boldsymbol{r},\boldsymbol{r}')\phi_\lambda(\boldsymbol{r}')d\boldsymbol{r}', \tag{1.170}$$

$$\Sigma'_{\rm xc}(\boldsymbol{r},\boldsymbol{r}') = \Sigma_{\rm xc}(\boldsymbol{r},\boldsymbol{r}';\varepsilon_0) - \varepsilon_0\frac{\partial\Sigma_{\rm xc}(\boldsymbol{r},\boldsymbol{r}';\varepsilon)}{\partial\varepsilon}\bigg|_{\varepsilon=\varepsilon_0},$$

$$\Lambda(\boldsymbol{r},\boldsymbol{r}') = \delta(\boldsymbol{r}-\boldsymbol{r}') - \frac{\partial\Sigma_{\rm xc}(\boldsymbol{r},\boldsymbol{r}';\varepsilon)}{\partial\varepsilon}\bigg|_{\varepsilon=\varepsilon_0} \tag{1.171}$$

となる．$\Lambda(\boldsymbol{r},\boldsymbol{r}')$ を $\Lambda = LL^\dagger$ と**コレスキー分解** (Cholesky decomposition) し（$L$ は**下三角行列** (lower triangular matrix)），(1.170) の固有関数を $\tilde{\phi}_\lambda = L^\dagger\phi_\lambda$ と変換すれば，$\tilde{\phi}_\lambda$ は正規直交系をなす．この変換は 1.4 節で述べた重なり行列に対するユニタリー変換を行って，固有値が 0 になる成分を捨てることに相当する．同様にグリーン関数も $\tilde{G} = L^\dagger GL$ と再定義すれば，$q,\omega \to 0$ 極限で**ワード** (Ward)-**高橋恒等式**（**局所的な電荷保存則**）を満たすので，**バーテックス補正** (vertex correction) $\Gamma \approx \Lambda$ の効果を入れることができる．

## 1.7　ウィックの定理

本節では1体のハミルトニアン $H^{(1)}$ で記述される系を考える．1.9節では，この系を被摂動系とし，この系に電子間相互作用 $H^{(2)}$ を摂動として加えることを考える．これが多体摂動論の標準的な設定であり，1.5節の(1.125), (1.126)の設定とは異なるが，1.9節で見るように，両者の結果（最終表式）は完全に一致する．いずれにしても，摂動展開を行うと(1.142)のような多数の生成消滅演算子の積の期待値を計算する必要がある．この計算に役に立つのがウィックの定理である．ウィックの定理を導出する前に，その導出で必要となる異なる時刻の（反）交換関係を導いておく．ハミルトニアンが $H^{(1)}$ のみの場合の**ハイゼンベルク表示**を用いる（これは1.9節で述べる**相互作用表示** (interaction representation) と同じである）．この表示の演算子にはチルダ（˜）を付けて区別することにする．**場の演算子（生成消滅演算子）** $\tilde{\psi}(\boldsymbol{r},t), \tilde{\psi}^\dagger(\boldsymbol{r},t)$ に対する**ハイゼンベルクの運動方程式** (Heisenberg equation of motion) は

$$i\hbar\frac{\partial}{\partial t}\tilde{\psi}(\boldsymbol{r},t) = [\tilde{\psi}(\boldsymbol{r},t), H^{(1)}] = h^{(1)}(\boldsymbol{r})\tilde{\psi}(\boldsymbol{r},t) \tag{1.172}$$

$$i\hbar\frac{\partial}{\partial t}\tilde{\psi}^\dagger(\boldsymbol{r},t) = [\tilde{\psi}^\dagger(\boldsymbol{r},t), H^{(1)}] = -h^{(1)}(\boldsymbol{r})\tilde{\psi}^\dagger(\boldsymbol{r},t) \tag{1.173}$$

となるので，これらの解は形式的に

$$\tilde{\psi}(\boldsymbol{r},t) = e^{-ih^{(1)}(\boldsymbol{r})t/\hbar}\psi(\boldsymbol{r}), \quad \tilde{\psi}^\dagger(\boldsymbol{r},t) = e^{ih^{(1)}(\boldsymbol{r})t/\hbar}\tilde{\psi}^\dagger(\boldsymbol{r}) \tag{1.174}$$

と書ける．1体のハミルトニアンとその固有関数は

$$H^{(1)} = \sum_{i=1}^{N} H_i^{(1)}, \quad H_i^{(1)}|\lambda\rangle_i = \varepsilon_\lambda|\lambda\rangle_i, \quad \phi_\lambda(\boldsymbol{r}_i) = \langle \boldsymbol{r}_i|\lambda\rangle_i,$$

$$h^{(1)}(\boldsymbol{r}_i)\phi_\lambda(\boldsymbol{r}_i) = \varepsilon_\lambda\phi_\lambda(\boldsymbol{r}_i) \tag{1.175}$$

と書けるので，

$$\psi(\boldsymbol{r}) = \sum_\lambda \phi_\lambda(\boldsymbol{r})a_\lambda, \quad \psi^\dagger(\boldsymbol{r}) = \sum_\lambda \phi_\lambda^*(\boldsymbol{r})a_\lambda^\dagger \tag{1.176}$$

により生成消滅演算子 $a_\lambda, a_\lambda^\dagger$ を導入すると，

$$\tilde{\psi}(\boldsymbol{r},t)=\sum_\lambda \phi_\lambda(\boldsymbol{r})e^{-i\varepsilon_\lambda t/\hbar}a_\lambda,\quad \tilde{\psi}^\dagger(\boldsymbol{r},t)=\sum_\lambda \phi_\lambda^*(\boldsymbol{r})e^{i\varepsilon_\lambda t/\hbar}a_\lambda^\dagger \tag{1.177}$$

と書ける．また，

$$\tilde{a}_\lambda(t)=e^{-i\varepsilon_\lambda t/\hbar}a_\lambda,\quad \tilde{a}_\lambda^\dagger(t)=e^{i\varepsilon_\lambda t/\hbar}a_\lambda^\dagger \tag{1.178}$$

であることも分かる．演算子 $\tilde{a}_\lambda,(t),\tilde{a}_{\lambda'}^\dagger(t')$ が異なる時刻の（反）交換関係 ((anti-)commutation relation at different times)

$$[\tilde{a}_\lambda(t),\tilde{a}_{\lambda'}(t')]_\mp=0,\quad [\tilde{a}_\lambda^\dagger(t),\tilde{a}_{\lambda'}^\dagger(t')]_\mp=0,\quad [\tilde{a}_\lambda(t),\tilde{a}_{\lambda'}^\dagger(t')]_\mp=\delta_{\lambda\lambda'}e^{-i\varepsilon_\lambda(t-t')/\hbar} \tag{1.179}$$

を満たすことは明らかである．これより，

$$[\tilde{\psi}(\boldsymbol{r},t),\tilde{\psi}(\boldsymbol{r}',t')]_\mp=\sum_{\lambda,\lambda'}\phi_\lambda(\boldsymbol{r})\phi_{\lambda'}(\boldsymbol{r}')e^{-i(\varepsilon_\lambda t+\varepsilon_{\lambda'}t')/\hbar}[a_\lambda,a_{\lambda'}]_\mp=0 \tag{1.180}$$

$$[\tilde{\psi}^\dagger(\boldsymbol{r},t),\tilde{\psi}^\dagger(\boldsymbol{r}',t')]_\mp=\sum_{\lambda',\lambda'}\phi_\lambda^*(\boldsymbol{r})\phi_{\lambda'}^*(\boldsymbol{r}')e^{i(\varepsilon_\lambda t+\varepsilon_{\lambda'}t')/\hbar}[a_\lambda^\dagger,a_{\lambda'}^\dagger]_\mp=0 \tag{1.181}$$

$$\begin{aligned}[\tilde{\psi}(\boldsymbol{r},t),\tilde{\psi}^\dagger(\boldsymbol{r}',t')]_\mp&=\sum_{\lambda,\lambda'}\phi_\lambda(\boldsymbol{r})\phi_{\lambda'}^*(\boldsymbol{r}')e^{i(-\varepsilon_\lambda t+\varepsilon_{\lambda'}t')/\hbar}[a_\lambda,a_{\lambda'}^\dagger]_\mp\\&=\sum_\lambda\phi_\lambda(\boldsymbol{r})\phi_\lambda^*(\boldsymbol{r}')e^{-i\varepsilon_\lambda(t-t')/\hbar}\end{aligned} \tag{1.182}$$

であることも分かる．同時刻であれば，もちろん同時刻の（反）交換関係

$$[\tilde{a}_\lambda(t),\tilde{a}_{\lambda'}^\dagger(t)]_\mp=\delta_{\lambda\lambda'},\quad [\tilde{\psi}(\boldsymbol{r},t),\tilde{\psi}^\dagger(\boldsymbol{r}',t)]_\mp=\delta(\boldsymbol{r}-\boldsymbol{r}') \tag{1.183}$$

が成り立つ．

電子系では通常，真空状態 $|0\rangle$ を電子が1個も存在しない状態と考える代わりに，相互作用していない系で $M$ 個の1電子状態が占有されている初期状態と考える．これをフェルミの海 (Fermi sea) という．この場合，非占有1電子状態についてはこれまでどおり生成消滅演算子を電子の生成消滅演算子とするが，占有1電子状態に対しては，生成演算子と消滅演算子

を入れ替えて，消滅演算子 $a_\lambda$ を正孔の生成演算子 $b_\lambda^\dagger$，生成演算子 $a_\lambda^\dagger$ を正孔の消滅演算子 $b_\lambda$ とする．

$$a_\lambda = \begin{cases} a_\lambda, & \lambda = \mathrm{emp} \\ b_\lambda^\dagger, & \lambda = \mathrm{occ} \end{cases}, \quad a_\lambda^\dagger = \begin{cases} a_\lambda^\dagger, & \lambda = \mathrm{emp} \\ b_\lambda, & \lambda = \mathrm{occ} \end{cases} \tag{1.184}$$

このようにすれば，フェルミの海の初期状態 $|0\rangle$ に電子または正孔の消滅演算子を作用すれば常に 0 になるし，電子または正孔の生成演算子を作用すればそれらが 1 個だけ存在する励起状態になる．これに対して，ボーズ粒子系では真空状態 $|0\rangle$ は常に粒子が 1 個も存在しない状態と考える．このような真空状態 $|0\rangle$ に対して，$\tilde{\varphi}_i(t_i)$ を (1.184) のように再定義された生成消滅演算子としよう．このような $n$ 個の生成消滅演算子の積

$$\tilde{\varphi}_1(t_1)\tilde{\varphi}_2(t_2)\tilde{\varphi}_3(t_3)\tilde{\varphi}_4(t_4)\cdots\tilde{\varphi}_{n-1}(t_{n-1})\tilde{\varphi}_n(t_n) \tag{1.185}$$

を $\langle 0|$, $|0\rangle$ で挟んだ真空期待値に対して次の定理が成り立つ．

$$\begin{aligned} &\langle 0|\mathrm{T}[\tilde{\varphi}_1(t_1)\tilde{\varphi}_2(t_2)\tilde{\varphi}_3(t_3)\tilde{\varphi}_4(t_4)\cdots\tilde{\varphi}_{n-1}(t_{n-1})\tilde{\varphi}_n(t_n)]|0\rangle = \langle 0|\mathrm{T}[\tilde{\varphi}_1(t_1)\tilde{\varphi}_2(t_2)]|0\rangle \\ &\times \langle 0|\mathrm{T}[\tilde{\varphi}_3(t_3)\tilde{\varphi}_4(t_4)]|0\rangle\cdots\langle 0|\mathrm{T}[\tilde{\varphi}_{n-1}(t_{n-1})\tilde{\varphi}_n(t_n)]|0\rangle + \text{all permutations} \end{aligned} \tag{1.186}$$

$\langle 0|\mathrm{T}[\tilde{\varphi}_1(t_1)\tilde{\varphi}_2(t_2)]|0\rangle$ は縮約 (contraction) と呼ばれる．(1.186) は後節で詳述する多体摂動論で基本的に重要な役割を担う恒等式である．この式を証明するには，この $n$ 個の生成消滅演算子の積に対して**正規積** (normal product, N 積)

$$:\tilde{\varphi}_1(t_1)\tilde{\varphi}_2(t_2)\tilde{\varphi}_3(t_3)\tilde{\varphi}_4(t_4)\cdots\tilde{\varphi}_{n-1}(t_{n-1})\tilde{\varphi}_n(t_n): \tag{1.187}$$

を導入する．正規積は，すべての消滅演算子を生成演算子よりも右に置いた積を表す．必ず一番右側に消滅演算子があるか，なければ全て生成演算子なので，その**真空期待値** (vacuum expectation value) は 0 となる．

$$\langle 0|:\tilde{\varphi}_1(t_1)\tilde{\varphi}_2(t_2)\tilde{\varphi}_3(t_3)\tilde{\varphi}_4(t_4)\cdots\tilde{\varphi}_{n-1}(t_{n-1})\tilde{\varphi}_n(t_n):|0\rangle = 0 \tag{1.188}$$

これより，例えば偶数個の演算子の積の場合には，時間順序積（T 積）は

$$\begin{aligned}
&\mathrm{T}[\tilde{\varphi}_1(t_1)\tilde{\varphi}_2(t_2)\tilde{\varphi}_3(t_3)\cdots\tilde{\varphi}_{n-1}(t_{n-1})\tilde{\varphi}_n(t_n)] =: \tilde{\varphi}_1(t_1)\tilde{\varphi}_2(t_2)\tilde{\varphi}_3(t_3)\cdots\tilde{\varphi}_{n-1}(t_{n-1})\tilde{\varphi}_n(t_n) :\\
&+\langle 0|\mathrm{T}[\tilde{\varphi}_1(t_1)\tilde{\varphi}_2(t_2)]|0\rangle : \tilde{\varphi}_3(t_3)\tilde{\varphi}_4(t_4)\cdots\tilde{\varphi}_{n-1}(t_{n-1})\tilde{\varphi}_n(t_n) : +\text{all permutations}\\
&+\langle 0|\mathrm{T}[\tilde{\varphi}_1(t_1)\tilde{\varphi}_2(t_2)]|0\rangle\langle 0|\mathrm{T}[\tilde{\varphi}_3(t_3)\tilde{\varphi}_4(t_4)]|0\rangle : \tilde{\varphi}_5(t_5)\cdots\tilde{\varphi}_n(t_n) : +\text{all permutations}\\
&+\cdots\\
&+\langle 0|\mathrm{T}[\tilde{\varphi}_1(t_1)\tilde{\varphi}_2(t_2)]|0\rangle\cdots\langle 0|\mathrm{T}[\tilde{\varphi}_{n-1}(t_{n-1})\tilde{\varphi}_n(t_n)]|0\rangle + \text{all permutations} \qquad (1.189)
\end{aligned}$$

と書けることが分かる．+all permutations はすべての置換の和を表すが，フェルミオンの場合には 1 回の置換ごとに符号を入れ替える必要がある．(1.189) をウィックの定理(Wick theorem) という [21]．これから (1.186) が導かれる．

この定理は以下のように数学的帰納法によって証明することができる．演算子が 1 個の場合には真空期待値は 0 なので明らかに $\mathrm{T}[\tilde{\varphi}_1(t_1)] =: \tilde{\varphi}_1(t_1) :$ が成り立つ．次に，演算子が 2 個の場合を考える．2 個の演算子の T 積と N 積の差は，結果として演算子の順番が同じになる場合には 0 になるし，結果として演算子の順番がひっくり返る場合には 2 個の演算子の（反）交換関係（あるいはそれの符号を変えたもの）になる．

$$\mathrm{T}[\tilde{\varphi}_1(t_1)\tilde{\varphi}_2(t_2)] - : \tilde{\varphi}_1(t_1)\tilde{\varphi}_2(t_2) := 0 \text{ or } [\tilde{\varphi}_1(t_1), \tilde{\varphi}_2(t_2)]_{\mp} \text{ or } -[\tilde{\varphi}_1(t_1), \tilde{\varphi}_2(t_2)]_{\mp} \qquad (1.190)$$

右辺はいずれにしても c 数 (classical number) なので，真空期待値をとってもその値は変わらない．N 積の真空期待値は 0 なので，右辺は T 積の真空期待値に等しい（両辺の真空期待値をとってみよ）．つまり，

$$\mathrm{T}[\tilde{\varphi}_1(t_1)\tilde{\varphi}_2(t_2)] =: \tilde{\varphi}_1(t_1)\tilde{\varphi}_2(t_2) : +\langle 0|\mathrm{T}[\tilde{\varphi}_1(t_1)\tilde{\varphi}_2(t_2)]|0\rangle \qquad (1.191)$$

が成り立つ．次に $n$ 個の演算子の積の場合にウィックの定理が成り立つとして，$n+1$ 個の演算子の積の場合を考えよう．$t_i$ を最新の時刻とすると，

$$\mathrm{T}[\tilde{\varphi}_1(t_1)\cdots\tilde{\varphi}_i(t_i)\cdots\tilde{\varphi}_{n+1}(t_{n+1})] = (\pm 1)^{i-1}\tilde{\varphi}_i(t_i)\mathrm{T}[\tilde{\varphi}_1(t_1)\cdots\tilde{\varphi}_{n+1}(t_{n+1})] \qquad (1.192)$$

である．右辺の $n$ 個の演算子の T 積にウィックの定理 (1.189) を用いると，これは真空期待値の係数を除き，

$$\tilde{\varphi}_i(t_i) : \tilde{\varphi}_{\alpha_1}(t_{\alpha_1})\tilde{\varphi}_{\alpha_2}(t_{\alpha_2})\cdots\tilde{\varphi}_{\alpha_m}(t_{\alpha_m}) : \tag{1.193}$$

の形の項の和になる（c 数の係数はすべて省略した）．これは N 積の中に取り込むと，$\tilde{\varphi}_i(t_i)$ が消滅演算子のときには，$\tilde{\varphi}_i(t_i)$ を一つずつ $\tilde{\varphi}_{\alpha_1}(t_{\alpha_1}), \tilde{\varphi}_{\alpha_2}(t_{\alpha_2}), \ldots, \tilde{\varphi}_{\alpha_m}(t_{\alpha_m})$ と順番を入れ替えて，

$$\begin{aligned}&\tilde{\varphi}_i(t_i) : \tilde{\varphi}_{\alpha_1}(t_{\alpha_1})\tilde{\varphi}_{\alpha_2}(t_{\alpha_2})\cdots\tilde{\varphi}_{\alpha_m}(t_{\alpha_m}) :=: \tilde{\varphi}_i(t_i)\tilde{\varphi}_{\alpha_1}(t_{\alpha_1})\tilde{\varphi}_{\alpha_2}(t_{\alpha_2})\cdots\tilde{\varphi}_{\alpha_m}(t_{\alpha_m}) :\\&+\sum_k (\pm 1)^k[\tilde{\varphi}_i(t_i), \tilde{\varphi}_{\alpha_k}(t_{\alpha_k})]_{\mp} : \tilde{\varphi}_{\alpha_1}(t_{\alpha_1})\cdots\tilde{\varphi}_{\alpha_{k-1}}(t_{\alpha_{k-1}})\tilde{\varphi}_{\alpha_{k+1}}(t_{\alpha_{k+1}})\cdots\tilde{\varphi}_{\alpha_m}(t_{\alpha_m}) :\end{aligned} \tag{1.194}$$

となる．ここで消滅演算子同士の余計な入れ替えもすべて含めたが，それらの（反）交換関係は 0 であるので問題ない．この中で，

$$[\tilde{\varphi}_i(t_i), \tilde{\varphi}_{\alpha_k}(t_{\alpha_k})]_{\mp} = \langle 0|\tilde{\varphi}_i(t_i)\tilde{\varphi}_{\alpha_k}(t_{\alpha_k})|0\rangle \mp \langle 0|\tilde{\varphi}_{\alpha_k}(t_{\alpha_k})\tilde{\varphi}_i(t_i)|0\rangle \tag{1.195}$$

であるが，$\tilde{\varphi}_i(t_i), \tilde{\varphi}_{\alpha_k}(t_{\alpha_k})$ の一方が生成演算子，他方が消滅演算子のときのみ，第 1 項，第 2 項のうち，どちらかの項だけが残る．しかも $t_i \geq t_{\alpha_k}(k = 1, \ldots, m)$ なので，これは

$$[\tilde{\varphi}_i(t_i), \tilde{\varphi}_{\alpha_k}(t_{\alpha_k})]_{\mp} \to \langle 0|\mathrm{T}[\tilde{\varphi}_i(t_i)\tilde{\varphi}_{\alpha_k}(t_{\alpha_k})]|0\rangle \tag{1.196}$$

と書ける．$\tilde{\varphi}_{\alpha_i}(t-i)$ が生成演算子でも，(1.196) の右辺は $\tilde{\varphi}_{\alpha_k}$ が生成消滅演算子を問わず 0 になる．したがって，(1.194) 式で (1.196) の置き換えをした式は $\tilde{\varphi}_i$ が生成消滅演算子いずれでも成り立つ．そこでこれらをまとめると，

$$\begin{aligned}&\mathrm{T}[\tilde{\varphi}_1(t_1)\tilde{\varphi}_2(t_2)\cdots\tilde{\varphi}_{n+1}(t_{n+1})] =: \tilde{\varphi}_1(t_1)\tilde{\varphi}_2(t_2)\cdots\tilde{\varphi}_{n+1}(t_{n+1}) :\\&+\langle 0|\mathrm{T}[\tilde{\varphi}_1(t_1)\tilde{\varphi}_2(t_2)]|0\rangle : \tilde{\varphi}_3(t_3)\tilde{\varphi}_4(t_4)\cdots\tilde{\varphi}_{n+1}(t_{n+1}) : +\text{all permutations}\\&+\langle 0|\mathrm{T}[\tilde{\varphi}_1(t_1)\tilde{\varphi}_2(t_2)]|0\rangle\langle 0|\mathrm{T}[\tilde{\varphi}_3(t_3)\tilde{\varphi}_4(t_4)]|0\rangle : \tilde{\varphi}_5(t_5)\cdots\tilde{\varphi}_{n+1}(t_{n+1}) :\\&\quad+\text{all permutations}\\&+\cdots\\&+\langle 0|\mathrm{T}[\tilde{\varphi}_1(t_1)\tilde{\varphi}_2(t_2)]|0\rangle\cdots\langle 0|\mathrm{T}[\tilde{\varphi}_n(t_n)\tilde{\varphi}_{n+1}(t_{n+1})]|0\rangle+\text{all permutations}\end{aligned} \tag{1.197}$$

となり，$n+1$ 個の演算子積に対してウィックの定理が成り立つことが分かる．これより，$n+1$ 個の演算子の T 積の真空期待値は

$$\begin{aligned}
&\langle 0|\mathrm{T}[\tilde{\varphi}_1(t_1)\tilde{\varphi}_2(t_2)\tilde{\varphi}_3(t_3)\tilde{\varphi}_4(t_4)\cdots\tilde{\varphi}_n(t_n)\tilde{\varphi}_{n+1}(t_{n+1})]|0\rangle \\
&= \langle 0|\mathrm{T}[\tilde{\varphi}_1(t_1)\tilde{\varphi}_2(t_2)]|0\rangle\cdots\langle 0|\mathrm{T}[\tilde{\varphi}_n(t_n)\tilde{\varphi}_{n+1}(t_{n+1})]|0\rangle + \text{all permutations} \qquad (1.198)
\end{aligned}$$

となることが分かる．

この定理から直ちに，次の時間に依存しないウィックの定理 (time-independent Wick theorem) も導かれる [22].

$$\begin{aligned}
\varphi_1\varphi_2\varphi_3\cdots\varphi_{n-1}\varphi_n =&: \varphi_1\varphi_2\varphi_3\cdots\varphi_{n-1}\varphi_n : \\
&+ \langle 0|\varphi_1\varphi_2|0\rangle : \varphi_3\cdots\varphi_{n-1}\varphi_n : + \text{all permutations} \\
&+ \langle 0|\varphi_1\varphi_2|0\rangle\langle 0|\varphi_3\varphi_4|0\rangle : \varphi_5\cdots\varphi_n : + \text{all permutations} \\
&+ \cdots \\
&+ \langle 0|\varphi_1\varphi_2|0\rangle\cdots\langle 0|\varphi_{n-1}\varphi_n|0\rangle + \text{all permutations} \qquad (1.199)
\end{aligned}$$

ただし，ここで縮約 $\langle 0|\varphi_i\varphi_j|0\rangle$ の $\varphi_i\varphi_j$ の順番は，$i<j$ の順番に並べる．

また，演算子が複数の N 積（$A$ 群 : $\varphi_{A_1}\varphi_{A_2}\cdots\varphi_{A_n}$ :, $B$ 群 : $\varphi_{B_1}\varphi_{B_2}\cdots\varphi_{B_m}$ :, ..., $C$ 群 : $\varphi_{C_1}\varphi_{C_2}\cdots\varphi_{C_l}$ :）の積の形になっている場合には，

$$\begin{aligned}
&: \varphi_{A_1}\varphi_{A_2}\varphi_{A_3}\cdots\varphi_{A_n} :: \varphi_{B_1}\varphi_{B_2}\cdots\varphi_{B_{m-1}}\varphi_{B_m} : \cdots : \varphi_{C_1}\cdots\varphi_{C_{l-1}}\varphi_{C_l} : \\
&=: \varphi_{A_1}\varphi_{A_2}\varphi_{A_3}\cdots\varphi_{A_n}\varphi_{B_1}\varphi_{B_2}\cdots\varphi_{B_{m-1}}\varphi_{B_m}\cdots\varphi_{C_1}\varphi_{C_2}\cdots\varphi_{C_{l-1}}\varphi_{C_l} : \\
&+ \langle 0|\varphi_{A_1}\varphi_{B_m}|0\rangle : \varphi_{A_2}\varphi_{A_3}\cdots\varphi_{A_n}\varphi_{B_1}\cdots\varphi_{B_{m-1}}\cdots\varphi_{C_1}\varphi_{C_2}\cdots\varphi_{C_{l-1}}\varphi_{C_l} : \\
&\quad + \text{all permutations} \\
&+ \langle 0|\varphi_{A_1}\varphi_{B_m}|0\rangle\langle 0|\varphi_{A_2}\varphi_{C_l}|0\rangle : \varphi_{A_3}\cdots\varphi_{A_n}\varphi_{B_1}\cdots\varphi_{B_{m-1}}\cdots\varphi_{C_1}\varphi_{C_2}\cdots\varphi_{C_{l-1}} : \\
&\quad + \text{all permutations} \\
&+ \cdots \\
&+ \langle 0|\varphi_{A_1}\varphi_{B_m}|0\rangle\langle 0|\varphi_{A_2}\varphi_{B_{m-1}}|0\rangle\cdots\langle 0|\varphi_{B_1}\varphi_{C_l}|0\rangle\langle 0|\varphi_{B_2}\varphi_{C_{l-1}}|0\rangle : + \text{all permutations} \\
&\qquad (1.200)
\end{aligned}$$

が成り立つ．これを時間に依存しない一般化されたウィックの定理 (time-independent generalized Wick theorem) といい，次節で用いる．縮約 $\langle 0|\varphi_i\varphi_j|0\rangle$ の $\varphi_i\varphi_j$ が同じ群に属する場合は，N 積の順番の真空期待値なので必ず 0 になる．したがって，$\varphi_i\varphi_j$ は $A, B, \ldots, C$ の異なる二つの群から 1 個ずつ演算子を選んで，$A, B, \ldots, C$ の順番に並べたものとなる．

## 1.8　配置間相互作用

仮想的に相互作用していない $M$ 個の電子からなる系を考えよう．$i$ 番目の電子の状態を $\lambda_i$ として，すべての電子の状態 $|\lambda_1, \lambda_2, \ldots, \lambda_M\rangle$ と書く．この状態のエルミート共役は $\langle\lambda_1, \lambda_2, \ldots, \lambda_M| = |\lambda_1, \lambda_2, \ldots, \lambda_M\rangle^\dagger$ である．この状態もパウリの排他原理の要請により，粒子の入れ替えに対して反対称的でなければならず，

$$P|\lambda_1, \lambda_2, \ldots, \lambda_M\rangle = (-1)^P|\lambda_1, \lambda_2, \ldots, \lambda_M\rangle \tag{1.201}$$

である．ここで $(-1)^P$ は**偶置換** (even permutation)（偶数回の互換）のとき +1，**奇置換** (odd permutation)（奇数回の互換）のとき −1 である．粒子数の異なる状態は直交するので，

$$\langle r_1, r_2, \ldots, r_{M'}|\lambda_1, \lambda_2, \ldots, \lambda_M\rangle = 0, (M \neq M') \tag{1.202}$$

である．粒子数が同じ場合には，

$$\begin{aligned}\langle r_1, r_2, \ldots, r_M|\lambda_1, \lambda_2, \ldots, \lambda_M\rangle &= \sum_P (-1)^P \langle r_1|\lambda_{P1}\rangle\langle r_2|\lambda_{P2}\rangle \ldots \langle r_M|\lambda_{PM}\rangle \\ &= \sum_P (-1)^P \phi_{\lambda_{P1}}(r_1)\phi_{\lambda_{P2}}(r_2)\cdots\phi_{\lambda_{PM}}(r_M)\end{aligned} \tag{1.203}$$

となる．状態の完全性は次式となる．

$$\sum_{M=0}^{\infty} \frac{1}{M!} \sum_{\lambda_1 \neq \lambda_2 \neq \cdot \lambda_M} |\lambda_1, \lambda_2, \cdots, \lambda_M\rangle\langle\lambda_1, \lambda_2, \cdots, \lambda_M| = 1 \tag{1.204}$$

相互作用している $M$ 個の電子系の固有状態 $|\Psi_\gamma^M\rangle$ を相互作用していない $N$ 個の電子系の状態 $|\lambda_1, \lambda_2, \ldots, \lambda_M\rangle$ で近似すると (1.10) のスレーター行列式となる．

$$\Psi_\gamma^M(r_1, r_2, \ldots, r_M) \approx \frac{1}{\sqrt{M!}}\langle r_1, \cdots, r_M|\lambda_1, \ldots, \lambda_M\rangle$$
$$= \frac{1}{\sqrt{M!}}\sum_P (-1)^P \phi_{\lambda_{P1}}(r_1)\phi_{\lambda_{P2}}(r_2)\cdots\phi_{\lambda_{PM}}(r_M) \tag{1.205}$$

真の波動関数はこのような1個のスレーター行列式では表されず，(1.11)の形の多数のスレーター行列式の線形結合 (linear combination of Slater determinants) となる [23].

$$|\Psi_\gamma^M\rangle = \sum_{\lambda_1\neq\lambda_2\neq\cdots\neq\lambda_M} c_{\lambda_1,\lambda_2,\cdots,\lambda_M}|\lambda_1, \lambda_2, \ldots, \lambda_M\rangle \tag{1.206}$$

正準ハートリー-フォック軌道を用いて，$M$ 電子系の波動関数を1個のスレーター行列式で表そう．この近似の下での固有状態を $|\Phi_\gamma^M\rangle$，励起状態を $|\Phi_\Lambda^M\rangle$ などと書くことにする．励起状態はスレーター行列式の中のいくつかの占有軌道を非占有軌道に置き換えることで作ることができる．$n$ 個の占有軌道 $\mu_1\mu_2\cdots\mu_n$ を非占有軌道 $\nu_1\nu_2\cdots\nu_n$ に置き換える励起を **$n$ 電子励起** ($n$-electron excitation) と呼ぶ．この置き換えは

$$|\Phi_\Lambda^M\rangle = a_{\nu_1}^\dagger a_{\nu_2}^\dagger \cdots a_{\nu_n}^\dagger a_{\mu_1} a_{\mu_2} \cdots a_{\mu_n}|\Phi_\gamma^M\rangle \tag{1.207}$$

で行うことができる．ここで，$a_{\mu_i}$ は $|\Phi_\gamma^M\rangle$ の占有軌道 $\mu_i$ から電子を奪う消滅演算子であり，$a_{\nu_i}^\dagger$ は $|\Phi_\gamma^M\rangle$ の非占有軌道 $\nu_i$ に電子を付ける生成演算子である．これらはすべてフェルミの海に対する生成演算子である．(1.207) が一つの励起状態 $|\Phi_\Lambda^M\rangle$ を表す．真の多体の波動関数は $|\Phi_\gamma^M\rangle$ と複数の励起状態 $|\Phi_\Lambda^M\rangle$ の線形結合で表すことができるはずである．どの占有軌道をどの非占有軌道に置き換えるかは任意なので，それを**未知係数** (unknown coefficients) $C_{\nu_1\nu_2\cdots\nu_n;\mu_1\mu_2\cdots\mu_n}$ とし，**$n$ 電子励起の励起演算子** (n-electron excitation operator) を

$$T_n = \sum_{\nu_1\nu_2\cdots\nu_n}^{\text{emp}} \sum_{\mu_1\mu_2\cdots\mu_n}^{\text{occ}} C_{\nu_1\nu_2\cdots\nu_n;\mu_1\mu_2\cdots\mu_n} a_{\nu_1}^\dagger a_{\nu_2}^\dagger \cdots a_{\nu_n}^\dagger a_{\mu_1} a_{\mu_2} \cdots a_{\mu_n} \tag{1.208}$$

と定義する．これは (1.184) の読み替え後も N 積である．$M$ 電子系では最大でも $M$ 電子励起までしか存在しない．そこで，$M$ 電子波動関数は

$$a|\Psi_\gamma^M\rangle = \left(1 + \sum_{n=1}^{M} T_n\right)|\Phi_\gamma^M\rangle \tag{1.209}$$

と書ける．$a$ は規格化因子 (normalization constant) を表し，$|\Psi_\gamma^M\rangle$ は

$$\langle\Psi_\gamma^M|\Psi_\gamma^M\rangle = 1 \tag{1.210}$$

と規格化される．これが配置間相互作用 (configuration interaction, CI) である．その際，(1.209) が完全(full)CI の表現である．実際には，$T_n$ を $n = 1 \sim M$ についてすべて足しあげることは大変難しいので，$n = 1, 2$，$n = 1 \sim 3$ のように少数の電子励起で近似する．

$$a|\Psi_\gamma^M\rangle \approx (1 + T_1 + T_2)|\Phi_\gamma^M\rangle \tag{1.211}$$

これを CI single & double といい，CISD あるいは CID と略す．同様に，

$$a|\Psi_\gamma^M\rangle \approx (1 + T_1 + T_2 + T_3)|\Phi_\gamma^M\rangle \tag{1.212}$$

を CI single, double & triple といい，CISDT または CIT と略す．一般に，$m$ 電子励起まで取り入れる近似を考えることができる．ただし $m \leq M$ である．

$$a|\Psi_\gamma^M\rangle \approx \left(1 + \sum_{n=1}^{m} T_n\right)|\Phi_\gamma^M\rangle = (1 + T_1 + \cdots + T_m)|\Phi_\gamma^M\rangle \tag{1.213}$$

この多体波動関数のノルム (norm) $a$ の 2 乗は

$$a^2 = a^2\langle\Psi_\gamma^M|\Psi_\gamma^M\rangle \approx 1 + \sum_{n=1}^{m} \sum_{\nu_1\nu_2\cdots\nu_n}^{\text{emp}} \sum_{\mu_1\mu_2\cdots\mu_n}^{\text{occ}} |C_{\nu_1\nu_2\cdots\nu_n;\mu_1\mu_2\cdots\mu_n}|^2 \tag{1.214}$$

と計算される．異なるハートリー-フォック軌道は直交し，異なる $|\Phi_\Lambda^M\rangle, |\Phi_{\Lambda'}^M\rangle$ は直交するからである．基底状態 $\gamma = G$ に対しては，基底状態の変分原理を用いて，(1.214) の下で基底状態エネルギーの期待値

$$E_G^M \approx \frac{1}{a^2}\langle\Phi_G^M|(1 + T_1 + \cdots + T_m)^\dagger H(1 + T_1 + \cdots + T_m)|\Phi_G^M\rangle \tag{1.215}$$

を最小化するように係数 $C_{\nu_1\nu_2\cdots\nu_n;\mu_1\mu_2\cdots\mu_n}$ を決めればよい．ハミルトニアンは

正準ハートリー-フォック軌道の生成消滅演算子で表すと次の形になる．

$$H = \sum_{\lambda} \varepsilon_\lambda a_\lambda^\dagger a_\lambda + \sum_{\lambda_1\lambda_2 \neq \lambda_3\lambda_4} V_{\lambda_1\lambda_2;\lambda_3\lambda_4} a_{\lambda_1}^\dagger a_{\lambda_2}^\dagger a_{\lambda_3} a_{\lambda_4} =: H : + \langle \Phi_G^M | H | \Phi_G^M \rangle \qquad (1.216)$$

ここで $:H:$ は $H$ の N 積を表す．希薄な He 原子気体を考えよう．He の原子数を $N$ とする．これらは相互作用しないので，1 個の He の基底状態エネルギーを $\varepsilon_G$ とすると，全エネルギーは $E_G^{2N} = N\varepsilon_G$ となり，$N$ に比例する．これを大きさについての無矛盾性 (size consistency) または示量性 (size extensivity) という．しかし CI を低次励起で打ち切ると $E_G^{2N}$ は $N$ に比例せず，大きさについて矛盾が生ずる．例えば，ハートリー・フォック基底状態の 1s の 1 重項状態 $|0\rangle_i$ から最低励起状態の 2s の 1 重項状態 $|1\rangle_i$ への２電子励起 (double excitation) のみを考えると，$M = 2N$ として，

$$\begin{aligned} |\Psi_G^M\rangle &= [|0\rangle_1 + c|1\rangle_1][|0\rangle_2 + c|1\rangle_2] \cdots [|0\rangle_N + c|1\rangle_N] \\ &= |\Phi_G^M\rangle + c\sum_{i=1}^{N} t_i^{(2)}|\Phi_G^M\rangle + c^2 \sum_{i<j}^{N} t_i^{(2)} t_j^{(2)} |\Phi_G^M\rangle + c^3 \sum_{i<j<k}^{N} t_i^{(2)} t_j^{(2)} t_k^{(2)} |\Phi_G^M\rangle + \cdots \\ &= \left(1 + T_2 + \frac{1}{2!}T_2^2 + \frac{1}{3!}T_2^3 + \cdots + \frac{1}{N!}T_2^N\right)|\Phi_G^M\rangle \end{aligned} \qquad (1.217)$$

と表せる．ここで $|\Phi_G^M\rangle$ はハートリー-フォック基底状態 $|\Phi_G^M\rangle = |0\rangle_1|0\rangle_2 \ldots |0\rangle_N$ であり，$t_i^{(2)}$ は $t^{(2)} = a_{2s\uparrow}^\dagger a_{2s\downarrow}^\dagger a_{1s\uparrow} a_{1s\downarrow}$ なる 2 電子励起演算子であり，$t_i^{(2)}|0\rangle_i = c|1\rangle_i$ を満たす．$T_2 = c\sum_{i=1}^{N} t_i^{(2)}$ であり，この例では $C_{2s\uparrow,2s\downarrow;1s\uparrow,1s\downarrow} = c$ が唯一の変分パラメータである．(1.217) は $|0\rangle_i$ と $|1\rangle_i$ の基底系のみで張られたヒルベルト空間での完全 CI であり，得られる基底状態エネルギーは $E_G^M = N\varepsilon_G$ を満たし，示量的で大きさについて無矛盾である．しかし，展開を途中で打ち切ると打ち切った原子数までの励起しか表せなくなるため，示量性が失われる．$T_2^2, T_2^3, \ldots, T_2^N$ は $T_4, T_6, \ldots, T_{2N}$ を用いなければ表せず，計算量は原子数 $N$ が増えると $e^N$ のように指数関数的に増大する．

一つの解決策は多参照 (multi-reference, MR) 配置間相互作用 (CI) を用いることである．この方法では元のスレーター行列式をハートリー-フォック基底状態 $|\Phi_G^M\rangle$ 以外に，(1.213) では到達不可能ないくつかの異なる電子励起状態 $|\Phi_\gamma^M\rangle$ をも参照する．例えば MR single & double CI(MRDCI) では，これら

複数の参照状態に対して (1.211) を考え，これらの線形結合として，より正確な基底状態 $|\Psi_G^M\rangle$ を表す．あるいは，あるエネルギー範囲内にあるすべての 1 電子占有・非占有準位を**活性空間** (active space) とし，その中のすべての可能な多電子励起を考える方法もある．活性空間としてすべての価電子状態の励起を取り入れる場合と，それより高いエネルギーを持つ準位への励起までも取り入れる場合を区別して，前者で扱える電子相関を**静的相関** (static correlation)，後者ではじめて扱える電子相関を**動的相関** (dynamic correlation) と呼ぶ．さらに，1 電子波動関数としてハートリー-フォック近似の波動関数を用いるのではなく，1 電子波動関数までを最適化する場合の活性空間を**完全** (complete) **活性空間**といい，そのような計算方法を **CAS 自己無撞着** (SCF) **法**という．

大きさについての矛盾性の問題を解決するもう一つの方法が**結合クラスター** (coupled cluster, CC) **法**である [22]．(1.217) は

$$|\Psi_G^M\rangle = e^{T_2}|\Phi_G^M\rangle \tag{1.218}$$

と書けることに注意する．CC 法は，このように励起演算子を指数関数の上に乗せることによって電子相関を効率良く取り扱い，高次の励起を途中で打ち切った CI 法で問題となる大きさについての矛盾を解決した手法である．

$$T = \sum_{n=1}^{m} T_n = T_1 + \cdots + T_m \tag{1.219}$$

とおき，

$$a|\Psi_G^M\rangle \approx e^T|\Phi_G^M\rangle \tag{1.220}$$

とする．

$$E_G^M \approx \frac{1}{a^2}\langle\Phi_G^M|e^{-T}He^T|\Phi_G^M\rangle \tag{1.221}$$

**キャンベル-ベーカー-ハウスドルフ** (Campbell-Baker-Hausdorff) **公式**より，

$$e^{-T}He^{T} = H + [H,T] + \frac{1}{2!}[[H,T],T] + \frac{1}{3!}\Big[[[H,T],T],T\Big] + \frac{1}{4!}\Big[\Big[[[H,T],T],T\Big],T\Big] \tag{1.222}$$

となるが，$H$ が 4 個の生成消滅演算子しか含まないので，この展開は厳密に $T$ の 4 次で打ち切られる．この証明には (1.216) の $H$ も (1.208) の $T_n$ も N 積であることを用いる．これらを $A, B$ と書く．積 $AB$ に前節の最後に述べた時間に依存しない一般化されたウィックの定理 (1.200) を適用すると，$A, B$ から 1 個ずつ演算子を選んだ縮約 $\langle 0|\varphi_i\varphi_j|0\rangle$ の 0 個以上の積と残り 1 群の N 積を掛け合わせた項の和になる．初めに $A, B$ として $T_n, T_m$ を考えると，演算子 $\varphi_i, \varphi_j$ はフェルミの海に対する生成演算子であり，その積の真空期待値である縮約は 0 になる．したがって，積 $T_nT_m$ は N 積 $:T_nT_m:$ になる．掛ける順番を逆にした $T_mT_n$ も N 積 $:T_mT_n:$ となる．N 積は $:T_nT_m:=:T_mT_n:$ であるから励起演算子の直交性 (orthogonality of excitation operator)

$$[T_n, T_m] = 0 \tag{1.223}$$

を得る．(1.222) に登場する交換関係は $[A, T_n]$ の形で，$A$ は $H$ 自身か，$[H, T_n]$ の交換関係を計算した結果である．次に積 $HT_n, T_nH$ に同じ定理を適用すると，$H$ の生成消滅演算子を含む縮約は 0 にならず，交換関係 $A = [H, T_n]$ も 0 ではなく，$H$ と $T_n$ の生成消滅演算子 1 個ずつからなる縮約を含む N 積の和になる．同様に $AT_n, T_nA$ を考えると，$A$ の中に $H$ 由来の生成消滅演算子が残っていれば，それを含む縮約は 0 にならず，交換関係 $B = [A, T_n]$ も 0 ではなく，$H$ と $T_n$ の生成消滅演算子 1 個ずつからなる縮約を含む N 積の和になる．これを繰り返して 4 回交換関係を計算すると $H$ 由来の生成消滅演算子を縮約に使い果たすので，それ以上の交換関係を計算しても 0 になる．これが (1.222) が 4 重の交換関係で打ち切られる理由である．

以上のことから，(1.222) の 4 回の交換関係の計算で，$H$ と新しい $T_n$ の生成消滅演算子を 1 個ずつペアとする縮約を少なくとも 1 個以上含む N 積が現れることが分かる．しばしば，これを模式的に

$$e^{-T}He^{T} = H + :\overline{HT}: + \frac{1}{2!}:\overline{HTT}: + \frac{1}{3!}:\overline{HTTT}: + \frac{1}{4!}:\overline{HTTTT}: \tag{1.224}$$

と書き表す．これを結合クラスター (coupled cluster, CC) と呼び，形式的に

$$e^{-T}He^{T} = (He^{T})_C \tag{1.225}$$

と書く．結合クラスター法の基本方程式 (basic equation of CC method) は $(He^{T}|\Phi_G^N\rangle)_C = E_G^N|\Phi_G^N\rangle$ から導かれる．これをハートリー-フォック基底状態 $\langle\Phi_G^N|$，励起状態 $\langle\Phi_\Lambda^N|$ で挟めば次式が得られる．

$$(\langle\Phi_G^N|He^{T}|\Phi_G^N\rangle)_C = E_G^N \tag{1.226}$$

$$(\langle\Phi_\Lambda^N|He^{T}|\Phi_G^N\rangle)_C = 0 \tag{1.227}$$

基底状態からの励起エネルギーを得るには，運動方程式 (equation of motion) 結合クラスター (EOM-CC) 法を用いることができる．これには，IP を求める方法，EA を求める方法，光吸収エネルギーを求める方法などがある [22]．類似の方法として線形応答結合クラスター理論もある．また，この他にも，中辻による symmetry-adapted cluster CI (SAC-CI) 法 [24] も励起状態の計算に用いることができる．

レウディン (Löwdin)[25] に従って，

$$\gamma(\boldsymbol{r}, \boldsymbol{r}') = \int\cdots\int \Psi_\gamma^{*M}(\boldsymbol{r}, \boldsymbol{r}_2, \ldots, \boldsymbol{r}_M)\Psi_\gamma^{M}(\boldsymbol{r}', \boldsymbol{r}_2, \ldots, \boldsymbol{r}_M)d\boldsymbol{r}_2\cdots d\boldsymbol{r}_M \tag{1.228}$$

なる密度行列 (densitymatrix) を作り，これを正規直交基底系 $\{\varphi_k(\boldsymbol{r})\}$ で次のように展開する．

$$\gamma(\boldsymbol{r}, \boldsymbol{r}') = \sum_{k,l} c_{kl}\varphi_k^{*}(\boldsymbol{r})\varphi_l(\boldsymbol{r})' \tag{1.229}$$

ユニタリー変換で展開係数 $c_{kl}$ を対角的にするような表現を作れる．このときの表現 $\{\varphi_k(\boldsymbol{r})\}$ を自然軌道 (natural orbital) という．自然軌道は，複雑な $M$ 電子波動関数の 1 電子軌道による自然な表現を与える．(1.97) や (1.159) で見たように，(1.228) は準粒子波動関数 $\phi_\mu(\boldsymbol{r}) = \langle\Psi_\mu^{M-1}|\psi(\boldsymbol{r})|\Psi_\gamma^{M}\rangle$ を用いて，

$$\gamma(\boldsymbol{r},\boldsymbol{r}') = \langle \Psi_\gamma^M | \psi^\dagger(\boldsymbol{r}')\psi(\boldsymbol{r}) | \psi_\gamma^M \rangle = \sum_{\mu}^{\mathrm{occ}} \langle \Psi_r^M | \psi^\dagger(r) | \Psi_\mu^{M-1} \rangle \langle \Psi_\mu^{M-1} | \psi(\boldsymbol{r}') | \Psi_\gamma^M \rangle$$
$$= \sum_{\mu}^{\mathrm{occ}} \phi_\mu(\boldsymbol{r})\phi_\mu^*(\boldsymbol{r}') \tag{1.230}$$

と書けるので，自然軌道は密度行列と同様にグリーン関数を対角的にする準粒子波動関数に等しいといえる．しかし，(1.101),(1.102) の下で見たように，準粒子波動関数は正規直交性を満たさず，それを満たすようにするには，**レウディンの直交化法** (Löwdin's orthogonalization method)[25] や 1.6 節で述べた**自己エネルギーの線形化** (1.167) などの工夫が必要である．

## 1.9　多体摂動論

電子間相互作用 $H^{(2)}$ を摂動とする多体摂動論は**相互作用表示** (interaction representation) で定式化される．相互作用表示での状態 $|\tilde{\Psi}(t)\rangle$ はシュレーディンガー表示での状態 $|\Psi(t)\rangle$ と

$$|\tilde{\Psi}(t)\rangle = e^{iH^{(1)}t/\hbar}|\Psi(t)\rangle \tag{1.231}$$

の関係にあり，

$$i\hbar\frac{\partial}{\partial t}|\tilde{\Psi}(t)\rangle = \tilde{H}^{(2)}(t)|\tilde{\Psi}(t)\rangle \tag{1.232}$$

を満たす．ここで，

$$\tilde{H}^{(2)}(t) = e^{iH^{(1)}t/\hbar}H^{(2)}e^{-iH^{(1)}t/\hbar} = \frac{g}{2}\int \tilde{\psi}^\dagger(\boldsymbol{r},t)\tilde{\psi}^\dagger(\boldsymbol{r}',t)V(\boldsymbol{r}-\boldsymbol{r}')\tilde{\psi}(\boldsymbol{r}',t)\tilde{\psi}(\boldsymbol{r},t)d\boldsymbol{r}d\boldsymbol{r}' \tag{1.233}$$

である（係数 $g$ は相互作用の強さを表し，$g = 1$ のときに完全な強さを与える）．一般に，シュレーディンガー表示での演算子 $A$ は，相互作用表示で，

$$\tilde{A}(t) = e^{iH^{(1)}t/\hbar}Ae^{-iH^{(1)}t/\hbar} \tag{1.234}$$

となる．これらの式において，時刻 $t = 0$ は相互作用表示とハイゼンベルク表示が一致するようにとるものとする．**時間発展演算子** (time-evolution operator) $U(t,t')$ を

$$U(t,t') = e^{iH^{(1)}t/\hbar} e^{-iH(t-t')/\hbar} e^{-iH^{(1)}t'/\hbar} \tag{1.235}$$

と定義すると,

$$|\tilde{\Psi}(t)\rangle = U(t,t')|\tilde{\Psi}(t)\rangle \tag{1.236}$$

であり，**時間発展方程式** (time-evolution equation)

$$i\hbar \frac{\partial}{\partial t} U(t,t') = \tilde{H}^{(2)}(t) U(t,t') \tag{1.237}$$

を満たす. これは

$$U(t,t) = 1 \tag{1.238}$$

$$U(t,t')U(t',t'') = U(t,t'') \tag{1.239}$$

$$U^{\dagger}(t,t') = U^{-1}(t,t') = U(t',t) \tag{1.240}$$

$$U(t,t')U^{\dagger}(t,t') = 1 \tag{1.241}$$

を満たす**ユニタリー群** (unitary group) である（**交換法則** $(UU')U'' = U(U'U'')$ は当然である）. ハイゼンベルク表示の状態ベクトル $|\Psi\rangle$ と演算子 $\hat{A}(t)$, シュレーディンガー表示での状態ベクトル $|\Psi(t)\rangle$ と演算子 $A$, さらに相互作用表示での状態ベクトル $|\tilde{\Psi}(t)\rangle$ と演算子 $\tilde{A}(t)$ との間の関係をまとめると,

$$|\Psi\rangle = e^{iHt/\hbar}|\Psi(t)\rangle = e^{iHt/\hbar} e^{-iH^{(1)}t/\hbar}|\tilde{\Psi}(t)\rangle = U(0,t)|\tilde{\Psi}(t)\rangle = U^{\dagger}(t,0)|\tilde{\Psi}(t)\rangle \tag{1.242}$$

$$\begin{aligned}\hat{A}(t) &= e^{iHt/\hbar} A e^{-iHt/\hbar} = e^{iHt/\hbar} e^{-iH^{(1)}t/\hbar} \tilde{A}(t) e^{iH^{(1)}t/\hbar} e^{-iHt/\hbar} \\ &= U(0,t)\tilde{A}(t)U(t,0) = U^{\dagger}(t,0)\tilde{A}(t)U(t,0)\end{aligned} \tag{1.243}$$

である. (1.237) を時間 $t$ について積分すると,

$$U(t,t') = 1 - \frac{i}{\hbar}\int_{t'}^{t} dt''\tilde{H}^{(2)}(t'')U(t'',t') \tag{1.244}$$

$$U(t,t') = 1 - \frac{i}{\hbar}\int_{t'}^{t} dt''\tilde{H}^{(2)}(t'') + \left(\frac{i}{\hbar}\right)^2\int_{t'}^{t} dt''\int_{t'}^{t''} dt'''\tilde{H}^{(2)}(t'')\tilde{H}^{(2)}(t''') + \cdots \tag{1.245}$$

$$\int_{t'}^{t} dt''\int_{t'}^{t''} dt'''\tilde{H}^{(2)}(t'')\tilde{H}^{(2)}(t''') = \int_{t'}^{t} dt''\int_{t''}^{t} dt'''\tilde{H}^{(2)}(t''')\tilde{H}^{(2)}(t'')$$
$$= \frac{1}{2}\int_{t'}^{t} dt''\int_{t'}^{t} dt'''\mathrm{T}[\tilde{H}^{(2)}(t'')\tilde{H}^{(2)}(t''')] \tag{1.246}$$

より，

$$U(t,t') = 1 - \frac{i}{\hbar}\int_{t'}^{t}\tilde{H}^{(2)}(t'')dt'' + \frac{1}{2}\left(\frac{i}{\hbar}\right)^2\int_{t'}^{t} dt''\int_{t'}^{t} dt'''\mathrm{T}[\tilde{H}^{(2)}(t'')\tilde{H}^{(2)}(t''')] + \cdots \tag{1.247}$$

となり，これは形式的に，

$$U(t,t') = \mathrm{T}\exp\left[-\frac{i}{\hbar}\int_{t'}^{t} dt''\tilde{H}^{(2)}(t'')\right] \tag{1.248}$$

とまとまる．ここで T は時間順序積（T 積）を意味する．

電子間相互作用の強さ $g$ は無限の過去（$t = -\infty$）では 0 で，徐々に大きくなり，現在（$t \sim 0$）では 1 となり，徐々に減り，無限の未来 $t = \infty$ では再び 0 になると仮定する．これを断熱 (adiabatic) スイッチオン/スイッチオフ過程という．この過程でハミルトニアンの各 $M, \gamma$ 固有状態は連続的かつユニークに定まり続ける．これをゲルマン-ロウ (Gell–Mann–Low) の断熱定理 (adiabatic theorem) という [26].

ハイゼンベルク表示での $t = 0$ でのハミルトニアン $H$ の初期状態 $|\Psi_\gamma^M\rangle$ は

$$|\Psi_\gamma^M\rangle = U(0,-\infty)|\Phi_\gamma^M\rangle \tag{1.249}$$

と書くことができる．ここで $|\Phi_\gamma^M\rangle$ は無限の過去における $H^{(1)}$ の初期状態であり，ウィックの定理のところで述べたフェルミの海または真空 (vacuum) に相当する（これを $|0\rangle$ とも書く）．(1.249) は次のように書き換えられる．

$$|\Psi_\gamma^M\rangle = U(0,-\infty)|\Phi_\gamma^M\rangle = U(0,\infty)U(\infty,-\infty)|\Phi_\gamma^M\rangle = U(0,\infty)S|\Phi_\gamma^M\rangle \tag{1.250}$$

ここで，

$$S = U(\infty,-\infty) \tag{1.251}$$

は $S$ 行列と呼ばれる量であり，

$$S = 1 - \frac{i}{\hbar}\int_{-\infty}^{\infty} dt''\tilde{H}^{(2)}(t'') + \frac{1}{2}\left(\frac{i}{\hbar}\right)^2 \int_{-\infty}^{\infty} dt'' \int_{-\infty}^{\infty} dt''' \mathrm{T}[\tilde{H}^{(2)}(t'')\tilde{H}^{(2)}(t''')] + \cdots \tag{1.252}$$

なる展開式で与えられる（これは (1.248) のようにまとめて書くこともできる）．$S|\Phi_\gamma^M\rangle$ は時刻 $t=\infty$ での状態を表すが，そこでも摂動 $\tilde{H}^{(2)}$ は 0 なので，その状態は無限の過去の初期状態 $|\Phi_\gamma^M\rangle$ と位相因子 $e^{i\alpha}$ の違いしかないはずである．ここで初期状態は縮退していないものと仮定している．したがって，

$$S|\Phi_\gamma^M\rangle = e^{i\alpha}|\Phi_\gamma^M\rangle \tag{1.253}$$

が成り立つ．完全なハミルトニアンの下での複数のハイゼンベルク演算子 $\hat{\varphi}_i(t_i)$ の T 積の基底状態での期待値

$$\langle\Psi_\gamma^M|\mathrm{T}[\hat{\varphi}_1(t_1)\hat{\varphi}_2(t_2)\cdots\hat{\varphi}_N(t_N)]|\Psi_\gamma^M\rangle \tag{1.254}$$

を考える．T 積により時間の順番にラベルを付け替え，新しい時刻から過去にさかのぼる方向に $1', 2', \ldots, N'$ と新しいラベルを振る．

$$\mathrm{T}[\hat{\varphi}_1(t_1)\hat{\varphi}_2(t_2)\cdots\hat{\varphi}_N(t_N)] = (-1)^n\hat{\varphi}_{1'}(t_{1'})\hat{\varphi}_{2'}(t_{2'})\cdots\hat{\varphi}_{N'}(t_{N'}) \tag{1.255}$$

つまり，$t_{1'} \geq t_{2'} \geq \cdots \geq t_{N'}$ である．$(-1)^n$ は T 積の並べ替えによって生ずる符号を表す．相互作用表示の演算子 $\tilde{\varphi}_{i'}(t_{i'})$ と $|\Phi_\gamma^M\rangle$ を用いて，

$$\begin{aligned}
&\langle \Psi_\gamma^M|\mathrm{T}[\hat{\varphi}_1(t_1)\hat{\varphi}_2(t_2)\cdots\hat{\varphi}_N(t_N)]|\Psi_\gamma^M\rangle \\
&= (-1)^n\langle \Phi_\gamma^M|U(-\infty,\infty)U(\infty,0)U(0,t_{1'})\tilde{\varphi}_{1'}(t_{1'})U(t_{1'},0) \\
&\times U(0,t_{2'})\tilde{\varphi}_{2'}(t_{2'})U(t_{2'},0)\cdots U(0,t_{N'})\tilde{\varphi}_{N'}(t_{N'})U(t_{N'},0)U(0,-\infty)|\Phi_\gamma^M\rangle \\
&= (-1)^n\langle \Phi_\gamma^M|S^\dagger U(\infty,t_{1'})\hat{\varphi}_{1'}(t_{1'})U(t_{1'},t_{2'})\tilde{\varphi}_{2'}(t_{2'})U(t_{2'},t_{3'})\cdots \\
&\times U(t_{(N-1)'},t_{N'})\tilde{\varphi}_{N'}(t_{N'})U(t_{N'},-\infty)|\Phi_\gamma^M\rangle \\
&= (-1)^n e^{-i\alpha}\langle \Phi_\gamma^M|U(\infty,t_{1'})\tilde{\varphi}_{1'}(t_{1'})U(t_{1'},t_{2'})\tilde{\varphi}_{2'}(t_{2'})U(t_{2'},t_{3'})\cdots \\
&\times U(t_{(N-1)'},t_N)\tilde{\varphi}_{N'}(t_{N'})U(t_{N'},-\infty)|\Phi_\gamma^M\rangle \\
&= (-1)^n e^{-i\alpha}\langle \Phi_\gamma^M|\mathrm{T}[\tilde{\varphi}_{1'}(t_{1'})\tilde{\varphi}_{2'}(t_{2'})\cdots\tilde{\varphi}_N(t_{N'}) \\
&\times U(\infty,t_{1'})U(t_{1'},t_{2'})\cdots U(t_{(N-1)'},t_{N'})U(t_{N'},-\infty)]|\Phi_\gamma^M\rangle \\
&= (-1)^n\frac{\langle \Phi_\gamma^M|\mathrm{T}[\tilde{\varphi}_{1'}(t_{1'})\tilde{\varphi}_{2'}(t_{2'})\cdots\tilde{\varphi}_{N'}(t_{N'})S\,]|\Phi_\gamma^M\rangle}{\langle \Phi_\gamma^M|S\,|\Phi_\gamma^M\rangle} \\
&= \frac{\langle \Phi_\gamma^M|\mathrm{T}[\tilde{\varphi}_1(t_1)\tilde{\varphi}_2(t_2)\cdots\tilde{\varphi}_N(t_N)S\,]|\Phi_\gamma^M\rangle}{\langle \Phi_\gamma^M|S\,|\Phi_\gamma^M\rangle}
\end{aligned} \tag{1.256}$$

と変形することができる．このように，ハイゼンベルク表示の1粒子グリーン関数，2粒子グリーン関数などは相互作用表示で (1.256) 式で表され，$S$ 行列は (1.252) の展開式で与えられる．まず (1.256) 式の分母 $\langle \Phi_\gamma^M|S|\Phi_\gamma^M\rangle$ を考えよう．フェルミ系では $|\Phi_\gamma^M\rangle$ をフェルミの海と考え，電子と正孔の生成消滅演算子を (1.184) のように定義し直し，これを真空と見なせば，展開の各項は多数の生成消滅演算子の時間順序積の真空期待値と考えることができ，ウィックの定理を適用できる．すると各項を縮約 (contraction) $\langle \Phi_\gamma^M|\mathrm{T}[\tilde{\varphi}_1(t_1)\tilde{\varphi}_2(t_2)]|\Phi_\gamma^M\rangle$，つまり0次グリーン関数の積の和の形に分解することができる．0次グリーン関数を矢印付きの細い実線で表し，裸のクーロン相互作用を点線で表すと，図1.3を基本図形として，それらの組合せですべての可能な図形を集めればよい．いま，$\langle \Phi_\gamma^M|S|\Phi_\gamma^M\rangle$ に寄与する一つのつながった孤立図形を考え，その値を $A_i$ と書こう．図形が存在しない0次の値は1である．この図形が2個孤立して存在する場合は，ダブルカウントを防ぐために $A_i^2/2!$ とする．同様に3個，4個，... と多数孤立して存在する場合を含めると，それらの値の和は $e^{A_i}$ となる．このようなつながった図形の種類

$i$ は無限にあり，いくらでも孤立して存在できるので，合計値は $i = 1, 2, \ldots$ に対する $e^{A_i}$ の積の形にまとめられ，

$$\langle \Phi_\gamma^M | S | \Phi_\gamma^M \rangle = \prod_i e^{Ai} = \exp\left( \sum_i A_i \right) \tag{1.257}$$

と書けることが分かる．次に (1.256) の分子 $\langle \Phi_\gamma^M | \mathrm{T}[\tilde{\varphi}_1(t_1)\tilde{\varphi}_2(t_2)\cdots\tilde{\varphi}_N(t_N)S]|\Phi_\gamma^M\rangle$ の展開を考える．その図形において，$\tilde{\varphi}_1(t_1), \tilde{\varphi}_2(t_2), \ldots, \tilde{\varphi}_N(t_N)$ のいずれか一つを含む 0 次のグリーン関数を外線と呼ぶことにする．図形はすべての部分が**外線につながっている図形** (linked diagram) からのみ構成されているとは限らない．しかし，外線に全くつながっていない**孤立した図形** (unlinked diagram) があったとしても，その他の部分で $N$ 本の外線につながっていればよい．これに対して，**互いにつながっている図形** (connected diagram) と**つながっていない図形** (disconnected diagram) という区別もある．外線につながっていないが，それ自体はつながっている孤立した部分図形があれば（その寄与を $A_i$ とする)，その他の部分の寄与に $A_i$ がかかることになる．この部分図形が存在しない場合には 1 を掛ければよい．この部分図形が 2 個互いに孤立して存在する場合は $A_i^2/2!$ を，3 個互いに孤立して存在する場合には $A_i^3/3!$ を掛ければよい．4 個，5 個，... の場合も同様に考えていくと，結局 $e^{A_i}$ を掛ければよいことになる．このような，それ自体はつながっているが孤立した図形は無限に多種存在し，独立に孤立して存在できるので，すべての寄与の和はそれらの寄与 $e^{A_i}$ の積の形にまとめられ，それが，外線につながっていて (linked) かつ互いにつながっている (connected) 図形の寄与 $\langle \Phi_\gamma^M | \mathrm{T}[\tilde{\varphi}_1(t_1)\tilde{\varphi}_2(t_2)\cdots\tilde{\varphi}_N(t_N)S]|\Phi_\gamma^M\rangle_{\text{linked}}$ にかかるので，結局，

$$\begin{aligned}
&\langle \Phi_\gamma^M | \mathrm{T}[\hat{\varphi}_1(t_1)\hat{\varphi}_2(t_2)\cdots\hat{\varphi}_N(t_N)S]|\Phi_\gamma^M\rangle \\
&= \langle \Phi_\gamma^M | \mathrm{T}[\tilde{\varphi}_1(t_1)\tilde{\varphi}_2(t_2)\cdots\tilde{\varphi}_N(t_N)S]|\Phi_\gamma^M\rangle_{\text{linked}} \prod_i e^{Ai} \\
&= \langle \Phi_\gamma^M | \mathrm{T}[\tilde{\varphi}_1(t_1)\tilde{\varphi}_2(t_2)\cdots\tilde{\varphi}_N(t_N)S]|\Phi_\gamma^M\rangle_{\text{linked}} \langle \Phi_\gamma^M | S | \Phi_\gamma^M \rangle
\end{aligned} \tag{1.258}$$

となることが分かる．ここで，$e^{A_i}$ の積は (1.257) に完全に等しいことを考慮した．かくして，因子 $\langle \Phi_\gamma^M | S | \Phi_\gamma^M \rangle$ が分母と完全に打ち消し合い，

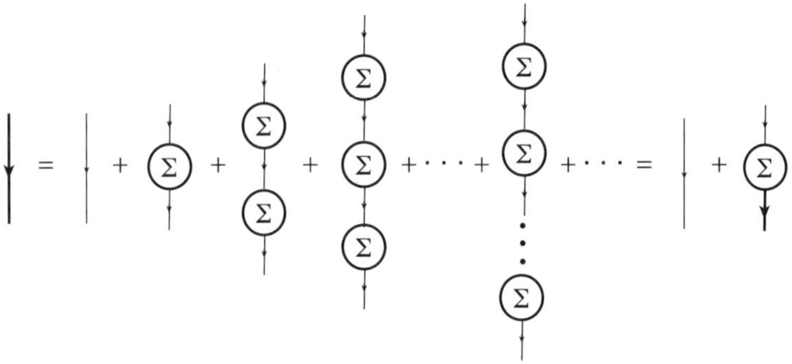

図 **1.15**　グリーン関数の自己エネルギー $\Sigma$ による展開式

$$\langle \Psi_\gamma^M | \mathrm{T}[\hat{\varphi}_1(t_1)\hat{\varphi}_2(t_2)\cdots\hat{\varphi}_N(t_N)] | \Psi_\gamma^M \rangle = \langle \Phi_\gamma^M | \mathrm{T}[\tilde{\varphi}_1(t_1)\tilde{\varphi}_2(t_2)\cdots\tilde{\varphi}_N(t_N) S] | \Phi_\gamma^M \rangle_{\mathrm{linked}} \tag{1.259}$$

が得られる．これが 1.5 節で述べた連結クラスター定理 (linked cluster theorem) である．結局，外線につながった部分のみの図形の和を集めればよい．

1.6 節で導入したグリーン関数に (1.259) とウィックの定理を用いて 0 次グリーン関数の積の形に展開する．外線は入る線と出て行く線の 2 本で，線がどこかで途切れることはないので，これらは連結している必要がある．したがって，すべての部分がつながった図形のみの展開になる．図形の内側の線（内線）を 1 本切ると，図形が二つに分かれる点を結節点 (articulation point) という．これ以外の部分は相互作用を含んでいて，内線を 1 本切っても図形が二つに分かれることはない．そのような部分を自己エネルギーと呼び，$\Sigma$ と書く．すると，グリーン関数の展開は図 1.15 のようにまとめることができる．これはダイソン方程式 (Dyson equation) と呼ばれる非常に重要な関係式であり，式で書くと，

$$\begin{aligned} G(\boldsymbol{r},t;\boldsymbol{r}',t') &= G^0(\boldsymbol{r},t;\boldsymbol{r}',t') \\ &\quad + \int G^0(\boldsymbol{r},t;\boldsymbol{r}'',t'')\Sigma(\boldsymbol{r}'',t'';\boldsymbol{r}''',t''')G(\boldsymbol{r}''',t''';\boldsymbol{r}',t')d\boldsymbol{r}''d\boldsymbol{r}'''dt''dt''' \end{aligned} \tag{1.260}$$

となる．自己エネルギーを表す図形は図 1.6 と図 1.7 である（図 1.7 を取り除

$E_{\text{int}}$ = 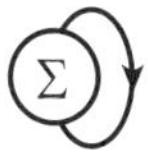

**図 1.16**　電子間相互作用エネルギーの期待値 $E_{\text{int}}$ の図形 1.4 は衣を着たグリーン関数（太実線）を用いるとこのように表される．これがガリツキー-ミグダルの公式 (1.261) の図形的表現である．

く手続きは後で述べる）．(1.163) 式の左辺の演算子を (1.260) 式にも掛けると (1.165) 式が得られることに注意しておく (1.165) 式も重要である．

図形の展開に縮約，つまり 0 次グリーン関数 (細線) を考えてきたが，求めるべき**相互作用の衣を着たグリーン関数** (clothed Green's function) を用いることもできる．衣を着たグリーン関数を矢印付きの太い実線で書くことにすると，太実線には既に自己エネルギーが考慮されているので，太実線に対して自己エネルギーを挿入してはならない．**自己エネルギーのダブルカウント** (double count of the self-energy) になるからである．すると自己エネルギーを表す図形は図 1.6 のみとなり，図 1.7 は必要なくなる．同様に，電子間相互作用エネルギーの期待値 $E_{\text{int}}$ の図形も図 1.4 のみになり，図 1.5 は必要なくなる（0 次グリーン関数で展開する際は図 1.5 も必要である）．これは太実線を用いれば図 1.16 で表され，式では，

$$E_{\text{int}} = i\int_{-\infty}^{\infty}\frac{d\omega}{2\pi}e^{i\eta\omega}\int \Sigma(\boldsymbol{r},\boldsymbol{r}';\omega)G(\boldsymbol{r},\boldsymbol{r}';\omega)d\boldsymbol{r}d\boldsymbol{r}' \tag{1.261}$$

と表される（$\eta$ は無限小の正の量 $0^+$ である）[15]．これが**ガリツキー-ミグダルの公式** (Galitski-Migdal formula) であり，(1.120) と等価な，グリーン関数を用いた元々の表式である．このようにして 1.5 節で導いたすべてのファインマン図形が衣を着たグリーン関数を用いた**骨格図形**として再導出される．1.4 節の最後にも述べたが，より正確に全エネルギーを決定するためには，グリーン関数に対する変分原理を満たす**ラッティンジャー-ワード汎関数** (Luttinger-Ward functional) を用いるべきである [15, 16]．

ファインマン図形を用いた多体摂動論を絶対零度の衣を着たグリーン関数で表す場合の指針を述べておく．摂動展開の次数を $n$ とすると，結果に $i^n$ の因子を掛ける．$n$ 本の点線を書き，その点線の両端に入ってくる（太）実線 1 本と出て行く（太）実線 1 本をそれぞれつなげる（図 1.3 を見よ）．実

線は途切れず，両端ともどこかの（同じか異なる）点線の端点につながる．これは**骨格図形**なので，自己エネルギーを挿入した図形（図 1.5，図 1.7 など）を含めてはいけない．実線のループを持つ図形は，ループ 1 個に対して −1 の因子を持つ．つまり $m$ 個のループを持つ図形には $(-1)^m$ の因子を掛ける．ルールは以上である．図形のまとめ方は既に 1.5 節に詳しく述べたとおりであり，分極関数，バーテックス関数，動的遮蔽クーロン相互作用などを定義して，自己無撞着 GWΓ 法にたどり着く [18]．**分極関数**は**バーテックス関数** (vertex function) $\Gamma(\boldsymbol{r}_1, \boldsymbol{r}_2, \omega'; \boldsymbol{r}', \omega)$ を用いて次式で与えられる．

$$P(\boldsymbol{r}, \boldsymbol{r}', \omega) = -i \int_{-\infty}^{\infty} \frac{d\omega'}{2\pi} \int G(\boldsymbol{r}, \boldsymbol{r}_1, \omega + \omega') G(\boldsymbol{r}_2, \boldsymbol{r}, \omega') \Gamma(\boldsymbol{r}_1, \boldsymbol{r}_2, \omega'; \boldsymbol{r}', \omega) d\boldsymbol{r}_1 d\boldsymbol{r}_2 \tag{1.262}$$

これは図 1.8 で表される．分極関数を $\boldsymbol{G}, \boldsymbol{G}', \omega$ 空間にフーリエ変換し，

$$P(\boldsymbol{r}, t; \boldsymbol{r}', t') = \sum_{\boldsymbol{G},\boldsymbol{G}'} e^{i(\boldsymbol{G}\cdot\boldsymbol{r} - \boldsymbol{G}'\cdot\boldsymbol{r}')} \int_{-\infty}^{\infty} \frac{d\omega}{2\pi} e^{-i\omega(t-t')} P_{\boldsymbol{G}\boldsymbol{G}'}(\omega) \tag{1.263}$$

と書くと，図 1.8 の展開式における最低次の第 1 項の**リング図形** (ring diagram) の寄与 $P^0_{\boldsymbol{G}\boldsymbol{G}'}$ は

$$P^0_{\boldsymbol{G}\boldsymbol{G}'}(\omega) = 2 \sum_{\lambda} \sum_{\lambda'} \frac{\langle \lambda | e^{-i\boldsymbol{G}\cdot\boldsymbol{r}} | \lambda' \rangle \langle \lambda' | e^{i\boldsymbol{G}'\cdot\boldsymbol{r}} | \lambda \rangle}{\omega - \varepsilon_n + \varepsilon_{\lambda'} - i\eta_\lambda} (f_{\lambda'} - f_\lambda) \tag{1.264}$$

と評価される．$f_\lambda$ は**フェルミ分布関数** (Fermi distribution function) である．係数の 2 はスピン偏極はないものとし，**スピンの 2 重性** (spin duplicity) を考慮したことによる．$P_{\boldsymbol{G}\boldsymbol{G}'}$ をこの $P^0_{\boldsymbol{G}\boldsymbol{G}'}$ で置き換える近似を**乱雑位相近似** (random phase approximation, RPA) という．これは“**電子**”と“**正孔**”を独立な粒子として取り扱う近似であるが，実際にはそれらの間にはクーロン引力相互作用が働くので正確ではない．**動的遮蔽クーロン相互作用** $W_{\boldsymbol{G}\boldsymbol{G}'}(\omega)$ は**誘電関数** $\varepsilon_{\boldsymbol{G}\boldsymbol{G}'}(\omega) = 1 - V(\boldsymbol{G}) P_{\boldsymbol{G}\boldsymbol{G}'}(\omega)$ の逆行列を用いて $W_{\boldsymbol{G}\boldsymbol{G}'}(\omega) = [\varepsilon_{\boldsymbol{G}\boldsymbol{G}'}(\omega)]^{-1} V(\boldsymbol{G}')$ で与えられる．これを計算することは図 1.10 の**リング図形の和**を計算することと等価である．図 1.12(c) の**自己エネルギー**は

$$\Sigma_{\rm xc}(\boldsymbol{r},\boldsymbol{r}';\omega) = i\int_{-\infty}^{\infty}\frac{d\omega'}{2\pi}e^{-i\eta\omega'}\int G(\boldsymbol{r},\boldsymbol{r}_1;\omega-\omega')W(\boldsymbol{r},\boldsymbol{r}_2;\omega')\Gamma(\boldsymbol{r}_1,\boldsymbol{r}',\omega;\boldsymbol{r}_2,\omega')d\boldsymbol{r}_1 d\boldsymbol{r}_2 \tag{1.265}$$

で与えられる（$\eta=0^+$）．これを 2 項に分ける．1 項目はハートリー-フォック近似の交換項 $\Sigma_{\rm x}(\boldsymbol{r},\boldsymbol{r}')$（図 1.14(e) の右辺第 2 項）である．2 項目は，相関項 $\Sigma_{\rm c}(\boldsymbol{r},\boldsymbol{r}';\omega)=\Sigma_{\rm xc}(\boldsymbol{r},\boldsymbol{r}';\omega)-\Sigma_{\rm x}(\boldsymbol{r},\boldsymbol{r}')$ である．これらを準粒子状態 (quasiparticle state) で挟むと，

$$\langle\lambda|\Sigma_{\rm x}|\lambda'\rangle = -\frac{e^2}{\varepsilon_0\Omega}\sum_{\mu}^{occ}\sum_{G}\frac{\langle\lambda|e^{iG\cdot r}|\mu\rangle\langle\mu|e^{-iG\cdot r'}|\lambda'\rangle}{G^2} \tag{1.266}$$

$$\langle\lambda|\Sigma_{\rm c}(\omega)|\lambda'\rangle = i\sum_{\kappa}\sum_{G,G''}\int\frac{d\omega'}{2\pi}e^{-i\eta\omega'}\frac{\langle\lambda|e^{iG\cdot r}|\kappa\rangle\langle\kappa|e^{-iG''\cdot r'}|\lambda'\rangle}{\omega-\omega'-\varepsilon_\kappa-i\delta_k}[W_{GG''}(\omega')-\boldsymbol{V}(\boldsymbol{G})\delta_{GG''}] \tag{1.267}$$

となる（$\eta=0^+$）．ここで，$V(\boldsymbol{G})=e^2/\varepsilon_0\Omega G^2$ である．これに対して $\Gamma=1$ と近似するのが GW 近似である．GW 近似において，自己エネルギー $\Sigma_{\rm xc}$ は $\Gamma=1$ とした (1.265) で与えられる（図 1.13(e)）．GW 近似や自己無撞着 GWΓ 法の計算例を 2.6 節で紹介する．

最後に GW 近似や GWΓ 法から出発して光吸収スペクトルを計算するための方法についてごく簡単に触れておく．光電子スペクトルは系に 1 電子を付け加える，あるいは取り去るエネルギーに等しく，1 粒子過程であることは今まで述べてきたとおりである．これに対して，光吸収スペクトルは系に 1 電子を付け加えるのと同時に 1 電子を取り去るのに必要なエネルギーに等しく，明らかに 2 粒子過程である．したがって，光吸収スペクトルの計算には 2 粒子グリーン関数の計算が必要になる．実際，2 粒子グリーン関数の極が光吸収スペクトルを与えることを証明することができる．導出の詳細は別の書 [20, 19] に譲るが，2 粒子グリーン関数の重要な部分（完全に二つに分かれて外線につながっている図形 (disconnected linked diagram) を除いた部分）$L(x_1,x_1';x_2,x_2')$ は次のベーテ-サルペータ方程式 (Bethe-Salpeter equation, BSE) を満たす.

$$L(x_1, x_1'; x_2, x_2') = G(x_1, x_2)G(x_1', x_2') + \int G(x_1, x_3)\Xi(x_3, x_3'; x_4, x_4')G(x_3', x_1')L(x_4, x_4'; x_2, x_2')dx_3dx_3'dx_4dx_4' \quad (1.268)$$

ここで積分核 $\Xi(x_3, x_3'; x_4, x_4')$ は,

$$\Xi(x_3, x_3'; x_4, x_4') = \frac{\delta\Sigma(x_3, x_3')}{\delta G(x_4, x_4')} \quad (1.269)$$

なる汎関数微分で与えられる．自己エネルギー $\Sigma$ はハートリー項と交換相関項 $\Sigma_{\rm xc} = iGW\Gamma$ の和なので，前者の微分は $-i\delta(x_3-x_3')\delta(x_4-x_4')\delta(t_3-t_4)V(\boldsymbol{r}_3-\boldsymbol{r}_4)$ と簡単に計算される．後者の微分は，$\Gamma = 1$ の GW 近似で，しかも $W$ の $G$ 依存性が無視できる場合には，$i\delta(x_3 - x_4)\delta(x_3' - x_4')W(x_3, x_3')$ と計算される．したがって，$\Xi(x_3, x_3'; x_4, x_4')$ は，これら 2 項の和になる．これを用いた (1.269) 式は，電子・正孔対に対する固有値問題の形に書き換えられることがストゥリナティ (Strinati)[27] により示されている（[19] の付録 D も参照されたい)．この固有値問題の解，つまり固有値として光吸収スペクトルが求まり，固有ベクトルとして振動子強度が求まる．GWΓ + BSE 法による計算例も 2.6 節で紹介する．

第 2 章

# カーボン系への応用


要約

本章では，密度汎関数理論 (DFT) のコーン-シャム (KS) 方程式や準粒子 (QP) 方程式を用いて，原子・分子から結晶にいたる様々な系の電子状態を計算する方法について具体例を挙げながら紹介する．2.1 節では強束縛 (tight-binding) 近似を用いて分かりやすく説明する．この考え方は容易に LCAO 法に拡張することができる．続いて結晶などの周期系の取扱い方法を説明し，平面波展開法や LCAO 法などの様々な第一原理計算手法を説明する．さらに，ポテンシャル・エネルギー表面の計算，第一原理分子動力学法，時間依存密度汎関数理論 (TDDFT)，GW 近似や最新の GWΓ 法の適用例について紹介していく．


## 2.1 強束縛近似

現実の物質に対してコーン-シャム (KS) 方程式または準粒子 (QP) 方程式

$$H^{\mathrm{KS}}(\boldsymbol{r})\phi_\lambda(\boldsymbol{r}) = \varepsilon_\lambda\phi_\lambda(\boldsymbol{r}), \quad \int H^{\mathrm{QP}}(\boldsymbol{r}, \boldsymbol{r}')\phi_\lambda(\boldsymbol{r}')d\boldsymbol{r}' = \varepsilon_\lambda\phi_\lambda(\boldsymbol{r}) \tag{2.1}$$

$$H^{\mathrm{KS}}(\boldsymbol{r}) = h^{(1)}(\boldsymbol{r}) + V_{\mathrm{H}}(\boldsymbol{r}) + \mu_{xc}(\boldsymbol{r}), \quad H^{\mathrm{QP}}(\boldsymbol{r}, \boldsymbol{r}') = \delta(\boldsymbol{r} - \boldsymbol{r}')h^{(1)}(\boldsymbol{r}') + \Sigma(\boldsymbol{r}, \boldsymbol{r}'; \varepsilon_\lambda) \tag{2.2}$$

を解きたい．$\phi_\lambda(\boldsymbol{r})$ は KS/QP 波動関数であり，$H^{\mathrm{KS}}(\boldsymbol{r})$, $H^{\mathrm{QP}}(\boldsymbol{r}, \boldsymbol{r}')$ は局所的 (local) KS/非局所的 (nonlocal) QP ハミルトニアンである．孤立原子 (isolated atom) の場合には，

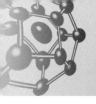

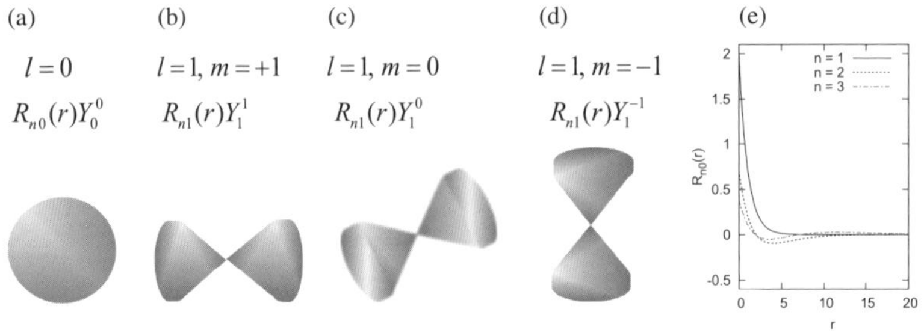


図 **2.1**　(a) $\ell = 0$ の $s$ 軌道，(b) $l = 1, m = +1$ の $p$（$-p_x - ip_y$）軌道，(c) $l = 1, m = 0$ の $p$（$p_z$）軌道，(d) $l = 1, m = -1$ の $p$（$p_x - ip_y$）軌道，(e) 水素原子の軌道（内側から順に $n = 1, 2, 3$ であり，$x, y, z$ は $p_x, p_y, p_z$ 軌道の意味）.

$$h^{(1)}(\boldsymbol{r}) = -\frac{\hbar^2}{2m}\nabla^2 - \frac{Ze^2}{4\pi\varepsilon_0}\frac{1}{r} \tag{2.3}$$

で与えられる．**球対称性** (spherical symmetry) のために**角運動量量子数** (angular momentum quantum number) $\ell$ と**磁気量子数** (magnetic quantum number) $m\,(|m| \leq \ell)$ が良い量子数となり，$\ell = 0$ の ***s* 軌道** (s orbital)（図 2.1(a)），$\ell = 1$ の三つの ***p* 軌道** (p orbital)（図 2.1(b)–(d)），$\ell = 2$ の五つの ***d* 軌道** (d orbital), $\ell =$ 三 の七つの ***f* 軌道** (f orbital) に分かれる．**水素原子** (hydrogen atom) では**主量子数** (principal quantum number) $n(> \ell) = 1, 2, \ldots$ の**動径関数** (radial function) は図 2.1(e) の形で，固有値は $\varepsilon_n = -R_{\mathrm{H}}/n^2$ と求まる．$R_{\mathrm{H}} = 13.6057\mathrm{eV}$ は**リュードベリ定数** (Rydberg constant) である．各軌道には**↑スピン電子** (up spin electron) と**↓スピン電子** (down spin electron) が 1 個ずつ入れるので，内殻 ($n = 1$) から順番に埋まっていく．$\ell, m$ は**球面調和関数** (spherical harmonics) $Y_l^m(\theta, \varphi)$ の表記であるが，異なる $m$ について線形結合をとった

$$K_s = Y_0^0 = \frac{1}{\sqrt{4\pi}}, \quad K_{p_x} = \frac{Y_1^{-1} - Y_1^1}{\sqrt{2}} = \frac{\sqrt{3}x}{\sqrt{4\pi}r},$$
$$K_{p_y} = i\frac{Y_1^{-1} - Y_1^{-1}}{\sqrt{2}} = \frac{\sqrt{3}y}{\sqrt{4\pi}r}, \quad K_{p_z} = Y_1^0 = \frac{\sqrt{3}z}{\sqrt{4\pi}r} \tag{2.4}$$

なる**立方調和関数** (cubic harmonics) を用いるのが便利である．水素原子よりも重い原子でも**原子軌道** (atomic orbital) は**動径関数** $R_{n\ell}(r)$ と**立方調和関数**の積になる．しかし **KS/QP エネルギー** $\varepsilon_\lambda$ は $n$ だけでなく $\ell$ にも依存するよう

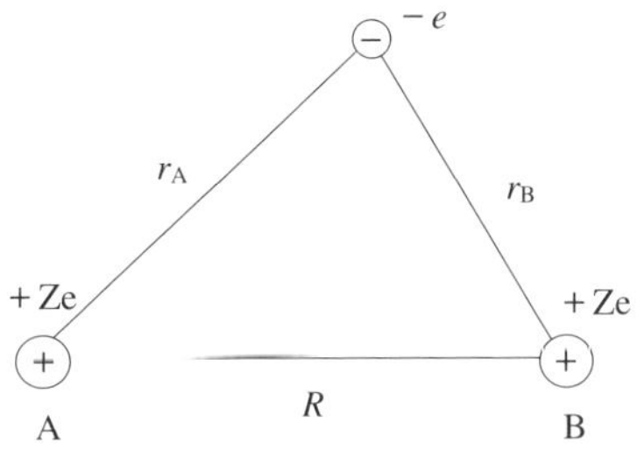


図 **2.2**　等核 2 原子分子

になり，しかも遷移金属原子などでは $n = 3, \ell = 2$ の 3$d$ 軌道エネルギーよりも $n = 4, \ell = 0$ の 4$s$ 軌道エネルギーのほうが低くなるという逆転現象が起こる．これは電子間相互作用による自己エネルギーの効果である．

等核 2 原子分子は，$+Ze$ の電荷を持つ二つの原子核 A, B と，$-e$ の電荷を持つ $M$ 個の電子からなる（イオンであれば $M = N = 2Z$ の必要はない）．二つの原子核は一定の距離 $R$ を保って固定されている（図 2.2）．KS 仮想粒子/準粒子（電子か正孔）の位置座標を $\boldsymbol{r}$ とし，原子核 A, B と KS 粒子/準粒子の間の距離を $r_A, r_B$ とする．この系に対する $h^{(1)}(\boldsymbol{r})$ は

$$h^{(1)}(\boldsymbol{r}) = -\frac{\hbar^2}{2m}\nabla^2 - \frac{Ze^2}{4\pi\varepsilon_0}\left(\frac{1}{r_A} + \frac{1}{r_B}\right) + \frac{Z^2e^2}{4\pi\varepsilon_0 R} \tag{2.5}$$

となる．この場合の KS/QP 波動関数 $\phi_\lambda(\boldsymbol{r})$ は分子内を運動する KS 仮想粒子/準粒子の分子軌道 (molecular orbital) を表す．詳細な計算をせずに方程式 (2.1) の解を求めたい．適当な近似解 $\phi(\boldsymbol{r})$ を仮定すると，固有値 $\varepsilon_\lambda$ は期待値

$$\varepsilon = \frac{\int \phi^*(\boldsymbol{r})H^{\mathrm{KS}}(\boldsymbol{r})\phi(\boldsymbol{r})d\boldsymbol{r}}{\int \phi^*(\boldsymbol{r})\phi(\boldsymbol{r})d\boldsymbol{r}} \quad \text{or} \quad \frac{\int \phi^*(\boldsymbol{r})H^{\mathrm{QP}}(\boldsymbol{r},\boldsymbol{r}')\phi(\boldsymbol{r}')d\boldsymbol{r}d\boldsymbol{r}'}{\int \phi^*(\boldsymbol{r})\phi(\boldsymbol{r})d\boldsymbol{r}} \tag{2.6}$$

で近似される．以下では (2.6) の二つの式のうち QP のほうを用いることにする．$\phi(\boldsymbol{r})$ として，$R \to \infty$ で 2 個の原子のいずれかに電子が局在した QP 波動関数 $\phi_A(\boldsymbol{r}), \phi_B(\boldsymbol{r})$ の線形結合である $\phi(\boldsymbol{r}) = c_A\phi_A(\boldsymbol{r}) + c_B\phi_B(\boldsymbol{r})$ を用いることにする．このような近似を強束縛 (tight-binding) 近似という．ここで QP 波動関数とその係数 $c_A, c_B$ は実数値 (real number) をとるものと仮定してよい．$\psi_A(\boldsymbol{r}), \psi_B(\boldsymbol{r})$ は 1 に規格化されているものとし，

$$S = \int \phi_A(\boldsymbol{r})\phi_B(\boldsymbol{r})d\boldsymbol{r}, \quad H_{AA} = \int \phi_A(\boldsymbol{r})H\phi_A(\boldsymbol{r}')d\boldsymbol{r}d\boldsymbol{r}',$$
$$H_{AB} = \int \phi_B(\boldsymbol{r})H\phi_B(\boldsymbol{r}')d\boldsymbol{r}d\boldsymbol{r}' \tag{2.7}$$

と置くと（$H_{AA} = H_{BB}$，$H_{AB} = H_{BA}$ である），$\varepsilon$ は

$$\varepsilon = \frac{c_A^2 H_{AA} + c_B^2 H_{BB} + 2c_A c_B H_{AB}}{c_A^2 + c_B^2 + 2c_A c_B S} \tag{2.8}$$

と表される．変分原理に基づき，系が安定に存在するならば期待値 $\varepsilon$ は停留値をとるはずである．重ね合わせの係数 $c_A, c_B$ に対する $\varepsilon$ の停留値条件は，

$$\frac{\partial \varepsilon}{\partial c_A} = \frac{\partial \varepsilon}{\partial c_B} = 0 \tag{2.9}$$

となる．これより，次の固有値方程式が導かれる．

$$c_A(H_{AA} - \varepsilon) + c_B(H_{AB} - \varepsilon S) = 0, \quad c_A(H_{AB} - \varepsilon S) + c_B(H_{AA} - \varepsilon) = 0 \tag{2.10}$$

条件 $c_A, c_B \neq 0$ より，永年方程式 (secular equation) $(H_{AA} - \varepsilon)^2 - (H_{AB} - \varepsilon S)^2 = 0$ を得る．したがって，QP エネルギーと QP 波動関数（分子軌道）が

$$\varepsilon_\pm = \frac{H_{AA} \pm H_{AB}}{1 \pm S}, \quad \phi_\pm(\boldsymbol{r}) = \phi_A(\boldsymbol{r}) \pm \phi_B(\boldsymbol{r}) \ \text{（複号同順）} \tag{2.11}$$

として求まる．+ の軌道を結合軌道 (bonding orbital)，− の軌道を反結合軌道 (antibonding orbital) という（図 2.3）．エネルギーの大小関係は，具体的に計算を行わなくても次のように予想できる．A, B 原子間には原子核からのクーロン引力ポテンシャルの裾が重なるため，実質的に負のポテンシャルが存在する．反結合軌道 $\phi_- = \phi_A - \phi_B$ は A, B の中点の周りで反対称 $\phi_-(-\boldsymbol{r}) = -\phi_-(\boldsymbol{r})$ であり，中点 $\boldsymbol{r} = 0$ で振幅が 0 のため，この負のポテンシャルの利得が得られない．その上，この付近で急峻に符号が変化するので，高い運動エネルギーを持つ．それに対して結合軌道 $\phi_+ = \phi_A + \phi_B$ は中点周りで対称 $\phi_+(-\boldsymbol{r}) = \phi_+(\boldsymbol{r})$ であり，有限の振幅を持つので，負のポテンシャルを感じることができる．この付近の値の変化も滑らかで，低い運動エネルギーを持つ．したがって，結合軌道は反結合軌道に比べてポテンシャルエネルギー，

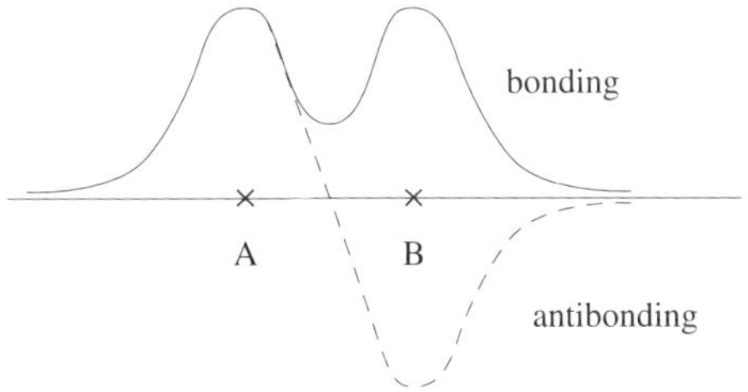


図 **2.3**　結合軌道と反結合軌道

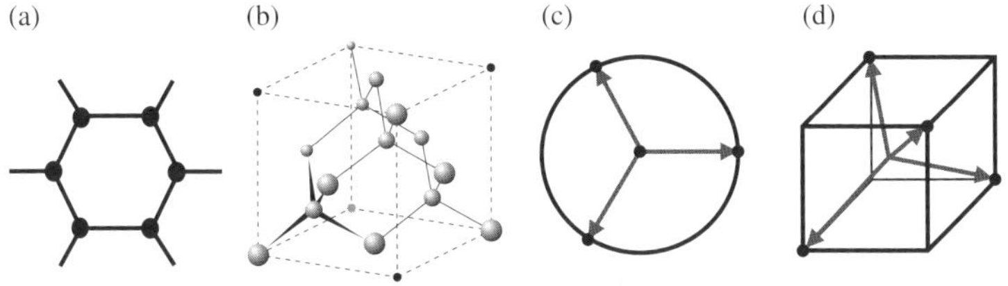


図 **2.4**　(a) ベンゼン，(b) ダイヤモンド，(c) $sp^2$ 混成と (d) $sp^3$ 混成の方向に対応して係数が決まる

運動エネルギーともに低い値を持ち，エネルギー期待値も $\varepsilon_+ < \varepsilon_-$ となる．

分子や結晶では，原子の**球対称性の破れ**(broken symmetry) のために $\ell, m$ は良い量子数とはならない．したがって，分子軌道は異なる $\ell$ の**立方調和関数**の重ね合わせになり，特に**共有結合性** (covalent bonding) の**強い軌道**の場合にそれを**混成軌道** (hybridized orbital) と呼ぶ．どのような重ね合わせになるかは周囲の原子配置で決まる．2 原子分子や直線状の分子の場合には $s$ 軌道と分子軸 $x$ 方向の $p_x$ 軌道との混成が起こり，$\varphi_s \pm c\varphi_{p_x}$ のような二つの軌道に分かれ，これを ***sp*** **混成** (sp hybridization) という．図 2.4(a) のベンゼンなどの平面 3 配位構造では $s$ 軌道と $p_x, p_y$ 軌道の混成が起こり，$\varphi_s + c\varphi_{p_x}$ と $\varphi_s - c(\varphi_{p_x} \pm \sqrt{3}\varphi_{p_y})/2$ のような三つの軌道に分かれる．これを $\boldsymbol{sp^2}$ **混成** (sp$^2$ hybridization) という．図 2.4(b) のダイヤモンド格子のように正 4 面体の中心と頂点を結んだ構造の場合には $s$ 軌道と $p_x, p_y, p_z$ 軌道の混成が起こり，$\varphi_s + c(\pm\varphi_{p_x} \pm \varphi_{p_y} \pm \varphi_{p_z})$ のような四つの軌道に分かれる．これを $\boldsymbol{sp^3}$ **混成** (sp$^3$ hybridization) という．$sp^2$ 混成の係数は図 2.4(c) の中心から三つの方向に向かう方向のベクトルの成分を表し，$sp^3$ 混成の ± の係数は図 2.4(b) の立方体の中心から四つの頂点に向かう方向のベクトルの成分を表す．

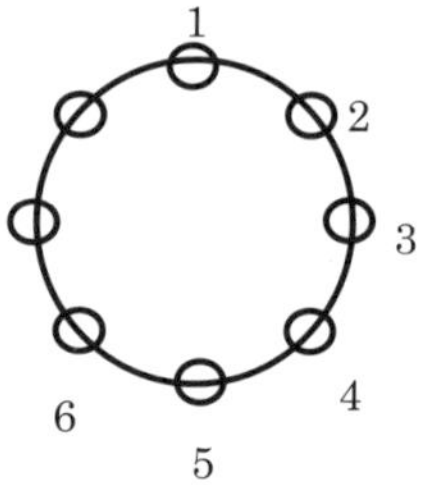

図 **2.5**　リング状炭素分子鎖

次に，1次元(1D)炭素原子鎖 (carbon chain) を考える（1D鎖構造は $C_{20}$ 程度まで最安定である）．ここでは簡単のために，これを丸めたリング状の炭素原子鎖を考え，曲率は無視する（図2.5）．結合に関与するのは最外殻の $\pi$ 軌道 ($\pi$-orbital) である．$\pi$ 軌道とは，分子軸と垂直に張り出している $p$ 軌道のことである．$n$ 番目の炭素原子の $\pi$ 軌道を $\phi_n(\boldsymbol{r})$ とし，分子軌道を

$$\phi(\boldsymbol{r}) = c_1\phi_1(\boldsymbol{r}) + c_2\phi_2(\boldsymbol{r}) + \cdots + c_N\phi_N(\boldsymbol{r}) \tag{2.12}$$

とする．リングは周期的のため，$c_{N+1} = c_1$, $\phi_{N+1} = \phi_1$ とする（周期的境界条件 (periodic boundary condition)）．隣の原子との重なりまでを考慮し，

$$S = \int \phi_n(\boldsymbol{r})\phi_{n+1}(\boldsymbol{r})d\boldsymbol{r}, \quad A = \int \phi_n(\boldsymbol{r})H\phi_n(\boldsymbol{r}')d\boldsymbol{r}d\boldsymbol{r}',$$
$$B = \int \phi_n(\boldsymbol{r})H\phi_{n+1}(\boldsymbol{r}')d\boldsymbol{r}d\boldsymbol{r}' \tag{2.13}$$

$$\varepsilon = \frac{\sum_{n=1}^{N}(c_n^2 A + 2c_n c_{n+1}B)}{\sum_{i=1}^{N}(c_n^2 + 2c_n c_{n+1}S)}, \quad \frac{\partial\varepsilon}{\partial c_n} = 0, \ (n = 1 \sim N) \tag{2.14}$$

より，固有値方程式

$$c_n(A-\varepsilon) + (c_{n+1} + c_{n-1})(B - \varepsilon S) = 0 \tag{2.15}$$

が得られる．$c_n = ce^{ikna}$ とおくと，$(A-\varepsilon) + (e^{ika} + e^{-ika})(B - \varepsilon S) = 0$ となり，

$$\varepsilon = \frac{A + 2B\cos ka}{1 + 2S\cos ka} \tag{2.16}$$

を得る．周期的境界条件により，$c_{N+1} = ce^{ik(N+1)a} = ce^{ika} = c_1$ より $e^{ikNa} = 1$

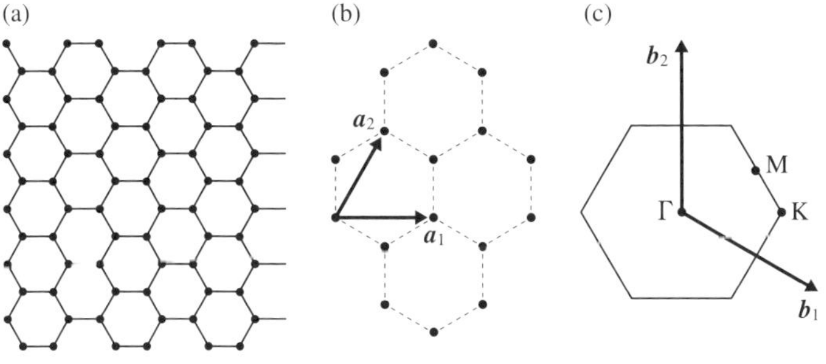


図 **2.6** グラフェンの (a) 2D ハニカム構造，(b) 基本格子ベクトル，(c) 第 1 ブリルアン帯

であり，$k = 2\pi l/Na$ を得る．ここで $l$ は**整数** (integer) である．この解は

$$\phi(\boldsymbol{r}) = c(e^{ika}\phi_1(\boldsymbol{r}) + e^{2ika}\phi_2(\boldsymbol{r}) + \cdots + e^{ikNa}\phi_N(\boldsymbol{r})) \tag{2.17}$$

であるが，独立な整数インデックス $l$ は $-N/2 < l \leq N/2$ の範囲に限られることが分かる．この中で最もエネルギーが低いのは $l = 0$ の（全原子で波動関数の符号が同じ）**完全結合軌道** (complete bonding orbital) であり，最もエネルギーが高いのは $l = N/2$ の（原子ごとに波動関数の符号が交互に変化する）**完全反結合軌道** (complete antibonding orbital) である．

次に 2 次元 (2D) の**グラフェン** (graphene) を考えよう（図 2.6(a)）．グラフェンの**基本格子ベクトル** (primitive lattice vector)（図 2.6(b)）は

$$\boldsymbol{a}_1 = (a, 0), \quad \boldsymbol{a}_2 = \left(\frac{a}{2}, \frac{\sqrt{3}}{2}a\right) \tag{2.18}$$

で与えられ，任意の**単位胞** (unit cell) の頂点は $n_1, n_2$ を整数として，

$$\boldsymbol{R}_{n_1,n_2} = n_1\boldsymbol{a}_1 + n_2\boldsymbol{a}_2 \tag{2.19}$$

であり，**基本逆格子ベクトル** (primitive reciprocal lattice vector)（図 2.6(c)）は

$$\boldsymbol{b}_1 = \frac{2\pi}{a}\left(1, -\frac{1}{\sqrt{3}}\right), \quad \boldsymbol{b}_2 = \frac{2\pi}{a}\left(0, \frac{2}{\sqrt{3}}\right) \tag{2.20}$$

となる．基本逆格子ベクトルは基本格子ベクトルと $\boldsymbol{a}_i \cdot \boldsymbol{b}_j = 2\pi\delta_{ij}$ の関係に

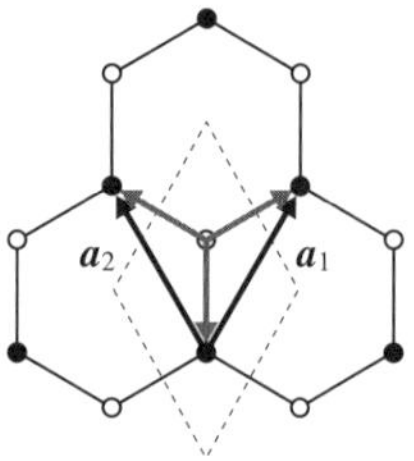


図 2.7　グラフェンの基本格子ベクトルと単位胞

ある．第1ブリルアン帯 (first Brillouin zone)（図 2.6(c)）の中の対称点は

$$\Gamma : (0,0), \quad K : \frac{2\pi}{a}\left(\frac{2}{3}, 0\right), \quad M : \frac{\pi}{a}\left(1, \frac{1}{\sqrt{3}}\right) \tag{2.21}$$

である．$sp^2$ 混成の結合軌道がすべて占有され，面に垂直な $p_z$ 軌道（$\pi$ 軌道）がフェルミ準位付近に現れるので，準粒子軌道としては $\pi$ 軌道のみを考えればよい．$\pi$ 軌道の結合軌道がすべて占有され，反結合軌道（$\pi*$ 軌道）が空になる（他の C-C 結合に携わる $\sigma$ 軌道とその反結合性軌道の $\sigma*$ 軌道は，それぞれ低エネルギー占有域，高エネルギー非占有域にある）．単位胞は図 2.7 の点線のように 2 個の炭素原子を含むので（その間の距離ベクトルを $\tau = (\boldsymbol{a}_1 + \boldsymbol{a}_2)/3$ とする），QP 波動関数 $\phi(\boldsymbol{r})$ はすべての炭素原子の $\pi$ 軌道 $\varphi(\boldsymbol{r} - \boldsymbol{R}_{n_1,n_2}), \varphi(\boldsymbol{r} - \tau - \boldsymbol{R}_{n_1,n_2})$ の重ね合わせとして近似することができる．

$$\phi(\boldsymbol{r}) = \sum_{n_1=1}^{L_1}\sum_{n_2=1}^{L_2}[c_{n_1,n_2}\varphi(\boldsymbol{r} - \boldsymbol{R}_{n_1,n_2}) + b_{n_1,n_2}\varphi(\boldsymbol{r} - \tau - \boldsymbol{R}_{n_1,n_2})] \tag{2.22}$$

すると，エネルギー期待値は

$$\begin{aligned}\langle\phi|\phi\rangle = \sum_{n_1=1}^{L_1}\sum_{n_2=1}^{L_2}[&c^*_{n_1,n_2}\{c_{n_1,n_2} + S(b_{n_1+1,n_2} + b_{n_1,n_2+1} + b_{n_1,n_2})\}\\ &+ b^*_{n_1,n_2}\{b_{n_1,n_2} + S(c_{n_1-1,n_2} + c_{n_1,n_2-1} + c_{n_1,n_2})\}\end{aligned} \tag{2.23}$$

$$\begin{aligned}\langle\phi|H|\phi\rangle = \sum_{n_1=1}^{L_1}\sum_{n_2=1}^{L_2}[&c^*_{n_1,n_2}\{Ac_{n_1,n_2} + B(b_{n_1+1,n_2} + b_{n_1,n_2+1} + b_{n_1,n_2})\}\\ &+ b^*_{n_1,n_2}\{Ab_{n_1,n_2} + B(c_{n_1-1,n_2} + c_{n_1,n_2-1} + c_{n_1,n_2})\}\end{aligned} \tag{2.24}$$

から計算でき，停留値条件 $\partial\varepsilon/\partial c^*_{n_1,n_2} = 0$，$\partial\varepsilon/\partial b^*_{n_1,n_2} = 0$ より次式を得る．

$$[Ac_{n_1,n_2} + B(b_{n_1+1,n_2} + b_{n_1,n_2+1} + b_{n_1,n_2})] - \varepsilon[c_{n_1,n_2} + S(b_{n_1+1,n_2} + b_{n_1,n_2+1} + b_{n_1,n_2})] = 0,$$
$$[Ab_{n_1,n_2} + B(c_{n_1-1,n_2} + c_{n_1,n_2-1} + c_{n_1,n_2})] - \varepsilon[b_{n_1,n_2} + S(c_{n_1-1,n_2} + c_{n_1,n_2-1} + c_{n_1,n_2})] = 0 \tag{2.25}$$

ここで波数ベクトル $\boldsymbol{k}$ を導入し $c_{n_1,n_2} = ce^{i\boldsymbol{k}\cdot\boldsymbol{R}_{n_1,n_2}}$，$b_{n_1,n_2} = be^{i\boldsymbol{k}\cdot\boldsymbol{R}_{n_1,n_2}}$ と置くと，

$$[Ac + Bb(e^{i\boldsymbol{k}\cdot\boldsymbol{a}_1} + e^{i\boldsymbol{k}\cdot\boldsymbol{a}_2} + 1)] - \varepsilon[c + Sb(e^{i\boldsymbol{k}\cdot\boldsymbol{a}_1} + e^{i\boldsymbol{k}\cdot\boldsymbol{a}_2} + 1)] = 0,$$
$$[Ab + Bc(e^{-i\boldsymbol{k}\cdot\boldsymbol{a}_1} + e^{-i\boldsymbol{k}\cdot\boldsymbol{a}_2} + 1)] - \varepsilon[b + Sc(e^{-i\boldsymbol{k}\cdot\boldsymbol{a}_1} + e^{-i\boldsymbol{k}\cdot\boldsymbol{a}_2} + 1)] = 0 \tag{2.26}$$

これより，次の行列方程式 (matrix equation) を得る：

$$\begin{pmatrix} A-\varepsilon & (B-\varepsilon S)(e^{i\boldsymbol{k}\cdot\boldsymbol{a}_1} + e^{i\boldsymbol{k}\cdot\boldsymbol{a}_2} + 1) \\ (B-\varepsilon S)(e^{-i\boldsymbol{k}\cdot\boldsymbol{a}_1} + e^{-i\boldsymbol{k}\cdot\boldsymbol{a}_2} + 1) & A-\varepsilon \end{pmatrix} \begin{pmatrix} c \\ b \end{pmatrix} = 0 \tag{2.27}$$

これより，永年方程式，

$$\begin{vmatrix} A-\varepsilon & (B-\varepsilon S)(e^{i\boldsymbol{k}\cdot\boldsymbol{a}_1} + e^{i\boldsymbol{k}\cdot\boldsymbol{a}_2} + 1) \\ (B-\varepsilon S)(e^{-i\boldsymbol{k}\cdot\boldsymbol{a}_1} + e^{-i\boldsymbol{k}\cdot\boldsymbol{a}_2} + 1) & A-\varepsilon \end{vmatrix} = 0 \tag{2.28}$$

を解くと次の解が得られる．

$$\varepsilon = \frac{A \pm B|e^{i\boldsymbol{k}\cdot\boldsymbol{a}_1} + e^{i\boldsymbol{k}\cdot\boldsymbol{a}_2} + 1|}{1 \pm S|e^{i\boldsymbol{k}\cdot\boldsymbol{a}_1} + e^{i\boldsymbol{k}\cdot\boldsymbol{a}_2} + 1|} \quad (\text{複号同順}) \tag{2.29}$$

$A, B$ は負，$S$ は正なので，エネルギーの低い + の軌道が占有され，エネルギーの高い − の軌道が空く．波数ベクトル $\boldsymbol{k}$ が K 点のところでは，$\boldsymbol{k}\cdot\boldsymbol{a}_1 = 4\pi/3, \boldsymbol{k}\cdot\boldsymbol{a}_2 = 2\pi/3$ なので $e^{i\boldsymbol{k}\cdot\boldsymbol{a}_1} + e^{i\boldsymbol{k}\cdot\boldsymbol{a}_2} + 1 = 0$ となる．そのため K 点で + のレベルと − のレベルは縮退し，K 点がフェルミ準位 (Fermi level) になる（図 2.8）．エネルギー $\varepsilon$ を K 点の周りで展開すると $|\boldsymbol{k} - \vec{K}|$ に線形なバンドになる．これがディラックコーン (Dirac cone) である．これは光子と同様の質量 0 の分散関係であることからグラフェンは非常に高い電子易動度 (electron mobility) を持ち，デバイスへの応用 (devise application) が期待されている．ディラックコーンは波数空間での話であり，量子化学が扱う実空間でのコニカルインターセクションとは関係がない．

グラファイト (graphite) はグラフェンが位相をずらして ABAB の形に積層

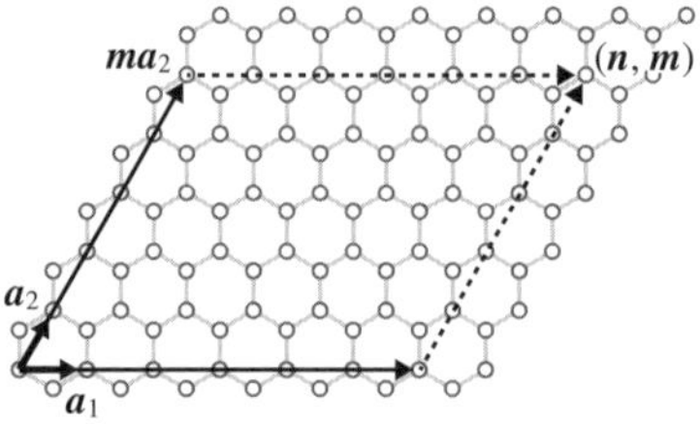


図 2.8　グラフェンのバンド構造

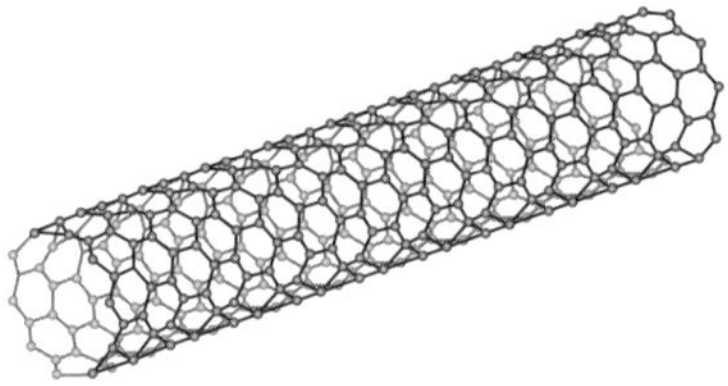

図 2.9　カーボンナノチューブの構造

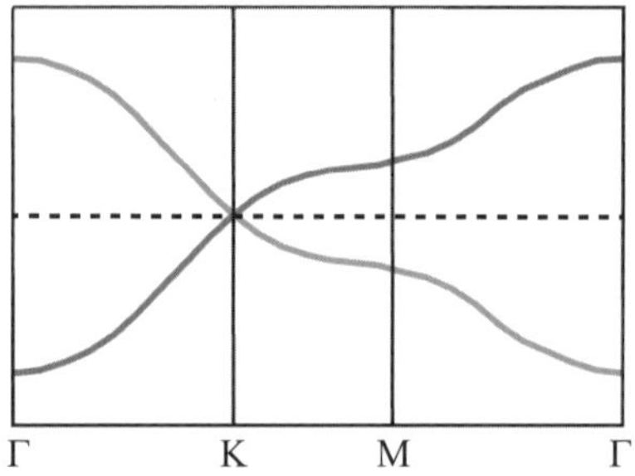


図 2.10　CNT のカイラルベクトル $(n, m)$

したものであり．グラファイトは**弱い面間の相互作用** (weak interlayer interaction) により，わずかではあるがエネルギーギャップを持つ．

次に**カーボンナノチューブ** (carbon nanotube, CNT) を考える（図 2.9）．単層カーボンナノチューブ (SWCNT) はグラフェンを丸めた構造を持つ（図 2.10）．**カイラルベクトル** (chiral vector) $(n, m)$（$n, m$ は整数）を

$$\boldsymbol{C} = n\boldsymbol{a}_1 + m\boldsymbol{a}_2 \tag{2.30}$$

と定義し，原点とこのベクトルの終点が重なるように丸めた CNT を **(*n*, *m*)**

CNT と呼ぶ．CNT の曲率を無視し，**波数ベクトル** (wave number vector) を

$$\boldsymbol{k} = \kappa_1 \boldsymbol{b}_1 + \kappa_2 \boldsymbol{b}_2 \tag{2.31}$$

と書くことにする．ここで $\kappa_1, \kappa_2$ は実数である．1 周する際の**周期的境界条件**により波数ベクトルは**量子化** (quantize) される（$l$ は整数）．

$$\boldsymbol{C} \cdot \boldsymbol{k} = 2\pi(n\kappa_1 + m\kappa_2) = 2\pi l \tag{2.32}$$

この条件の下で許される $\boldsymbol{k}$ 点に K 点が含まれれば CNT は**ギャップレス** (gapless)，つまり**金属** (metal) になる．K 点は

$$K : \frac{2\pi}{a}\left(\frac{2}{3}, 0\right) = \frac{1}{3}(2\boldsymbol{b}_1 + \boldsymbol{b}_2) \tag{2.33}$$

と書けるので，$\boldsymbol{k}$ がこの K 点に一致するためには，

$$\kappa_1 = \frac{2}{3}, \quad \kappa_2 = \frac{1}{3} \tag{2.34}$$

である必要がある．したがって，

$$\frac{2}{3}n + \frac{1}{3}m = l \tag{2.35}$$

つまり $2n + m = 3l$ でなければならないことが分かる．この両辺から $3n$ を引き，$l' = n - l$ と置くと（$l'$ も整数），

$$n - m = 3l' \tag{2.36}$$

が得られる．つまり，CNT が金属になるには $n - m$ が 3 の倍数である必要があることが分かる．この結果は，準粒子方程式を用いても正しいのである．

## 2.2　電子波動関数の表現方法

各原子の周りに，隣接原子に向かう線分の垂直二等分面で取り囲まれる多面体を考えれば空間を分割できる．これを**ウィグナー-ザイツ胞** (Wigner-Seitz cell) という．この多面体を積み重ねて結晶全体を充填できる．この多面体と同じ体積を持ち，一つの原子を中心とする球を**ウィグナー-ザイツ球** (Wigner-Seitz sphere) という．

**バルク結晶** (bulk crystal) では三つの**基本格子ベクトル** $\boldsymbol{a}_i (i = 1, 2, 3)$ で囲まれる平行6面体が周期的な繰返しの単位となり，**単位胞** (unit cell) と呼ばれる．単位胞の中には1個または数個の原子が入っている．$N_i$ を $i$ 方向の単位胞の総数とすると，$\boldsymbol{a}_i$ の任意の整数 $(1 \leq n_i \leq N_i)$ 倍のベクトル和，つまり**格子ベクトル** (lattice vector)

$$\boldsymbol{R} = n_1\boldsymbol{a}_1 + n_2\boldsymbol{a}_2 + n_3\boldsymbol{a}_3 \tag{2.37}$$

だけ並進移動しても元の原子配列に重なる．$N_i + 1 \equiv 1$ なる**周期的境界条件**を課せば，どの単位胞も区別がなくなる．これを**並進対称性** (translational symmetry) という．結晶でなくても**孤立系** (isolated system)，**スラブ系** (slub system)，**不純物系** (impurity system) などを扱う場合，**スーパーセル** (supercell) として単位胞を用いることも多い．**基本格子ベクトル** $\boldsymbol{a}_i (i = 1, 2, 3)$ に対して**基本逆格子ベクトル** $\boldsymbol{b}_j (j = 1, 2, 3)$ を $\boldsymbol{a}_i \cdot \boldsymbol{b}_j = 2\pi\delta_{ij}$ により導入するとき，

$$\boldsymbol{G} = m_1\boldsymbol{b}_1 + m_2\boldsymbol{b}_2 + m_3\boldsymbol{b}_3 \tag{2.38}$$

を**逆格子ベクトル** (reciprocal lattice vector)，このベクトルで張られた空間を**逆格子空間** (reciprocal space) と呼び，実空間と区別する．電子密度は完全に周期的であり，密度汎関数理論の KS ポテンシャルや準粒子理論の自己エネルギーも周期的であり，**並進対称性** (translational symmetry) を持つ．

$$v(\boldsymbol{r} + \boldsymbol{R}) = v(\boldsymbol{r}), \quad \Sigma(\boldsymbol{r} + \boldsymbol{R}, \boldsymbol{r}' + \boldsymbol{R}; \omega) = \Sigma(\boldsymbol{r}, \boldsymbol{r}'; \omega) \tag{2.39}$$

したがって **KS/QP ハミルトニアン**も並進対称性を持ち，**KS/QP 波動関数** $\phi_\lambda(\boldsymbol{r})$ は $\boldsymbol{r} \to \boldsymbol{r} + \boldsymbol{R}$ で形を変えず，**位相因子** (phase factor) $e^{i\boldsymbol{k}\cdot\boldsymbol{R}}$ だけ変化する．波数ベクトル $\boldsymbol{k}$ は

$$\boldsymbol{k} = \frac{l_1}{N_1}\boldsymbol{b}_1 + \frac{l_2}{N_2}\boldsymbol{b}_2 + \frac{l_3}{N_3}\boldsymbol{b}_3 \tag{2.40}$$

と量子化される．$l_i$ は任意の整数であるが，逆格子空間の $\boldsymbol{G} = 0$ の点（$\boldsymbol{\Gamma}$ 点）から隣接逆格子点を結ぶ線分の垂直二等分面で囲まれる多面体の領域である**第1ブリルアン帯**に制限される．かくして，KS/QP 波動関数は指数因

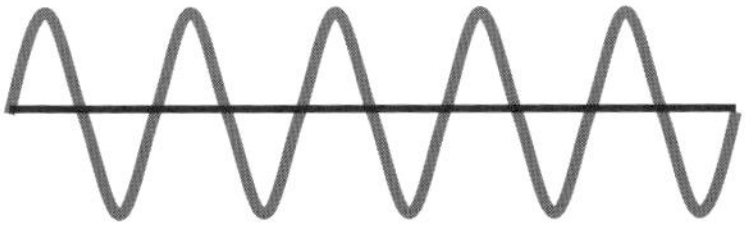

図 **2.11**　平面波展開法により表現

子 $e^{i\boldsymbol{k}\cdot\boldsymbol{r}}$（**包絡関数** (envelop function)）と**周期関数** (periodic function) $u_\lambda(\boldsymbol{r})$ の積となる．これらに波数 $\boldsymbol{k}$ の添え字を付けて，

$$\phi_{\boldsymbol{k}\lambda}(\boldsymbol{r}) = e^{i\boldsymbol{k}\cdot\boldsymbol{r}} u_{\boldsymbol{k}\lambda}(\boldsymbol{r}) \tag{2.41}$$

と書く．周期関数も $u_{\boldsymbol{k}\lambda}(\boldsymbol{r}+\boldsymbol{R}) = u_{\boldsymbol{k}\lambda}(\boldsymbol{r})$ を満たす．結晶中の KS/QP 波動関数が満たす (2.41) 式を**ブロッホの定理** (Bloch theorem) という．周期関数は

$$u_{\boldsymbol{k}\lambda}(\boldsymbol{r}) = \sum_{\boldsymbol{G}} \tilde{u}_{\boldsymbol{k}\lambda}(\boldsymbol{G}) e^{i\boldsymbol{G}\cdot\boldsymbol{r}} \tag{2.42}$$

のように逆格子ベクトルについての**フーリエ級数** (Fourier series) に展開することができる．(2.42) 式をブロッホの定理 (2.41) に代入すると，

$$\phi_{\boldsymbol{k}\lambda}(\boldsymbol{r}) = \sum_{\boldsymbol{G}} \tilde{u}_{\boldsymbol{k}\lambda}(\boldsymbol{G}) e^{i(\boldsymbol{k}+\boldsymbol{G})\cdot\boldsymbol{r}} \tag{2.43}$$

が得られる．$e^{i(\boldsymbol{k}+\boldsymbol{G})\cdot\boldsymbol{r}}$ は**平面波** (plane wave, PW) と呼ばれ，図 2.11 のような波である．KS/QP 波動関数を (2.43) 式のように表す方法を**平面波展開法** (plane wave expansion method) と呼ぶ．実空間で局在した**局在軌道** (localized orbital)$\varphi_\lambda(\boldsymbol{r})$ を導入し，この関数を格子ベクトル $\boldsymbol{R}$ ずつずらしながら重ね合わせてブロッホ関数を作ることができる．

$$\phi_{\boldsymbol{k}\lambda}(\boldsymbol{r}) = \sum_{\boldsymbol{R}} e^{i\boldsymbol{k}\cdot\boldsymbol{R}} \varphi_\lambda(\boldsymbol{r}-\boldsymbol{R}) \tag{2.44}$$

実際，(2.44) で $\boldsymbol{r} \to \boldsymbol{r}+\boldsymbol{R}', \boldsymbol{R} \to \boldsymbol{R}+\boldsymbol{R}'$ とすると，元の関数に $e^{i\boldsymbol{k}\cdot\boldsymbol{R}'}$ を掛けたものになる．一般に (2.44) の形の和を**ブロッホ和** (Bloch sum) という．ブロッホ和が KS/QP ハミルトニアンの固有関数になるためには，原子軌道は孤立原子の固有関数とは異なり，変形を伴ったものとなる．異なる $\boldsymbol{k}$ を持つ $\phi_{\boldsymbol{k}\lambda}(\boldsymbol{r})$ 同士は直交するので，異なる $\boldsymbol{R}$ を持つ $\varphi_\lambda(\boldsymbol{r}-\boldsymbol{R})$ 同士も直交しなければならないことが分かる．局在軌道は (2.44) 式のフーリエ変換で，

$$\varphi_\lambda(\boldsymbol{r}-\boldsymbol{R})=\frac{1}{N}\sum_{\boldsymbol{k}}\phi_{\boldsymbol{k}\lambda}(\boldsymbol{r})e^{-i\boldsymbol{k}\cdot\boldsymbol{R}} \tag{2.45}$$

と書ける（$N = N_1N_2N_3$ は**結晶の単位胞の総数** (total number of unit cells in the crystal) であり，第1ブリルアン帯中の $\boldsymbol{k}$ 点の総数に等しい）．(2.44) 式には**位相因子 $e^{i\theta(k)}$ の不定性** (ambiguity of phase factor $e^{i\theta(k)}$) があるので，この位相因子を適当に選ぶことによって，$\varphi_\lambda(\boldsymbol{r})$ の局在性を高めることができる．このような局在軌道関数 $\varphi_\lambda(\boldsymbol{r})$ を**ワニエ関数** (Wannier function)，あるいは**最大局在ワニエ関数** (most localized Wannier function) という．ワニエ関数 $\varphi_\lambda(\boldsymbol{r})$ とブロッホの定理の周期関数 $u_{\boldsymbol{k}\lambda}(\boldsymbol{r})$ の間の関係を見るため，周期関数のフーリエ変換 $\tilde{u}_{\boldsymbol{k}\lambda}(\boldsymbol{G})$ がワニエ関数と次式で結ばれることに注意する．

$$\begin{aligned}\tilde{u}_{\boldsymbol{k}\lambda}(\boldsymbol{G})&=\frac{1}{\Omega}\int_{\text{cell}}u_{\boldsymbol{k}\lambda}(\boldsymbol{r})e^{-i\boldsymbol{G}\cdot\boldsymbol{r}}d\boldsymbol{r}=\frac{1}{\Omega}\int_{\text{cell}}\phi_{\boldsymbol{k}\lambda}(\boldsymbol{r})e^{-i(\boldsymbol{k}+\boldsymbol{G})\cdot\boldsymbol{r}}d\boldsymbol{r}\\&=\frac{1}{N\Omega}\int_{\text{bulk}}\phi_{\boldsymbol{k}\lambda}(\boldsymbol{r})e^{-i(\boldsymbol{k}+\boldsymbol{G})\cdot\boldsymbol{r}}d\boldsymbol{r}=\frac{1}{N\Omega}\sum_{\boldsymbol{R}}\int_{\text{bulk}}\varphi_\lambda(\boldsymbol{r}-\boldsymbol{R})e^{i\boldsymbol{k}\cdot\boldsymbol{R}}e^{-i(\boldsymbol{k}+\boldsymbol{G})\cdot\boldsymbol{r}}d\boldsymbol{r}\\&=\frac{1}{N\Omega}\sum_{\boldsymbol{R}}\int_{\text{bulk}}\varphi_\lambda(\boldsymbol{r})e^{-i(\boldsymbol{k}+\boldsymbol{G})\cdot\boldsymbol{r}}d\boldsymbol{r}=\frac{1}{\Omega}\int_{\text{bulk}}\varphi_\lambda(\boldsymbol{r})e^{-i(\boldsymbol{k}+\boldsymbol{G})\cdot\boldsymbol{r}}d\boldsymbol{r}\end{aligned} \tag{2.46}$$

$\Omega$ は単位胞の体積である．つまり，周期関数の単位胞中のフーリエ変換 $\tilde{u}_{\boldsymbol{k}\lambda}(\boldsymbol{G})$ は，ワニエ関数の全空間に渡るフーリエ変換に等しい．

(2.44) 式において，波数 $\boldsymbol{k}$ に逆格子ベクトル $\boldsymbol{G}$ を加えてもその関数形が変化しないことからも分かるように，波数 $\boldsymbol{k}$ は $\Gamma$ 点 (0,0,0) から隣接逆格子点に向かう線の垂直二等分面で囲まれた第1ブリルアン帯の中だけで考えればよい．第1ブリルアン帯を周期的に繰り返すことにより，逆格子空間を充填できる．隣り合う二つの第1ブリルアン帯で共有される対称面では，エネルギー分散関係（つまり，エネルギー固有値 $\varepsilon_{\boldsymbol{k}\lambda}$ の $\boldsymbol{k}$ 依存性）が対称になる必要があるため，$\varepsilon_{\boldsymbol{k}\lambda}$ が分裂して**エネルギーギャップ** (energy gap) が生ずることが多い．また，系に**反転** (inversion)，**回転** (rotation)，**鏡映** (mirror reflection) などの**点群** (point group) の対称性があれば，**対称操作** (symmetry operation) $T$ でハミルトニアンは不変なので，$\boldsymbol{k}$ 点が対称操作 $T$ により乗り移った先の $T\boldsymbol{k}$ 点の固有値 $\varepsilon_{T\boldsymbol{k}\lambda}$ も $\varepsilon_{\boldsymbol{k}\lambda}$ に等しい．**空間反転対称性** (spatial inversion symmetry) がなくても**時間反転対称性** (time reversal symmetry) があれば $\varepsilon_{k\lambda\uparrow} = \varepsilon_{-k\lambda\downarrow}$ であり，これを**クラマース縮退** (Kramers degeneracy) という．対称操作により波動関数がどのように移り変わるか，固有値にどのような縮退があるかなどは群論の本を参照されたい．

各軌道に対して，ワニエ関数を各原子の周りに局在した幾つかの**原子軌道** (atomic orbital, AO) $\chi_j(\boldsymbol{r} - \boldsymbol{R}_{I_j})$ の重ね合わせとして表現することもできる．

$$\varphi_\lambda(\boldsymbol{r}) = \sum_j c_{\lambda j}\chi_j(\boldsymbol{r} - \boldsymbol{R}_{I_j}) \tag{2.47}$$

あるいは単位胞を用いずに，無限空間中での KS/QP 波動関数を (2.47) の形に展開してもよい．これを **LCAO**(linear combination of atomic orbital) **法**という．$\boldsymbol{R}_{I_j}$ は単位胞中の原子位置であり，$c_{\lambda j}$ は展開係数を表す．原子軌道としては，水素原子様の**スレーター型軌道** (Slater type orbital, STO)，**ガウス型軌道** (Gauss type orbital, GTO)，**数値的な原子軌道** (numerical atomic orbital) などがある．また，平面波展開法と LCAO 法を合わせた**混合基底** (mixed-basis) **法**もある．いずれの場合にも，KS/QP 方程式を**一般化固有値問題** (generalized eigenvalue problem)

$$\sum_j H_{ij}c_{\lambda j} = \varepsilon_\lambda \sum_j S_{ij}c_{\lambda j} \tag{2.48}$$

の形に書き下すことが可能である．ここで $H_{ij} = \langle i|H|j\rangle$ は**ハミルトニアン行列** (Hamiltonian matrix)，$S_{ij} = \langle i|j\rangle$ は**重なり行列** (overlap matrix) と呼ばれる．$\varepsilon_\lambda$ は $\lambda$ 番目の準位の固有エネルギーである．原子軌道の代わりに平面波を用いる場合には，平面波は正規直交基底なので，右辺の重なり行列は不要となり，通常の固有値方程式 $\sum_j H_{ij}c_{\lambda j} = \varepsilon_\lambda c_{\lambda i}$ となる．一方，基底として原子軌道のみを使う場合には，隣接した二つの原子の原子軌道間の重なり行列が必須となる．GTO では，原子核近傍の波動関数のカスプを表現するのが難しく，複数の GTO を用いる．一般化固有値問題は，**コレスキー分解** (Cholesky decomposition) により通常の固有値問題に変形することができる．この方法により，$S = LL^\dagger$ を満たす**下三角行列** (lower triangular matrix) $L$ を作ることができて，$\sum_j L^\dagger_{ij}c_{\lambda j} = \tilde{c}_{\lambda i}$ および $\tilde{H} = L^{-1}HL^{\dagger -1}$ と置くと，

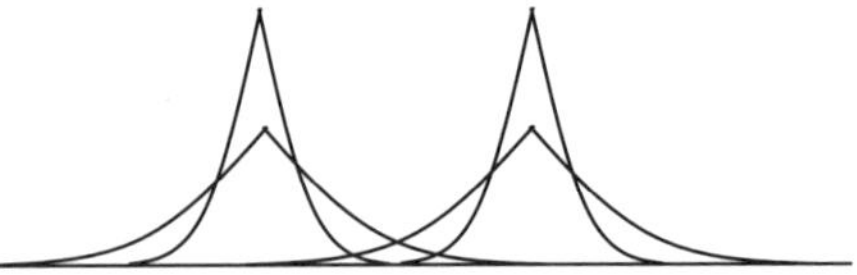

図 **2.12**　LCAO 法の基底関数重なり誤差 (BSSE)

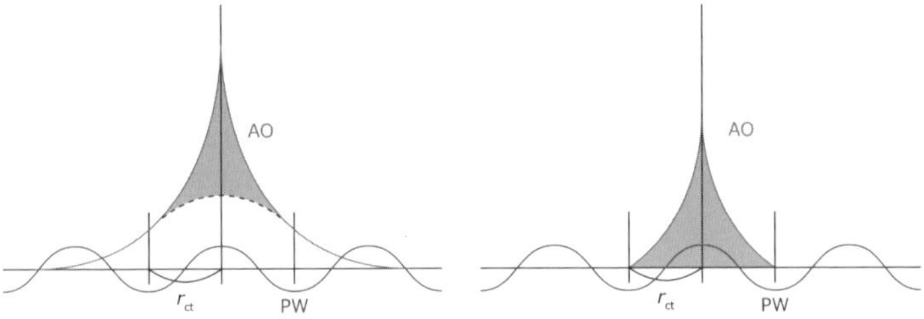


図 **2.13**　全電子混合基底法．(a) 価電子 AO のカット方法，(b) 重ならない原子球内でカットの必要のない芯電子 AO

$$\sum_j \tilde{H}_j \tilde{c}_{\lambda j} = \varepsilon_\lambda \tilde{c}_{\lambda i} \tag{2.49}$$

が導かれる．隣接原子の原子軌道が重なる場合，原子間距離が短くなると重なりが増し（図 2.12），隣の原子軌道の裾で，自分自身の波動関数を記述しやすくなる．変分原理によれば，このように記述が豊かになる（変分パラメータが実効的に増加する）分，エネルギーが低下する．そのため，実際には束縛されないはずの 2 原子が束縛された方が安定になることが起こり得る．これを**基底関数重なり誤差** (basis set superposition error, BSSE) という．BSSE を回避するには，混合基底法を用いて，原子軌道をウィグナー-ザイツ球よりも小さい重なりのない原子球内に制限して，隣接原子の原子軌道の重なりをなくせばよい．この方法により，隣接原子間の重なり行列を計算する数値的な誤差を招かずに済むという利点も生まれる．さらに，平面波との混合基底を用いれば，原子軌道のみでは到底表すことのできない真空準位よりも上の**連続スペクトル状態** (continuum spectral state)（**放電状態**）を記述することも可能となる．実際，**全電子混合基底法** (all-electron mixed basis approach)（図 2.13）は，これらの利点を有している．

一方，1 電子の感じるポテンシャルの形をあらかじめ近似しておく方法

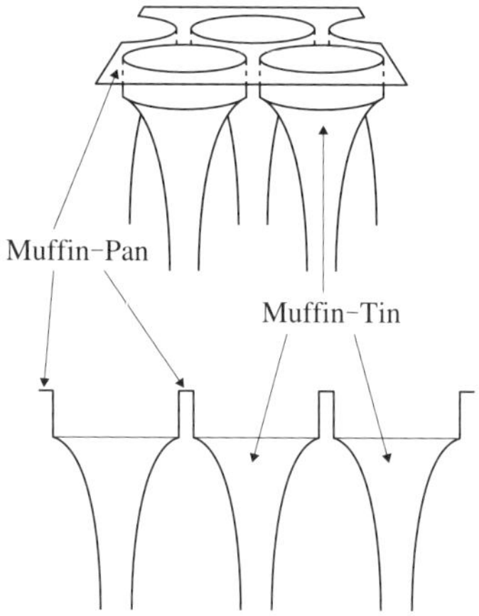


図 **2.14**　マフィンティン近似

もある．**マフィンティン近似** (muffin-tin approximation) では，空間を各原子の周りのウィグナー・ザイツ球内の球対称な部分（**マフィンティン** (muffin-tin)；ポテンシャルの球対称からのずれは後から補正することもでき，このような取扱いはフルポテンシャルの方法と呼ばれる）と，その外側でポテンシャルが一定値を持つ部分（**マフィンパン** (muffin-pan)）に分け（図 2.14），内側と外側の**接続条件** (matching condition) から固有値・固有関数を決める．ただし，行列要素が固有値に依存するので，得られる方程式は通常の固有値問題とは異なる．したがって，固有値は自己無撞着に決めなければならない．このようにして得られる波動関数は，マフィンティン内で**補強された平面波** (augmented plane wave, APW) となり，この方法は **APW 法**と呼ばれる．より簡便な方法として，エネルギー変化に対して行列要素を線形化して，その範囲で固有エネルギーを求める **LAPW 法**もよく用いられる．類似の方法をそのまま波動関数によって定式化せずに，散乱理論によってグリーン関数を用いるのが **KKR 法**である．マフィンパンの部分に平面波を使用せずに，この領域の波動関数も球面波で表現してしまう方法は **LMTO 法**と呼ばれる．これらの方法は結晶のみに適用可能であり，孤立系の取扱いは難しい．

結晶を構成する原子間を結ぶ接着剤的役割には内殻電子は重要でなく，内殻電子を取り巻く価電子の働きのみが重要である．そこで，内殻電子状態に

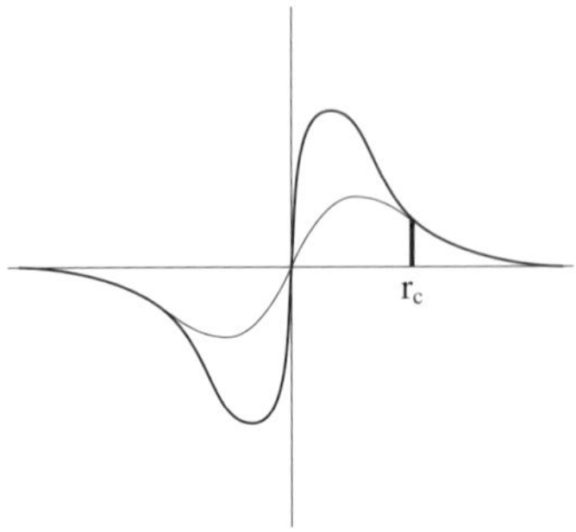


図 **2.15**　ウルトラソフト擬ポテンシャルによる擬波動関数の記述

直交するように価電子状態を射影すれば，内殻電子状態を計算から除くことが可能となる．これを**擬ポテンシャル** (pseudopotential) **法**（あるいは**射影補強波** (projector augmented wave, PAW) **法**）という．波動関数のノルムを保存する**ノルム保存型の擬ポテンシャル** (norm-conserving pseudopotential) では，内殻での擬波動関数のノルム積分値（絶対値 2 乗の空間積分値）が厳密な波動関数のノルム積分値に等しくなるように作られている．これに対して，従来のノルム保存型の擬ポテンシャルの概念を超え，**ノルム非保存型**の（後で一般化固有値問題を解くことによってノルムのつじつまを合わせる）**ウルトラソフト擬ポテンシャル** (ultrasoft pseudopotential) と呼ばれるものもある（図 2.15）．これを用いると，内殻領域の擬波動関数をいくらでも滑らかに選べるので，必要な平面波の数をある程度減らすことができる．

## 2.3　自己無撞着計算

第一原理計算では**大規模固有値問題**を解きながら解を**自己無撞着**に収束させる必要がある．密度汎関数理論に基づく KS 方程式を解く場合の計算の流れ図を図 2.16 に示す（ハートリー–フォック近似の場合には，KS ポテンシャルの計算のところがハートリー項とフォック項の計算に置き換わる）．この流れ図は**原子核位置の構造最適化** (structural/geometrical optimization) をしたり，**第一原理分子動力学シミュレーション** (first-principles molecular dynamics simulaiton) を行うことを想定しているが，もし原子位置を初期位置のまま固定した 1 点計算でよいなら下の二つ（各原子の力の計算と原子位

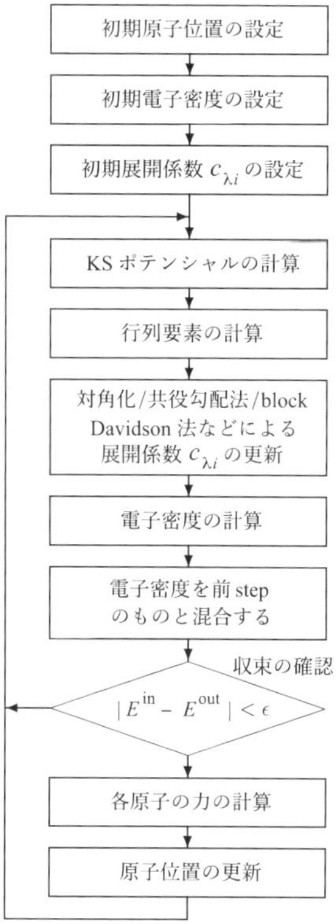


**図 2.16** DFT の計算フロー

置の更新）は必要なく，計算を終了する．準粒子理論に基づく GW 計算などを行う場合には，これに続いてフォック交換項や分極関数，自己エネルギーの計算を行う．さらに自己無撞着 GW 法の場合には，電子状態が収束するまでこれを繰り返すことになる．電子状態の収束は，全エネルギーの前ステップの値との差が微小量 $\varepsilon$ より小さくなったかどうかで判定するのが標準的である．電子状態の収束を良くするために電子密度を前ステップ（あるいはさらに過去）のものと混ぜ合わせる．最も基本的なのは**線形混合** (linear mixing) であるが，より効率良く混合するアルゴリズムとしての他に，RMM-DIIS 法やブロイデン (Broyden) 法などがある．

どのような基底関数を使うかによって行列要素の計算は異なる．基底関数

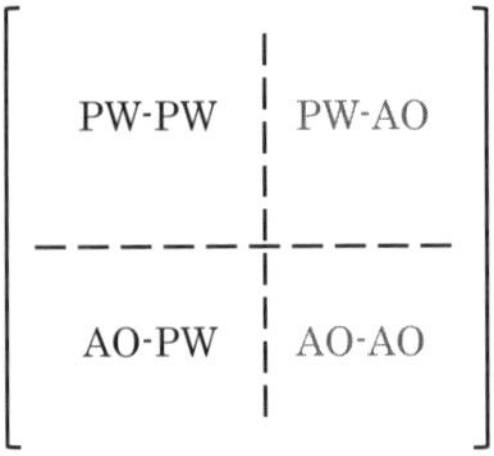


図 **2.17**　全電子混合基底法の行列の形

については前節で述べた．ここでは平面波 (PW) と原子軌道 (AO) の両方を用いる**全電子混合基底法**の場合を説明する．簡単のために $\Gamma$ 点のみを考え，$\boldsymbol{k}$ 点は無視する．平面波展開法の場合には PW の部分のみを，LCAO 法の場合には AO の部分のみを考えればよい．まず，PW と AO の基底を

$$\varpi_{\boldsymbol{G}}(\boldsymbol{r}) = \langle \boldsymbol{r}|\boldsymbol{G}\rangle = \frac{1}{\sqrt{\Omega}}e^{i\boldsymbol{G}\cdot\boldsymbol{r}},$$

$$\chi_{n\ell m}(\boldsymbol{r}-\boldsymbol{R}_I) = \langle \boldsymbol{r}|\chi_{In\ell m}\rangle = R_{n\ell}(|\boldsymbol{r}-\boldsymbol{R}_I|)K_{\ell m}(\boldsymbol{r}-\boldsymbol{R}_I) \tag{2.50}$$

と書く．ここで $\Omega$ は**単位胞の体積** (unit cell volume) であり，$K_{\ell m}(\boldsymbol{r}-\boldsymbol{R}_I)$ は**立方調和関数**である．重なり行例要素，運動エネルギー行列要素，ポテンシャル行列要素は，

$$\langle \boldsymbol{G}|\boldsymbol{G}'\rangle = \delta_{\boldsymbol{G}\boldsymbol{G}'}, \langle \boldsymbol{G}|\chi_{In\ell m}\rangle = \tilde{\chi}_{In\ell m}(\boldsymbol{G}), \langle \chi_{In\ell m}|\chi_{I'n'\ell'm'}\rangle = S_{\ell}^{nn'}\delta_{II'}\delta_{\ell\ell'}\delta_{mm'} \tag{2.51}$$

$$\langle \boldsymbol{G}|T|\boldsymbol{G}'\rangle = -\frac{\hbar^2G^2}{2m}\delta_{\boldsymbol{G}\boldsymbol{G}'}, \langle \boldsymbol{G}|T|\chi_{In\ell m}\rangle = -\frac{\hbar^2G^2}{2m}\tilde{\chi}_{In\ell m}(\boldsymbol{G}),$$

$$\langle \chi_{In\ell m}|T|\chi_{I'n'\ell'm'}\rangle = T_{nn'}^{\ell}\delta_{II'}\delta_{\ell\ell'}\delta_{mm'} \tag{2.52}$$

$$\langle \boldsymbol{G}|V|\boldsymbol{G}'\rangle = \tilde{V}(\boldsymbol{G}-\boldsymbol{G}'), \langle \boldsymbol{G}|V|\chi_{In\ell m}\rangle = [V\chi_{In\ell m}](\boldsymbol{G}),$$

$$\langle \chi_{In\ell m}|V|\chi_{I'n'\ell'm'}\rangle = V_{nn'}^{\ell}\delta_{II'}\delta_{\ell\ell'}\delta_{mm'} \tag{2.53}$$

などと求まる．ここで $\tilde{\chi}_{In\ell m}(\boldsymbol{G})$, $\tilde{V}(\boldsymbol{G}-\boldsymbol{G}')$, $[V\chi_{In\ell m}](\boldsymbol{G})$ は AO, $V$, $V\chi_{In\ell m}$ のフーリエ変換であり，$[V\chi_{In\ell m}](\boldsymbol{G})$ は**球対称ポテンシャル** (spherical potential) に対して次のように求められる．

$$\langle \boldsymbol{G}|V|\chi_{In\ell m}\rangle = \frac{e^{-i\boldsymbol{G}\cdot\boldsymbol{R}_I}}{\sqrt{\Omega}}K_{\ell m}(\boldsymbol{k}+\boldsymbol{G})\int_{cell} j_l(|\boldsymbol{k}+\boldsymbol{G}|r)V(r)R_{nl}(r)r^2dr \tag{2.54}$$

1. $\langle b_i | b_j \rangle = \delta_{ij}$ を満たす $N'(\geq N)$ 個の仮の正規直交関数系 $\{|b_i\rangle\}$ を用意する.
2. この部分空間でハミルトニアン行列要素 $H_{ij} = \langle b_i | H | b_j \rangle$ を計算する.
3. この部分空間で固有値問題 $\sum_j H_{ij} c_{\lambda j} = h_\lambda c_{\lambda j}$ を解く（$\sum_j c^*_{\lambda j} c_{\lambda' j} = \delta_{\lambda\lambda'}$ とする).
4. 固有値 $h_\lambda$ の小さいほうから $N$ 個の固有ベクトル $|\varphi_\lambda\rangle = \sum_j c_{\lambda j} |b_j\rangle$ を求める.
5. $N$ 個の残差ベクトル $|r_\lambda\rangle = H|\varphi_\lambda\rangle - h_\lambda|\varphi_\lambda\rangle$ を作る.
6. for $\lambda = 1, 2, \cdots, N$ に対して次の手続きを行う.
7.     if $\| r_\lambda \rangle | > \varepsilon$ then
8.         前処理修正ベクトル $\delta_{\lambda\xi} = -(H_{\xi\xi} - h_\lambda)^{-1} r_{\lambda\xi}$ を作る（$\xi$ は基底の添字).
9.         現在の部分空間と直交させる：$|\delta'_\lambda\rangle = |\delta_\lambda\rangle - \sum_i^N |b_i\rangle\langle b_i|\delta_\lambda\rangle$.
10.         if $\| \delta'_\lambda \rangle | / \| \delta_\lambda \rangle | > \tau$ then
11.             $|\delta'_\lambda\rangle$ を規格化する.
12.             $|\delta'_\lambda\rangle$ を部分空間 $\{|b_i\rangle\}$ に加える.
13.         end if
14.     end if
15. end for
16. $N$ 個の残差ベクトルの 1 個でも収束していなければ go to 2

**図 2.18** ブロック・デビッドソン（BD）法のアルゴリズム

ここで $j_l(|\boldsymbol{k} + \boldsymbol{G}|r)$ は**球ベッセル関数** (spherical Bessel function) である．これらの**行列要素** (matrix element) は図 2.17 の形の行列にまとめられる．

大規模固有値問題の対角化には**複素エルミート行列** (complex Hermitian matrix) の**対角化ルーチン**（**ハウスホルダー** (Householder) 法など）を使用すると膨大な計算時間がかかってしまうので（計算時間は行列の次数を $N$ として $N^3$ に比例して増える)，**共役勾配** (conjugate gradient, CG) 法や**ブロック・デビッドソン** (block Davidson, BD) 法などを用いるのが一般的である．ブロック・デビッドソン法は図 2.18 のようなアルゴリズムである [21]．密度汎関数理論やハートリー-フォック近似の場合には，基本的に $N$ 個の占有軌道のみが分かればよいので，**正規直交関数系** (orthonormal function set) $\{|b_i\rangle\}$ には収束途中の $N$ 個の占有軌道を用いる．第 1 ステップは前のステップの占有軌道の情報がないので，少数の本基底の部分空間内でハミルトニアンを構築して直接対角化を行うなどして，初期の $N$ 個の占有軌道を作っておく必要がある．収束の各ステップで，ブロック・デビッドソン法では $\{|b_i\rangle\}$ の部分空間が（閾値よりも大きな修正残差ベクトルを次数に加えていくことによ

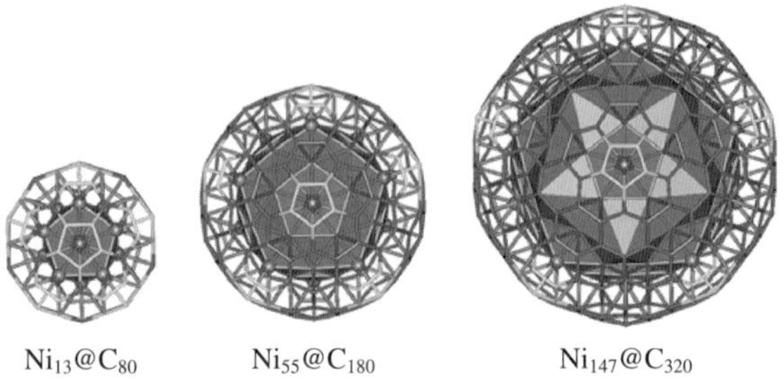


**図 2.19**　炭素が吸着し半球のキャップで覆われた Ni クラスターの安定構造（文献 [2] より引用）

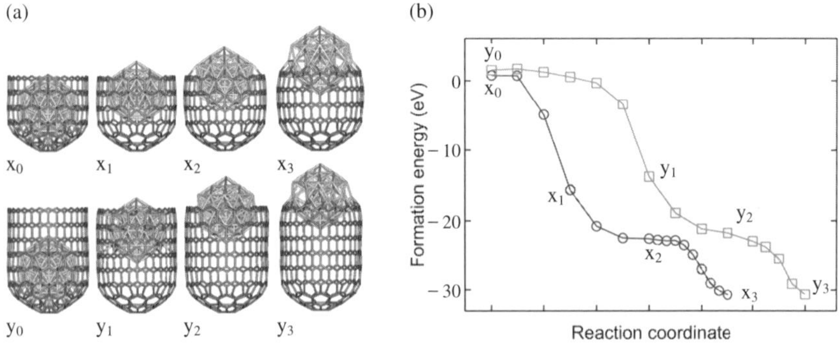


**図 2.20**　(a) キャップ付き CNT と $Ni_{55}$ との位置関係と (b) 形成エネルギー（文献 [2] より引用）

り）次第に大きくなり，あるところで収束する．この収束とは図 3.1 の電子状態の収束の意味ではなく，ある収束ステップでのブロック・デビッドソン部分対角化の収束のことである．

以下では，密度汎関数理論の範囲内でのいくつかの計算例を紹介する．カーボンナノチューブ (CNT) は**金属微粒子** (metal fine particle) を触媒として規則成長する．金属微粒子の大きさを変えることで CNT の半径を制御することも可能と考えられる（図 2.19）．金属微粒子が触媒となるメカニズムを調べるために，片方が開端でもう一方がキャップで閉じられた長さの異なる 2 種類の CNT と $Ni_{55}$ クラスターの間の位置関係を変えながら（図 2.20(a)），全エネルギーを GGA で計算してみる [2]．得られる形成エネルギー（無限

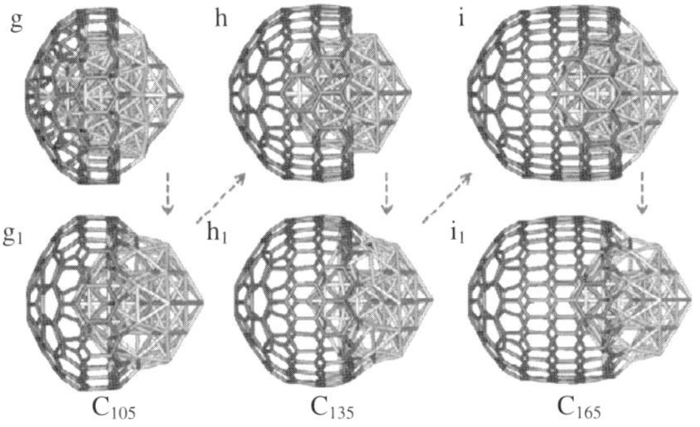


図 **2.21**　CNT 規則成長のメカニズム（文献 [2] より引用）

遠方からのエネルギー利得）は，図 2.20(b) のように，金属微粒子が CNT 開端付近にいるときが最もエネルギーが低く安定である．これは CNT 開端のダングリングボンドは不安定であり，金属微粒子と結合しやすいためである．これに対して CNT の内側は炭素原子のダングリングボンドがないので金属微粒子との強い結合を作ることができない．したがって，炭素原子が次から次へと金属微粒子に降ってきて吸着していくと，はじめは図 2.19 のような半球ができるが，それ以降は金属微粒子を包み囲むことなく，常に金属微粒子の赤道付近で半球のキャップの開端を 1 リングずつ増やす形で CNT が成長していく．言い換えると，金属微粒子はこの半球のキャップを押し出す形で常に CNT の開端の位置に止まり，CNT が成長していく（図 2.21）．これが金属微粒子を触媒とした CNT の規則成長のメカニズムであると考えられ，多層 CNT の場合を含めて，実験的にも検証されている [3]．

次に，CNT に**直線状の炭素分子** (linear carbon molecule) **ポリイン** (polyine) である $C_{10}H_2$ が**自発的に内包**する理由を考えてみよう [4, 5]．CNT にはいろいろな分子が内包することが知られているが，ポリインもその一つである．自発的に内包する根拠としては，**活性化エネルギー障壁** (activation energy barrier) が存在しないことを確かめればよい．そこで，**ポテンシャル・エネルギー表面** (potential energy surface) を GGA 計算すると，分子軸が平行な場合には図 2.22 のようになる．図 2.23 はナノチューブ中心軸に沿って開端 ($d = 0$) から直鎖分子（ポリイン $C_6H_2$, $C_{10}H_2$, $C_{10}H$, $C_{10}$，**ヘキサン** $C_6H_{14}$）

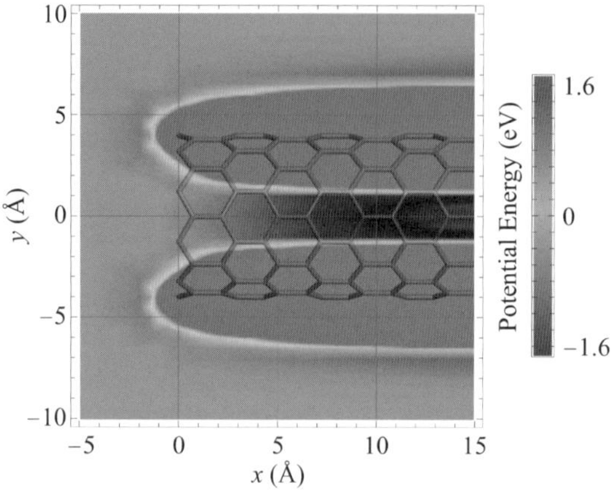


図 **2.22**　CNT 内外の $C_{10}H_2$ のポテンシャル・エネルギー面（文献 [5] より引用）

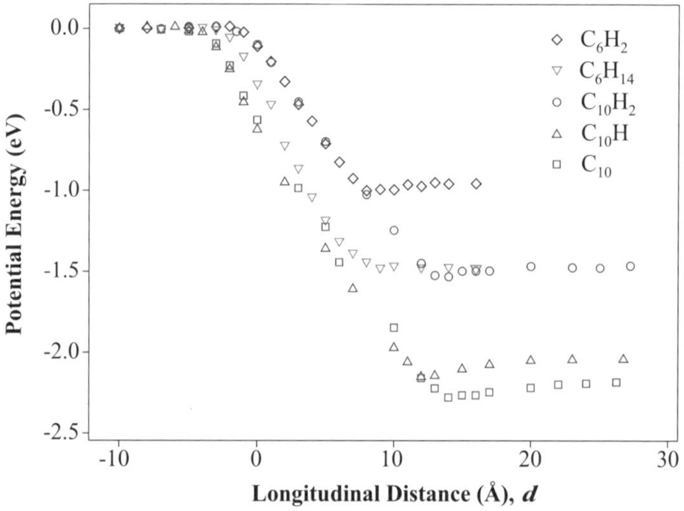


図 **2.23**　CNT 軸上のポテンシャル・エネルギー面（文献 [5] より引用）

を挿入した場合のポテンシャルエネルギーをプロットしたものである．計算結果によれば，いずれの場合にも CNT 開端付近に活性化エネルギー障壁は存在せず，また CNT 内部ではポテンシャルは平坦で，直線分子は内側で自

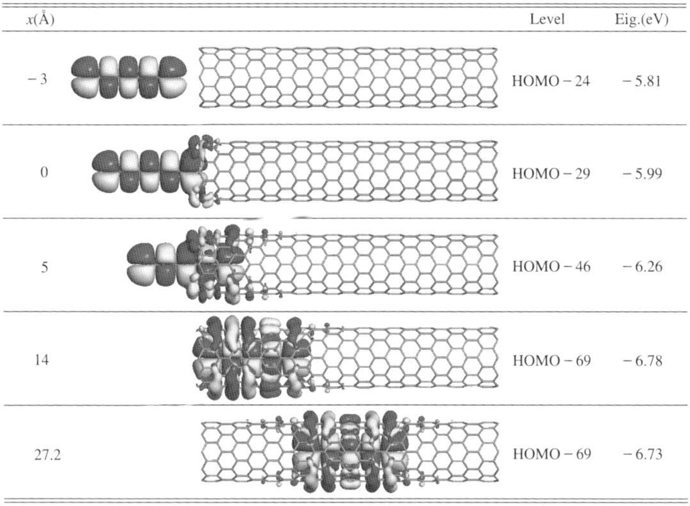


図 **2.24**　CNT に内包される $C_{10}H_2$ の HOMO 軌道（文献 [5] より引用）

由に動けることが分かる．これは実験事実を説明している．しかし，内側でも直線分子と CNT は相互作用している．これは HOMO の分子軌道を見れば明らかに少量の電子移動 (electron transfer) が起こっていて，しかも弱い共有結合 (weak covalent bond) が起こっていることが分かる（図 2.24）．

## 2.4　力の計算，第一原理分子動力学法

分子動力学シミュレーション (molecular dynamics simulation) だけでなく，構造最適化 (structural/geometrical optimization) などでも力の計算は必要である．密度汎関数理論 (DFT) に基づくと，原子に働く力は

$$-\nabla_I E = -\frac{e^2}{4\pi\varepsilon_0}\nabla_I \sum_{J(\neq I)} \frac{Z_I Z_J}{|\boldsymbol{R}_I - \boldsymbol{R}_J|} - \int n(\boldsymbol{r})\nabla_I v_I(\boldsymbol{r} - \boldsymbol{R}_I)d\boldsymbol{r} - \int \frac{\delta E}{\delta n(\boldsymbol{r})}\nabla_I n(\boldsymbol{r})d\boldsymbol{r} \tag{2.55}$$

と書ける．第 1 項は原子核間のクーロン反発を記述し，第 2 項は電子雲が原子核に及ぼすクーロン引力を記述する．ここで，$v_I(\boldsymbol{r})$ は全電子を扱う場合には $-Z_I e^2/4\pi\varepsilon_0 r$ であり，擬ポテンシャルを使用する場合には擬ポテンシ

ャルである．第3項は$n(\boldsymbol{r})$を介して原子位置に依存することに起因する力であるが，電子系が正確に**ボルン-オッペンハイマー面** (Born-Oppenheimer (BO) surface) 上にあれば$\delta E/\delta n(\boldsymbol{r}) = 0$なので，この項は寄与しない．この項は**変分力** (variational force) と呼ばれる．これに対して，第1，2項の和は

$$F_I = -\sum_{\mu}^{\mathrm{occ}} \langle\phi_\mu|\{\nabla_I H\}|\phi_\mu\rangle \tag{2.56}$$

に等しく，ハミルトニアンが原子位置に陽に依存していることによる力（純粋に静電的な力）であり，**ヘルマン-ファインマン力** (Hellmann-Feynman force) と呼ばれる．波動関数を**平面波** (PW) の重ね合わせとして表現する**平面波展開法**では，基底関数が原子位置座標に全く依存しない（原子上にAOを置く実空間上のLCAO(MO) 計算とはここが大きく違う）ので，たとえBO面からはずれていたとしても，ヘルマン-ファインマン力以外の原子間力は現れない．(2.55) 式の第3項の変分力は

$$F_I^{\mathrm{vari}} = -\sum_{\mu}^{\mathrm{occ}} \Big[\{\nabla_I\langle\phi_\mu|\}H|\phi_\mu\rangle + \langle\phi_\mu|H\{\nabla_I|\phi_\mu\rangle\}\Big] \tag{2.57}$$

と書くことができる．正確にBO面上であれば$F_I^{\mathrm{vari,BO}} = -\sum_\mu^{\mathrm{occ}} \varepsilon_\mu \nabla_I\langle\varphi_\mu|\varphi_\mu\rangle = 0$となり（$\varepsilon_\mu$はエネルギー固有値），**ヘルマン-ファインマンの定理** (Hermann-Feynman theorem) により，この力は0になるはずである．しかし，**原子軌道** (AO) で展開する方法ではAOが不完全基底のために，この力は0にはならない．これを**不完全基底力** (incomplete basis set force) という．変分力には，基底関数が陽に原子位置座標に依存することによる力と，基底関数の係数が陰に原子位置座表に依存することによる力の二つがある．

$$\boldsymbol{F}_I^{\mathrm{vari}} = \boldsymbol{F}_I^{\mathrm{basis}} + \boldsymbol{F}_I^{\mathrm{coeff}} \tag{2.58}$$

このうち，基底関数の微分による力は

$$F_I^{\mathrm{basis}} = -\sum_{\mu}^{\mathrm{occ}}\sum_{i} [C_{\mu i}^{*}(\nabla_I\langle i|)H|\phi_\mu\rangle + C_{\mu i}\langle\phi_\mu|H(\nabla_I|i\rangle)] \tag{2.59}$$

と書かれる．ここで基底と展開係数を $|i\rangle, C_{\mu i}$ と書き，$|\phi_\mu\rangle = \sum_i C_{\mu i}|i\rangle$ を用いた．一方，基底関数同士の重なり積分を $S_{ij} = \langle i|j\rangle$ と書くと，関係式 $\sum_{ij} C^*_{\mu i} C_{\mu j} S_{ij} = 1$ が恒等的に成り立ち，この式の微分は 0 である．したがって，係数の微分に関する項は，BO 面上で

$$
\begin{aligned}
F_I^{\mathrm{coeff}} &= -\sum_{\mu}^{\mathrm{occ}} \sum_{i} \left[ (\nabla_I C^*_{\mu i})\langle i|H|\phi_\mu\rangle + \langle \phi_\mu|H|i\rangle(\nabla_I C_{\mu i}) \right] \\
&\approx -\sum_{\mu}^{\mathrm{occ}} \varepsilon_\mu \sum_{ij} \left[ (\nabla_I C^*_{\mu i})\langle i|\phi_\mu\rangle + \langle \phi_\mu|i\rangle(\nabla_I C_{\mu i}) \right] \\
&= -\sum_{\mu}^{\mathrm{occ}} \varepsilon_\mu \left[ \nabla_I \left( \sum_{ij} C^*_{\mu i} S_{ij} C_{\mu j} \right) - \sum_{ij} C^*_{\mu i} (\nabla_I S_{ij}) C_{\mu j} \right] \\
&= +\sum_{\mu}^{\mathrm{occ}} \varepsilon_\lambda \sum_{ij} C^*_{\lambda i} C_{\lambda j} \nabla_I S_{ij}
\end{aligned}
\tag{2.60}
$$

と評価される．係数の微分はそもそも小さいので，BO 面上からはずれても近似的にこの式が成り立つと考えてよい．これを**ピュレイ力** (Pulay force) という．

**第一原理** (first principles) または**非経験的** (ab initio) な方法に基づくシミュレーションの理想とする研究方法は，多数の原子からなる系をその構成要素である電子と原子核の多体系として，量子力学の基本的原理に基づいて可能な限り「非経験的に」正確に扱おうとするものである．**第一原理分子動力学法**は，パラメータを用いず電子状態を正確に扱いながら各原子間に働く力を計算し，分子動力学シミュレーションを行う方法である．

**ボルン-オッペンハイマー** (Born-Oppenheimer) **近似**に基づき，各時刻での原子核位置に対して電子状態は常に定常状態が実現していると仮定すると，多電子系の電子状態を計算する部分と分子動力学を行う部分を切り離して考えることが可能となる．この場合，各時刻での電子状態はそのときの原子核位置を固定したハミルトニアンの定常状態として得られる．第一原理分子動力学法の計算の流れは，各時間ステップで系の電子状態を正確に求め，それぞれの原子核に働く力を計算し，原子位置を更新していくこととなる．

第一原理分子動力学法は，1985 年に**カー** (Car) と**パリネロ** (Parrinello) の

論文 [6] が現れた後，飛躍的に発展してきた．カーとパリネロは，原子核の運動を古典的なニュートンの運動方程式に基づいて計算するのと同様に，本来，量子力学的であるはずの電子状態の運動も「波動関数に対する古典的なニュートンの運動方程式」を解くことを提案した．このカー-パリネロ (Car-Parrinello) 法は従来の常識を破るものであったが，方程式系がラグランジアンから導かれることから，全系のエネルギーが保存するため，全エネルギー一定の（ミクロカノニカル集合での）シミュレーションに向いており，今でもよく用いられている．この方法によれば，従来の大規模な固有値問題を扱う必要がなく，計算機上の使用メモリの点でも計算時間の点でも大幅に節約が可能である．これは前節で説明した共役勾配 (CG) 法やブロック・デビッドソン (BD) 法にも共通した利点である．BD 法が広まってからは，現在ではカー-パリネロ法を用いず，各ステップで大規模固有値問題を解く代わりに，反復対角化を繰り返して第一原理分子動力学のステップを進める計算手法も広く用いられるようになっている．

カー-パリネロの基礎方程式は，波動関数 $\phi_\lambda(\boldsymbol{r})$（$\boldsymbol{r}$ は電子位置で，$\lambda$ は電子準位）と原子位置 $\boldsymbol{R}_I$（$I$ は原子の番号）の汎関数として次式で表されるラグランジアン (Lagrangian)$L$ から導かれる．

$$L = \frac{\mu}{2}\int |\dot{\phi}_\lambda(\boldsymbol{r})|^2 d\boldsymbol{r} + \frac{1}{2}\sum_I M_I |\dot{\boldsymbol{R}}_I(\boldsymbol{r})|^2 - E_\gamma^M[\{\phi_\lambda(\boldsymbol{r})\}, \{\boldsymbol{R}_I\}] \tag{2.61}$$

ここで，$\mu$ は波動関数に対する仮想質量 (fictitious mass) であり，$\phi_\lambda(\boldsymbol{r})$ と $\boldsymbol{R}_I$ は独立な変数であると考える．ラグランジアンが存在するので，この系の運動はエネルギー散逸を伴わず，全系のエネルギーは保存する．このため，この系の原子振動は衰弱することなく，永久に続くことが保証されている．このラグランジアンから電子系の波動関数に対する運動方程式として

$$\mu\ddot{\phi}_\lambda(\boldsymbol{r}) = -H\phi_\lambda(\boldsymbol{r}) + \sum_\kappa \Lambda_{\lambda\kappa}\phi_\kappa(\boldsymbol{r}) \tag{2.62}$$

が得られる．ここで $\Lambda_{\lambda\kappa}$ は波動関数 $\phi_\lambda(\boldsymbol{r})$ の直交性を保証するためのラグランジュの未定乗数である．この定数は波動関数が互いに規格直交化するように決める．電子状態を基底状態からはずれないようにするためには，式

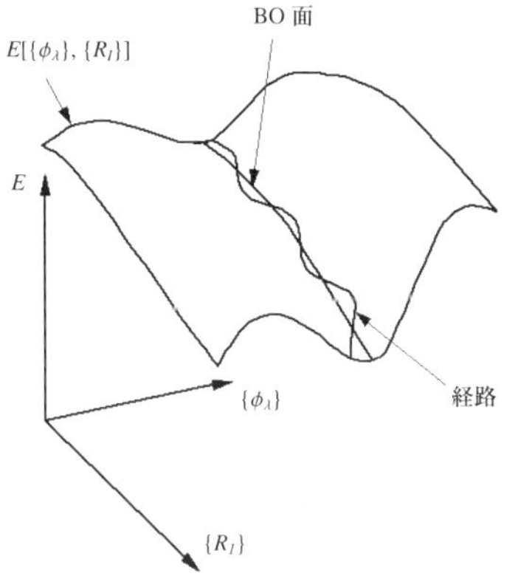


図 **2.25**　カー–パリネロ法での経路は BO 面の周りを振動する．

(2.62) の左辺が十分に小さい必要がある．つまり，仮想質量 $\mu$ は十分小さく選ばれていなければならない．このとき，電子はボルン–オッペンハイマー (BO) 面の周りを小刻みにゆらゆら振動しながら原子核の運動に追随していく（図 2.25）．この振動はもちろん現実のものではなく，(2.62) 式の左辺が時間に関する 2 階微分であり，波動方程式の形をしていることによる．一方，原子核の運動は，電子系の全エネルギーと原子核間のクーロンポテンシャルの和 $E_\gamma^M$ をポテンシャル関数とする次のニュートン方程式に従う．

$$M_I \ddot{\boldsymbol{R}}_I = -\nabla_I E_\gamma^M \tag{2.63}$$

カー–パリネロ法による波動関数の時間発展運動方程式に現れるラグランジュの未定乗数は，異なる準位に属する波動関数が互いに正規直交系をなすように決められる．この目的のために，運動方程式を差分方程式

$$\phi_\lambda(\boldsymbol{r}; t+\Delta t) = \varphi_\lambda(\boldsymbol{r}; t+\Delta t) + \frac{\Delta t^2}{\mu}\sum_\kappa \Lambda_{\lambda\kappa}\phi_\lambda(\boldsymbol{r}; t) \tag{2.64}$$

の形に書き換える．ここで，

$$\varphi_\lambda(\boldsymbol{r}; t+\Delta t) = 2\phi_\lambda(\boldsymbol{r}; t) - \phi_\lambda(\boldsymbol{r}; t-\Delta t) + \frac{\Delta t^2}{\mu} H\phi_\lambda(\boldsymbol{r}; t) \tag{2.65}$$

は $\Lambda_{\lambda\kappa}$ を 0 にしたときに得られる時刻 $t+\Delta t$ での波動関数を意味する．波動

関数 $\phi_\lambda(\boldsymbol{r}; t + \Delta t)$ に対する規格直交条件より，非線形行列方程式

$$\zeta^t = \frac{1}{2} s^{-1} [1 - p - \zeta^* \zeta^t] \tag{2.66}$$

が得られる．ここで $\zeta^t$ は転置行列，$\zeta^*$ は複素共役を意味する．また，

$$\zeta = \frac{\Delta t^2}{\mu} \Lambda, \quad s_{\lambda\kappa} = \langle \varphi_\lambda(t + \Delta t) | \phi_\kappa(t + \Delta t) \rangle, \quad p_{\lambda\kappa} = \langle \varphi_\lambda(t + \Delta t) | \varphi_\kappa(t + \Delta t) \rangle \tag{2.67}$$

と置いた．未定定数 $\zeta$ を求めるには，方程式 (2.66) を反復代入法で解けばよい．ラグランジュの未定乗数を，ハミルトニアンの期待値（エネルギー期待値）に置き換えることも可能である．これを**ペインのアルゴリズム** (Payne algorithm) という [7]．カー-パリネロ法では，この置き換えをすると式 (2.62) は

$$\mu \ddot{\phi}_\lambda(\boldsymbol{r}) = -(H - \varepsilon_\lambda) \phi_\lambda(\boldsymbol{r}), \quad \varepsilon_\lambda = \langle \phi_\lambda | H | \phi_\lambda \rangle \tag{2.68}$$

となる．このようにハミルトニアンの期待値で置き換えることによって，上記の方法を用いずに，正しい波動関数の対称性との差異を補うことのできる**グラム-シュミットの直交化** (Gram-Schmidt orthogonalization) と組み合わせて波動関数の収束を早めることが可能である．

この種のアルゴリズムは，カー-パリネロ法のみならず，**最急降下法** (steepest descent (SD) method)，**共役勾配法**などによる電子状態収束のための時間発展方程式を解く際にも利用できる．最急降下法の場合には，グラム-シュミットの直交化と**拡散型の1階の微分方程式** (diffusion-type, linear differential equation) を用いて波動関数を収束させていく．共役勾配法や前処理付きの共役勾配法などでもペインのアルゴリズムを利用する．最急降下法や共役勾配法は，本質的にエネルギー散逸アルゴリズムであり，着目している分子の最安定構造を第一原理分子動力学的に決定する方法として適している．この場合はまず，各原子の核を適当な位置に固定して電子状態を収束させ，次に，第一原理分子動力学法と同様に原子位置を少しずつ動かしながら電子状態の収束を繰り返す．この方法により，原子運動エネルギーは次第に吸い取られてゆき，やがて最も安定な原子配置の周りの減衰振動となり，ついに各原子はその最安定配置に静止する．原子位置を更新するごと

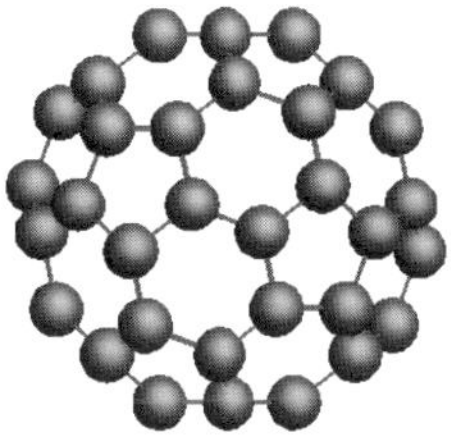

図 **2.26**　$C_{60}$ の構造

に，(2.68) 式を差分化した方程式を十分な回数繰り返して電子状態を収束させておくことにより，エネルギー散逸を可能な限り抑え，全エネルギー一定のシミュレーションに近づけることもできる．

ここでは例としてフラーレン (fullerene) を取り上げる．フラーレンは5員環と6員環のみで構成される炭素ネットワーク構造の閉じた中空籠型分子である．閉じた多面体に関するオイラーの多面体定理 (Euler polyhedron theorem) によれば，面の数を $S$，頂点の数を $V$，ボンドの数を $B$ として $S + V = B + 2$ が成り立つ．各炭素原子は $sp^2$ 結合で3配位なので，$B = 3V/2$ が成り立つ．したがって $S = V/2 + 2 = B/3 + 2$ である．5員環の数を $N_5$，6員環の数を $N_6$ とすると，当然，$S = N_5 + N_6$，$B = (5N_5 + 6N_6)/2$ であるので，$S = N_5 + N_6 = 5N_5/6 + N_6 + 2$ より，必ず $N_5 = 12$ となることが分かる．つまり，フラーレンは必ず12個の5員環を持つ．アーク放電法やレーザー・アビュレーション法で作られるフラーレンはどれも5員環が隣接しない構造を持ち，これを孤立5員環規則 (isolated pentagon rule, IPR) という．この規則を満たす最小のフラーレンが $C_{60}$ である．$C_{60}$ はフラーレンの中でも最も豊富に生成される分子であり，図2.26のように，12個の5員環と20個の6員環からなり，サッカーボールの5角形と6角形を縫い合わせたものと同型の切断正20面体構造を持つ．

ここでは第一原理分子動力学法の応用として $C_{60}$ への $Li^+$ イオン挿入を取り上げよう [8, 9]．リチウムイオン内包 $C_{60}$($Li^+$@$C_{60}$) は，現在ではプラズマシャワー法 (plasma-shower method) による大量合成（収率～1%）が可能であるため，高効率有機太陽電池や高イオン伝導体などへの応用や修飾基をつけてドラッグデリバリーへの応用が期待されている．そのため，$Li^+$@$C_{60}$

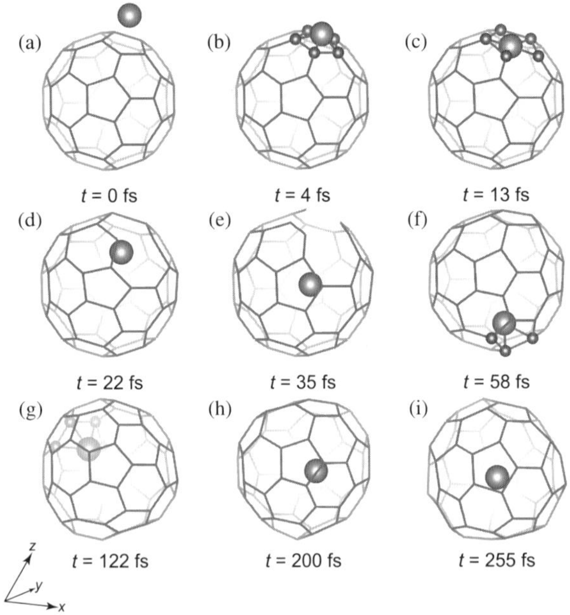


図 **2.27**　Li を 5 員環の中心から 0.3 Å 離れた位置にめがけ入射角 21° で 30 eV で衝突させたシミュレーション（文献 [9] より引用）.

の収率をさらに上げて産業応用に結びつけることが課題となっている．そこで，全電子混合基底法を用いて毎回対角化を行い，原子位置を更新するまでに 20 回の電子状態の収束ループを回し，ほぼ全エネルギーを保存するミクロカノニカルなシミュレーションを行った．図 2.27 は Li 原子を 5 員環の中心から 0.3 Å 離れた位置にめがけて 21° の入射角で 30 eV の運動エネルギーで衝突させた場合のシミュレーションのスナップショットである．

最近，松尾ら [10] は $Li^+$@$C_{60}$ を有機半導体に加えることにより，空気に対する安定性が高いペロブスカイト太陽電池 (perovskite solar cell) を作製した．$Li^+$@$C_{60}$ は電子を受け取った後，中性のリチウム内包フラーレンとなり，その抗酸化作用により，ペロブスカイト太陽電池の耐久性が 10 倍向上する．1000 時間の疑似太陽光照射下，効率低下が 10% 以内という実用化の要件をクリアしたと発表されている．

## 2.5 時間依存密度汎関数理論

密度汎関数理論を用いて光吸収スペクトル (photoabsorption spectra) の計算を行うこともできる [11]. 振動数に依存する線形応答理論 (linear response theory) を用いた定式化はグロス-コーン (Gross-Kohn) により行われた [12]. 励起エネルギーを抽出するためには，振動数依存の線形応答関数が厳密な励起エネルギーに極を持つという事実を用いればよい [13]. もし，外部摂動 $\Delta v_q(\boldsymbol{r},\omega)$ への密度応答を $\Delta n_q(\boldsymbol{r},\omega)$ と書くなら，それは

$$\begin{aligned}\Delta n_q(\boldsymbol{r},\omega) &= \int P_q(\boldsymbol{r},\boldsymbol{r}';\omega)\Delta v_q(\boldsymbol{r}',\omega)d\boldsymbol{r}' \\ &+ \int P_q(\boldsymbol{r},\boldsymbol{r}';\omega)\sum_{\boldsymbol{R}} e^{-i\boldsymbol{R}\cdot\boldsymbol{q}}\{\frac{1}{|\boldsymbol{r}'-\boldsymbol{r}''-\boldsymbol{R}|}+f_{\rm xc}(\boldsymbol{r}',\boldsymbol{r}''+\boldsymbol{R})\}\Delta v_q(\boldsymbol{r}'',\omega)d\boldsymbol{r}'d\boldsymbol{r}''\end{aligned} \tag{2.69}$$

を満たす．この式において，和はすべての格子ベクトル $\boldsymbol{R}$ についてとり，分極関数 $P_q(\boldsymbol{r},\boldsymbol{r}';\omega)$ は式 (1.269) で与えられる．また，関数 $f_{\rm xc}[n_0]$ は

$$f_{\rm xc}[n_0](\boldsymbol{r}) = \frac{\partial\mu_{\rm xc}[n_0](\boldsymbol{r})}{\partial n_0(\boldsymbol{r})} \tag{2.70}$$

で定義され，$\mu_{\rm xc}[n_0](\boldsymbol{r})$ は密度 $n_0(\boldsymbol{r})$ を持つ被摂動系の非局所的な交換相関ポテンシャルである．式 (2.69) の右辺第 1 項は常に有限であるが，密度応答 $\Delta n_q(\boldsymbol{r},\omega)$ は極を持ち，励起エネルギー $\omega=\varepsilon$ で発散する．それゆえ，励起エネルギーは

$$\begin{aligned}&\lambda(\omega)\zeta_q(\boldsymbol{r},\omega) \\ &= \int P_q(\boldsymbol{r},\boldsymbol{r}';\omega)\sum_{\boldsymbol{R}} e^{-i\boldsymbol{R}\cdot\boldsymbol{q}}\left\{\frac{1}{|\boldsymbol{r}'-\boldsymbol{r}''-\boldsymbol{R}|}+f_{\rm xc}(\boldsymbol{r}',\boldsymbol{r}''+\boldsymbol{R})\right\}\zeta_q(\boldsymbol{r}'',\omega)d\boldsymbol{r}'d\boldsymbol{r}''\end{aligned} \tag{2.71}$$

の固有値が $\lambda(\varepsilon)=1$ を満たすという条件から決めることができる．この定式化は線形応答理論の範囲で正しい．この理論の応用として，3d 遷移金属の X 線吸収スペクトルの計算が行われ [14]，その結果は実験とよく合っている．簡便なので，最近この方法を用いていろいろな系に対して光吸収スペ

クトルの計算が行われているが，結果が汎関数に依存性して，実験値から系統的にずれるという問題がある．解決には GW + BSE 計算が必要である．

一方，ルンゲ-グロス (Runge-Gross)[15] は，ハミルトニアンが時間に依存する場合のダイナミクス・シミュレーションにも適用可能な理論として**時間依存密度汎関数理論** (time-dependent density functional theory, TDDFT) を構築した．この定式化により，上述の光吸収スペクトル計算も TDDFT として引用されている．時間に依存する場合には，ハミルトニアン汎関数は電子密度の履歴 $n(\boldsymbol{r}, t)$ に依存するばかりでなく，初期時刻 $t = t_0$ での波動関数 $\Psi(t_0)$ にも依存することになる．$t = t_0$ での初期状態が基底状態なら，$t_0$ での波動関数は $t_0$ の電子密度のユニークな汎関数であるので，ハミルトニアンは密度履歴 $n(\boldsymbol{r}, t)$ のみのユニークな汎関数となる．この時間依存密度汎関数理論の証明には，もはや量子力学的な変分原理を用いることはできず，外部ポテンシャルと密度勾配に関係する**常磁性電流密度演算子**

$$\boldsymbol{j}(\boldsymbol{r}, t) = \frac{1}{2i} \sum_i [\nabla\delta(\boldsymbol{r} - \boldsymbol{r}_i) + \delta(\boldsymbol{r} - \boldsymbol{r}_i)\nabla] \tag{2.72}$$

が初期時刻 $t = t_0$ の周りで展開可能で，次の**連続の式**に従うことを用いる．

$$\frac{\partial}{\partial t} n(\boldsymbol{r}, t) = -\nabla \cdot \boldsymbol{j}(\boldsymbol{r}, t) \tag{2.73}$$

これより**時間に依存するコーン-シャム (TDKS) 方程式**

$$i\frac{\partial}{\partial t}\phi(\boldsymbol{r}, t) = -\frac{1}{2}\nabla^2\phi(\boldsymbol{r}, t) + v(\boldsymbol{r}, t)\phi(\boldsymbol{r}, t) + \mu_{xc}(\boldsymbol{r}, t)\phi(\boldsymbol{r}, t) \tag{2.74}$$

が導かれる．ただし，**交換相関ポテンシャル・カーネル** $\mu_{xc}(\boldsymbol{r}, t)$ は過去の電子密度の履歴と初期時刻の波動関数に依存するため，これを精密に決定することは困難である．通常の場合，すべての時間履歴を無視し，その時刻の局所的な相関交換ポテンシャルで近似してしまう**断熱 LDA**(adiabatic LDA) がしばしば用いられている．

### 光捕集デンドリマー

**デンドリマー** (dendrimer) と呼ばれる枝分かれした樹枝状分子には，光の

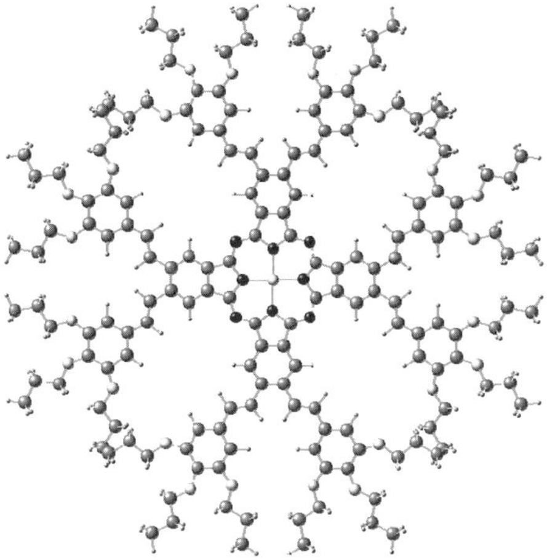

図 **2.28**　光捕集デンドリマー

エネルギーを中心に集める機能を有するものがある．図 2.28 は，Zn フタロシアニン (ZnPc) をコア (Core, C) にして，周辺 (Periphery, P) にフェニレン・ビニレンを修飾したデンドリマーであり，周辺分子 P で吸収された光のエネルギーがコア分子 C の ZnPc に集まる光捕集機能 [16] を有する．

この分子がなぜ光捕集機能を持つかを明らかにするため，周辺分子を 1 個または 2 個だけ付けて簡略化したモデルを考える（図 2.29(a)）[17]．周辺分子 P が隣り合う 2 個の場合には P 同士に立体障害があるため，平面状の構造から少しずれた構造が安定になる（図 2.29(b)）．この構造の電子状態を LDA で計算すると図 2.29(c), (d) のようになり，周辺分子 P の広いエネルギーギャップにコア分子 C の狭いエネルギーギャップが挟まれた構造を持つ．これが光捕集機能に本質的なエネルギー位置関係である．光励起状態から出発して TDDFT 計算すると，P-LUMO に占有された電子が C-LUMO に移っていく過程が分かる（図 2.30(a)）．一方，P-HOMO に残った正孔もわずかながら C-HOMO に移っていく（図 2.30(b)）．LUMO のほうが波動関数が広がっている分，電子移動が正孔移動に比べて速いことが分かる．

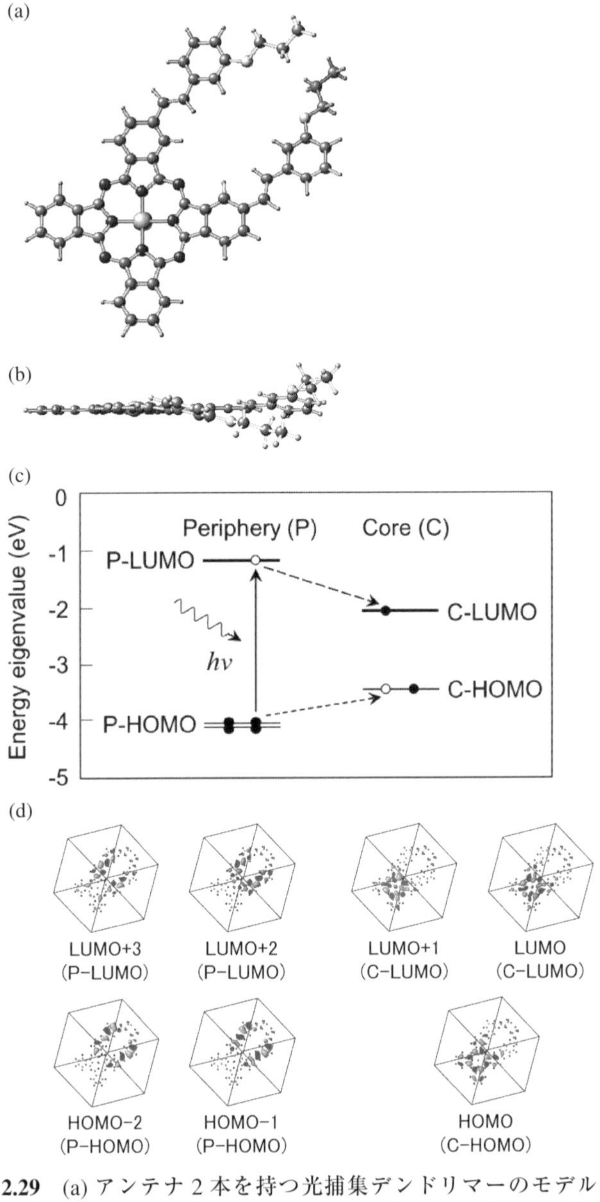


**図 2.29**　(a) アンテナ 2 本を持つ光捕集デンドリマーのモデルと，(b) 横から見た立体障害，(c) LDA でのエネルギーダイアグラムと (d) 各レベルの分子軌道（文献 [17] より引用）

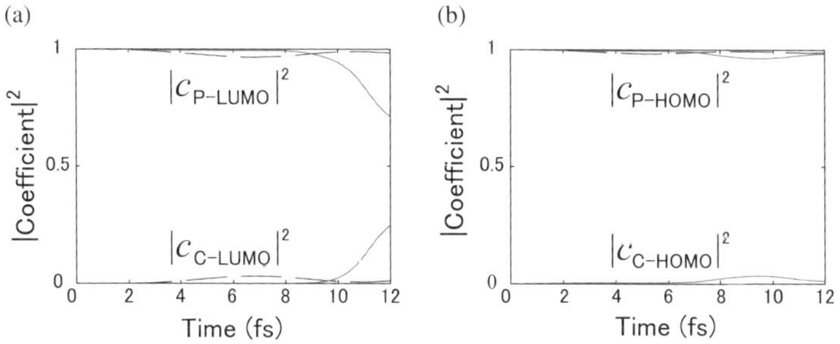


図 **2.30**　(a) P-LUMO に励起された電子が C-LUMO に移っていく過程と，(b) P-HOMO に残った正孔もわずかながら C-HOMO に移っていく過程（文献 [17] より引用）

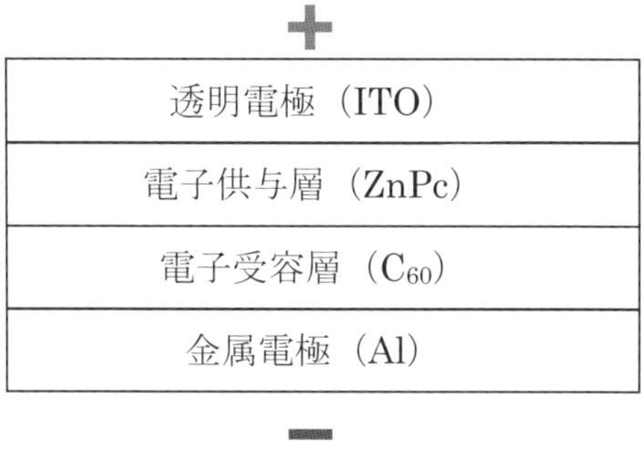


図 **2.31**　有機薄膜太陽電池の構造

### 有機薄膜太陽電池

太陽電池は現在シリコンが主流であるが，化合物半導体やペロブスカイト型の太陽電池の研究も盛んに行われている．エネルギー変換効率はそれほどでもないが，色素増感型太陽電池やペーストだけで作製できる有機薄膜太陽電池 (thin film organic solar cell) の研究も盛んである [18]．ここでは有機薄膜太陽電池を例にとって説明する．有機薄膜太陽電池は図 2.31 のような構造を持ち，透明電極 (transparent electrode) にはインジウム錫チタン (ITO)，電子供与層 (electron donor layer) にはフタロシアニンやポルフィリンなどの金属錯体 (metal complex)，電子受容層 (electron acceptor layer) には $C_{60}$ などのフラーレン誘導体 (fullerene derivative) が用いられ，最下層の金属電極 (metal electrode) には Al などが用いられる．太陽光が上部から入射

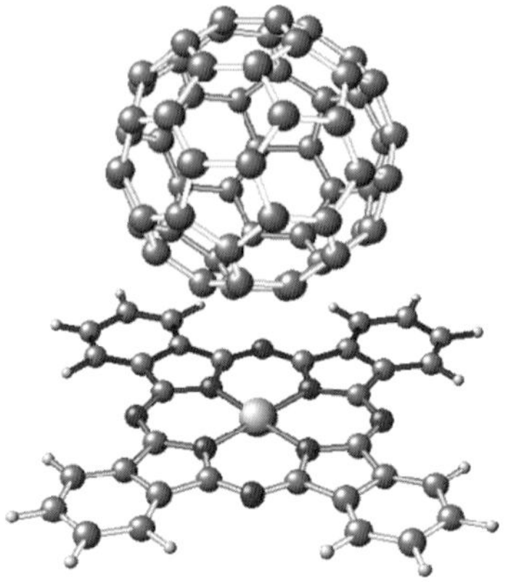

図 **2.32**　$C_{60}$/ZnPc モデル（文献 [19] より引用）

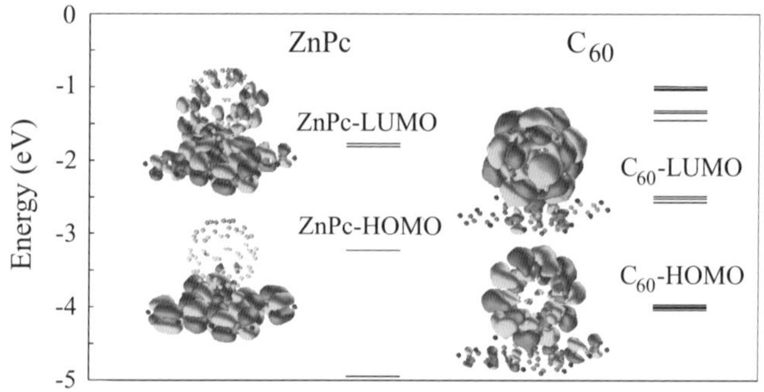


図 **2.33**　$C_{60}$/ZnPc のエネルギー・ダイアグラム（文献 [19] より引用）

し，透明電極を通過して電子供給層の金属錯体に吸収される．光吸収により金属錯体の HOMO(highest occupied molecular orbital) 準位にある電子は LUMO(lowest unoccupied molecular orbital) 準位に励起し，金属錯体に隣接している電子受容体側の（より低いエネルギーを持つ）空軌道に飛び移り，**電荷移動エキシトン** (charge transfer exciton) を形成する．図 2.32 は $C_{60}$ と ZnPc の分子接合のモデルであり，分子間距離は構造最適化した場合（2.7 Å），3 Å，4 Å，5 Å の 4 通りで LDA で計算された**エネルギー・ダイアグラム** (energy diagram) は図 2.33 のようになる [19]．このことから，ZnPc のエネルギーギャップが $C_{60}$ のエネルギーギャップと階段状に上下にずれた位

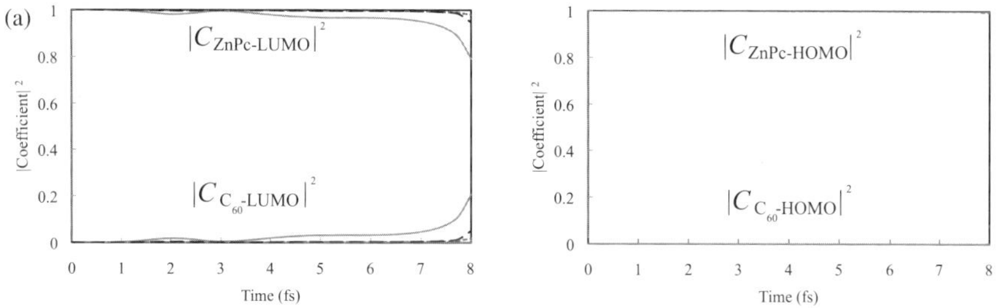


**図 2.34** (a) ZnPc-LUMO に励起された電子が $C_{60}$-LUMO に移っていく過程と (b) P-HOMO に残った正孔は $C_{60}$-HOMO に全く移らないことを示す結果（文献 [19] より引用）

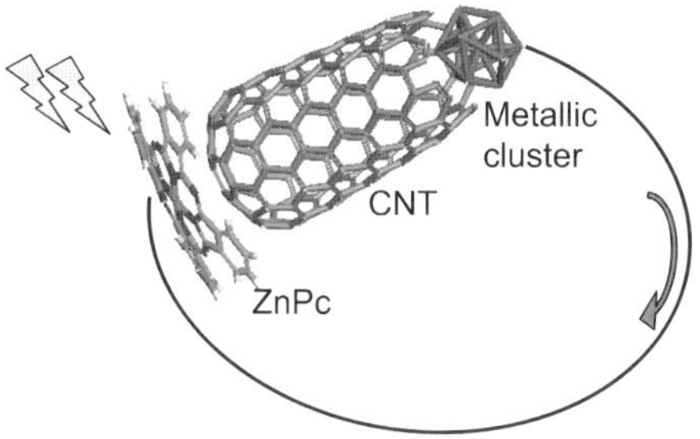


**図 2.35** CNT/ZnPc 太陽電池（文献 [21] より引用）

置関係になっていることが分かる．これが電荷分離に本質的な位置関係である．

さらに光励起状態から出発して TDDFT で計算すると，図 2.34(a) のように ZnPc-LUMO に占有された電子が $C_{60}$-LUMO に移っていく過程が分かる．実線，一点鎖線，点線が $C_{60}$-ZnPc 間距離が 3 Å，4 Å，5 Å のときで，3 Å のときに最も効率的に電子が移動することが分かる．一方，図 2.34(b) が示すように，ZnPc-HOMO に残った正孔は $C_{60}$-HOMO には移動せず，これにより光捕集機能の場合とは異なり，電荷移動が起こることが分かる [19]．

関らの論文 [20] に従って**太陽光スペクトル** (sun light spectra)(AM1.5G) を用いて $C_{60}$/ZnPc 分子接合系の**エネルギー変換効率**を計算すると 13.8% となる．これに対して，図 2.35 のようなキャップ付き CNT/ZnPc 分子接合系のエネルギー変換効率は 20% を超える場合がある [21]．

電子励起状態のダイナミクス計算手法として TDDFT を使わずに，1.4 節

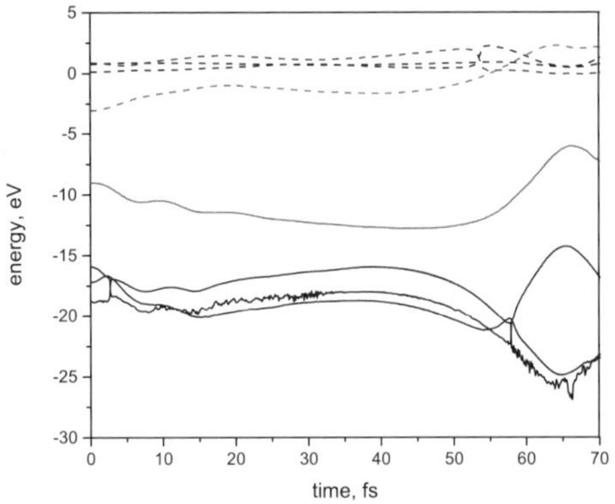


図 2.36　TDGW 準粒子エネルギー（文献 [21] より引用）

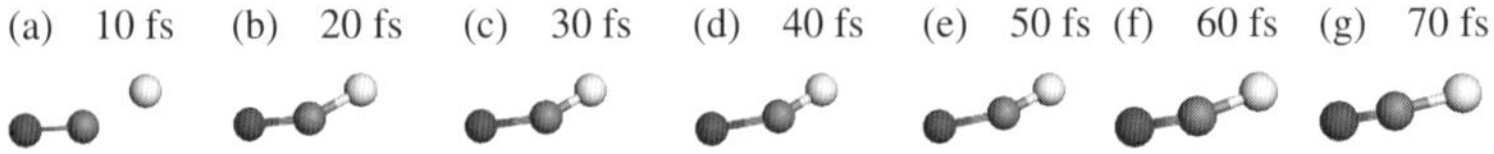


図 2.37　H + CO → HCO 反応の TDGW シミュレーションのスナップショット（文献 [22] より引用）

の拡張準粒子理論に則った時間依存 GW(time-dependent GW, TDGW) シミュレーションを行うことも最近行われた．図 2.36，図 2.37 は電子励起状態での H + CO → HCO 反応の TDGW 電子励起ダイナミクス・シミュレーション結果である [22].

## 2.6　GW 近似・バーテックス補正

GW 近似 (GW approximation, GWA) は，乱雑位相近似 (random phase approximation, RPA) で他電子による動的な遮蔽効果 (dynamically screening effect) をフォック交換項に取り入れる近似であり，準粒子エネルギー $\varepsilon_\lambda^{\mathrm{GWA}}$ つまり $M$ 電子系と $M \pm 1$ 電子系の全エネルギー差を計算できる．LDA の KS 軌道をそのまま用いるワンショット (one-shot)$\boldsymbol{G_0W_0}$ 近似は，$\varepsilon_\lambda^{\mathrm{GWA}}$ を

$$\varepsilon_\lambda^{\mathrm{GWA}} = \varepsilon_\lambda^{\mathrm{LDA}} + \int \phi_\lambda^{\mathrm{LDA}*}(\boldsymbol{r})[\Sigma_{xc}(\boldsymbol{r}, \boldsymbol{r}'; \varepsilon_\lambda^{\mathrm{GWA}}) - \mu_{xc}(\boldsymbol{r})\delta(\boldsymbol{r} - \boldsymbol{r}')]\phi_\lambda^{\mathrm{LDA}}(\boldsymbol{r})d\boldsymbol{r}d\boldsymbol{r}' \tag{2.75}$$

によって計算する．この式の自己エネルギーの中には解くべき $\varepsilon_\lambda^{\mathrm{GWA}}$ が入っているので，この依存性を数値的に線形近似で外挿 (linear extraplation) する．これが**波動関数の繰り込み** (wave function renormalization) に相当し ($Z_\lambda$ は**繰り込み因子** (renormalization factor) である)，(2.75) 式は次式となる [23].

$$\varepsilon_\lambda^{\mathrm{GWA}} = \varepsilon_\lambda^0 + (\varepsilon_\lambda^0 - \varepsilon_\lambda^{\mathrm{LDA}}) \frac{\partial \langle n | \Sigma_{xc}(\varepsilon) | n \rangle}{\partial \varepsilon} \bigg|_{\varepsilon = \varepsilon_\lambda^{\mathrm{LDA}}} Z_\lambda \tag{2.76}$$

$$\varepsilon_\lambda^0 = \varepsilon_\lambda^{\mathrm{LDA}} + \int \phi_\lambda^{\mathrm{LDA}*}(\boldsymbol{r}) [\Sigma_{xc}(\boldsymbol{r}, \boldsymbol{r}'; \varepsilon_\lambda^{\mathrm{LDA}}) - \mu_{xc}(\boldsymbol{r}) \delta(\boldsymbol{r} - \boldsymbol{r}')] \phi_\lambda^{\mathrm{LDA}}(\boldsymbol{r}) d\boldsymbol{r} d\boldsymbol{r}' \tag{2.77}$$

$$Z_\lambda = \left[ 1 - \frac{\partial \langle n | \Sigma_{xc}(\varepsilon) | n \rangle}{\partial \varepsilon} \bigg|_{\varepsilon = \varepsilon_\lambda^{\mathrm{LDA}}} \right]^{-1} \tag{2.78}$$

この $G_0W_0$ 近似を用いず，(2.75) 式を**自己無撞着**に解くこともできるが，バーテックス補正を入れずに**自己無撞着 GW 近似**を行うと，結果はむしろ悪くなることが知られている（エネルギーギャップを過大評価する）．GW 近似の自己エネルギーは 2 次以上の直接項を含むが，対応する交換項を含まず，パウリ原理を満たさないことが原因の一つである．エネルギーを繰り込む場合には，バーテックス補正を入れなければいけないというのが，ワード-高橋恒等式（局所的な電荷保存則）の教えるところである（自己無撞着 GWΓ 法の高精度計算例を本節の最後に紹介する）．ワンショット $G_0W_0$ 近似は，自己エネルギーに動的遮蔽クーロン相互作用について 1 次の補正を取り入れた近似であり，電子相関が比較的弱い系では良い結果を与える．GW 近似は多数の行列要素の計算で高効率並列プログラミングが可能である．

自己エネルギーに現れる $\omega'$ 積分を実行するのは大変である．GW 近似の第一原理計算を 1985 年に初めて行った**ハイバーチェン** (Hybertsen) と**ルーイエ** (Louie) は積分を回避するために，**GPP モデル**と呼ばれる一般化された**プラズモンポールモデル** (plasmon pole model, PPM) を提案した [23]．ガッビー (Godby) ら [24] は積分路を $\omega'$ 複素平面の虚軸に移し，虚軸上の比較的少数の点で積分を実行する方法を，リンデン (Linden) とホーシュ (Horsch) は別の PPM を提案した [25]．後にエンゲル (Engel) とファリッド (Farid) も PPM の改良版を提案した [26]．ただし，散逸関数（分極関数の虚

**表 2.1**　$N(-1)$ 電子系と $N(+1)$ 電子系の原子（イオン）間の全エネルギー差の双方向（→ と ←）の計算結果（文献 [27] より引用）

| Atom /Ion | $N(-1)$ Electron Configuration | $^{2S+1}L$ State | | Atom /Ion | $N(+1)$ Electron Configuration | $^{2S+1}L$ State | QP energies (eV) → | ← | Reference |
|---|---|---|---|---|---|---|---|---|---|
| $Li^+$ | $(1s)^2$ | $^1S$ | ↔ | Li | $(1s)^2(2s)$ | $^2S$ | 5.1 | (5.6) | 5.39[a] |
| $Li^+$ | $(1s)^2$ | $^1S$ | ↔ | $Li^*$ | $(1s)^2(2p)$ | $^2P$ | 3.0 | 3.2 | 3.54[b] |
| $Li^{+*}$ | $(1s)(2s)$ | $^1S$ | ↔ | Li | $(1s)^2(2s)$ | $^2S$ | 63.9 | (63.4) | 64.46[b] |
| $Li^{+*}$ | $(1s)(2p)$ | $^1P$ | ↔ | $Li^*$ | $(1s)^2(2p)$ | $^2P$ | 65.0 | 66.0 | 65.76[b] |
| Li | $(1s)^2(2s)$ | $^2S$ | ↔ | $Li^-$ | $(1s)^2(2s)^2$ | $^1S$ | (0.6) | 0.3 | 0.61[c] |
| $Al^+$ | $(3s)^2$ | $^1S$ | ↔ | Al | $(3s)^2(3p)$ | $^2S$ | 5.7 | (5.6) | 5.98[d] |
| $Al^+$ | $(3s)^2$ | $^1S$ | ↔ | $Al^*$ | $(3s)^2(4s)$ | $^2P$ | 2.6 | 3.1 | 2.84[e] |
| $Al^{+*}$ | $(3s)(3p)$ | $^1S$ | ↔ | Al | $(3s)^2(3p)$ | $^2P$ | 12.6 | (10.2) | 13.40[e] |
| Al | $(3s)^2(3p)$ | $^2P$ | ↔ | $Al^-$ | $(3s)^2(3p)^2$ | $^3S$ | (0.3) | - | 0.43[f] |
| Al | $(3s)^2(3p)$ | $^2P$ | ↔ | $Al^{-*}$ | $(3s)^2(3p)(4s)$ | $^3P$ | (−0.1) | 0.5 | 0.2[EC] |
| $Al^*$ | $(3s)^2(4s)$ | $^2S$ | ↔ | $Al^{-*}$ | $(3s)^2(3p)(4s)$ | $^3P$ | 3.5 | 2.7 | 3.3[EC] |
| $Be^+$ | $(2s)$ | $^2S$ | ↔ | Be | $(2s)^2$ | $^1S$ | 9.3 | (9.3) | 9.32[f] |
| $Be^+$ | $(2s)$ | $^2S$ | ↔ | $Be^*$ | $(2s)(2p)$ | $^1P$ | 4.2 | 5.4 | 4.40[g] |
| $Be^+$ | $(2s)$ | $^2S$ | ↔ | $Be^*$ | $(2s)(2p)$ | $^3P$ | 6.4 | 6.2 | 6.59[g] |

**表 2.2**　分子の状態間のエネルギー差（文献 [27] より引用）

| Molecule | State | | Molecule | State | OP energies (eV) → | ← | Reference |
|---|---|---|---|---|---|---|---|
| $N_2^+$ | $^2\Sigma_g^+$ | ↔ | $N_2$ | $^1\Sigma_g^+$ | 15.69 | (15.40) | 15.58[a] |
| $N_2^+$ | $^2\Sigma_g^+$ | ↔ | $N_2^*$ | $^1\Pi_g$ | 7.28 | 7.21 | 6.99[b] |
| $O_2^+$ | $^2\Pi_g$ | ↔ | $O_2$ | $^3\Sigma_g^-$ | 12.16 | (12.35) | 12.30[c] |
| $O_2^+$ | $^2\Pi_g$ | ↔ | $O_2^*$ | $^3\Pi_g$ | 3.80 | 3.73 | 4.17[d] |
| $Li_2^+$ | $^2\Sigma_g^+$ | ↔ | $Li_2$ | $^1\Sigma_g^-$ | 5.30 | (5.32) | 5.11[e] |
| $Li_2^+$ | $^2\Sigma_g^+$ | ↔ | $Li_2^*$ | $^1\Sigma_u^-$ | 3.74 | (3.95) | 3.35[f] |

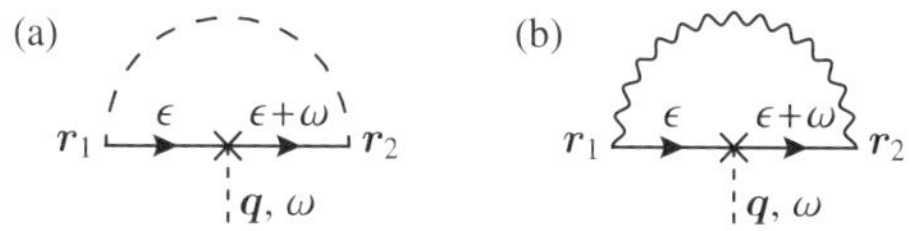


図 **2.38**　バーテックス補正（文献 [28] より引用）

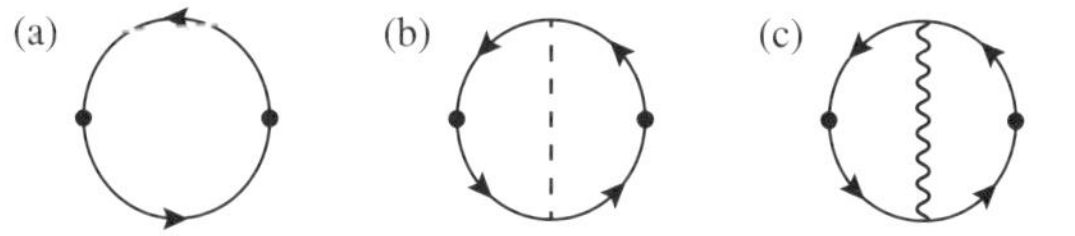


図 **2.39**　分極関数へのバーテックス補正（文献 [28] より引用）

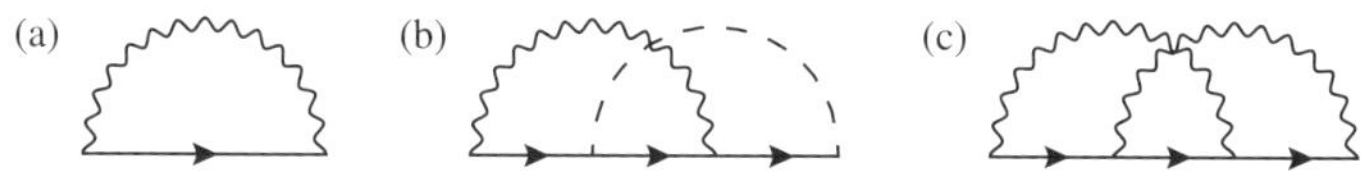


図 **2.40**　自己エネルギーへのバーテックス補正（文献 [28] より引用）

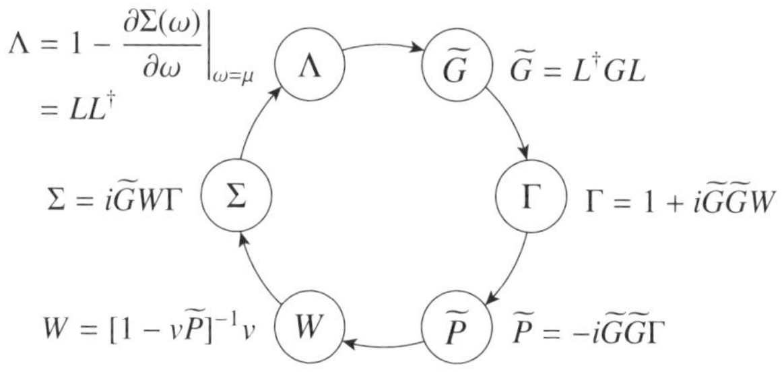


図 **2.41**　線形化された $\mathrm{LGW}\Gamma_W$ 法の計算フロー（文献 [28] より引用）

部）が複雑な構造を持つ場合には，PPM を適用すると結果が悪くなる．

実際の GW 近似の計算例として，$N(-1)$ 電子系と $N(+1)$ 電子系の原子（イオン）間の全エネルギー差を双方向（→ 方向と ← 方向）に計算して，結果が一致することを見よう．表 2.1 は全電子混合基底法によるワンショット $G_0W_0$ 近似（GPP モデル）の結果であり（括弧内は中性基底状態 $G_0W_0$ 計算値），Reference の EC は GTO を用いた運動方程式 (equation of motion, EOM) CCSD 計算であり，それ以外は実験データである [27]．同様に表 2.2 は 2 原子分子の正イオンと中性基底状態・励起状態（*）の間のエネルギー差を

表2.3　$B_2$, $C_2H_2$ の IP, EA, $E_g^{opt}$ の比較（文献 [28] より引用）

| | $B_2$ | | | $C_2H_2$ | |
|---|---|---|---|---|---|
| | IP | EA | $E_g^{opt}$ | IP | $E_g^{opt}$ |
| $G_0W_0$ | 9.21 | 2.18 | 2.44 | 11.05 | 5.01 |
| GW | 9.97 | 1.76 | 3.94 | 11.65 | 8.39 |
| LGW | 9.79 | 1.94 | 3.75 | 11.44 | 8.23 |
| LGW$\Gamma_W$ | 9.87 | 1.91 | 3.84 | 11.48 | 8.25 |
| MRDCI | 9.48[a] | 2.0[b] | 3.85[c] | 11.21[d] | (8.06)[e] |
| Expt. | 10.3 ± 0.6[f] | 1.8 ± 0.4[g] | 3.79[h] | 11.49[i] | 8.16[j] |

表2.4　Na, $Na_3$ の IP, EA, $E_g^{opt}$ の比較（文献 [28] より引用）

| | Na | | | $Na_3$ | | |
|---|---|---|---|---|---|---|
| | IP | EA | $E_g^{opt}$ | IP | EA | $E_g^{opt}$ |
| $G_0W_0$ | 5.15 | 0.41 | 1.32 | 4.10 | 1.14 | 0.53 |
| GW | 5.40 | 0.33 | 2.23 | 4.64 | 0.51 | 1.91 |
| LGW | 5.23 | 0.42 | 2.18 | 4.48 | 0.66 | 1.92 |
| LGW$\Gamma_v$ | 5.01 | 0.60 | 2.00 | 4.08 | 1.04 | 1.57 |
| LGW$\Gamma_W$ | 5.12 | 0.58 | 2.16 | 4.04 | 1.15 | 1.60 |
| MRDCI | 4.97[a] | 0.44[b] | 1.98[b] | 3.76[c] | 1.07/1.17[b] | 1.61[b] |
| Expt. | 5.14[d] | 0.55[e] | 2.10[f] | 3.97[g] | 1.02/1.16[h] | 1.65[i] |

計算した結果である [27]．Reference は実験値である．表 2.1, 2.2 を見ると，いずれの場合も → と ← の結果がよく一致しており，しかも Reference の値とも一致していることが分かる．このことから，GW 近似は中性の基底状態のみならず，任意の励起固有状態に適用できることが分かる．

最近，裸のクーロン相互作用 $V$ あるいは動的遮蔽クーロン相互作用 $W$ に対して 1 次までバーテックス補正（図 2.38）を自己無撞着に取り入れる LGW$\Gamma_V$ あるいは LGW$\Gamma_W$ 計算が行われた [28]．分極関数および自己エネルギーへのバーテックス補正は図 2.39 と図 2.40 で与えられる．コレスキー分解による自己エネルギーの線形化を含めて図 2.41 の手続きを繰り返すことにより，関係するすべての関数を自己無撞着に決定するのが LGW$\Gamma_W$ 法で

表 2.5　B, $Na_3$, $Li_3$ の光吸収エネルギー (PAE) の比較（単位は eV）（文献 [29] より引用）

| Atom/molecule | Transition | GW | GWΓ | $LGW\Gamma_W$ | MCHF/MRDCI | Experiment | |
|---|---|---|---|---|---|---|---|
| | | | | | | PAE | Label |
| B | $2s^22p$–$2s^23s$ | 5.25 | 4.39 | 4.92 | 4.93 | 4.96 | |
| | $2s^22p$–$2s^23s$ | 6.37 | 5.57 | 6.09 | 5.99 | 6.02 | |
| | $2s^22p$–$2s^23s$ | 7.00 | 6.15 | 6.71 | 6.76 | 6.79 | |
| | $2s^22p$–$2s^23s$ | 7.02 | 6.34 | 6.89 | 6.78 | 6.82 | |
| $Na_3$ | $^2B_2$–$1^2A_2$ | 1.57 | 1.92 | 1.94 | 1.77 | 1.85 | A |
| | $^2B_2$ –$4^2A_1$ | 1.96 | 1.99 | 2.12 | 1.97 | 2.02 | B |
| | $^2B_2$ –$2^2A_2$ | 2.55 | 2.38 | 2.56 | 2.61 | 2.58 | C |
| $Li_3$ | $^2B_2$–$3^2A_1$ | 1.64 | 1.80 | 1.89 | 1.498 | 1.81 | A |
| | $^2B_2$–$3^2B_2$ | 2.73 | 2.43 | 2.63 | 2.407 | 2.61 | C |

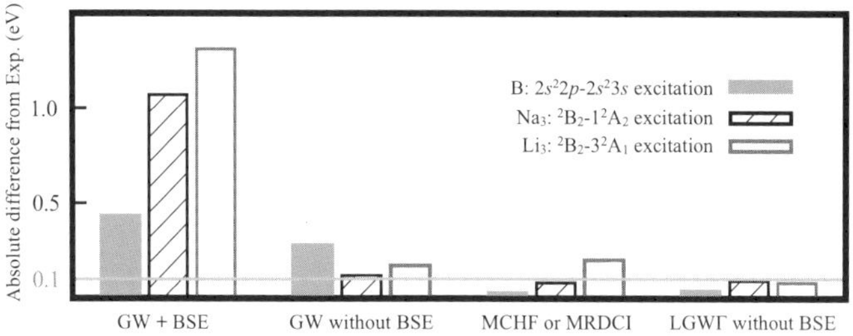


図 **2.42**　各種計算方法による結果と実験値との誤差（文献 [29] より引用）

あり，$LGW\Gamma_V$ 法も同様である．$\omega$ 積分を行わずにプラズモンポールモデルを用いる場合，自己無撞着 $LGW\Gamma_W$ 法の計算量は $O(N^2M^3)$ である．ここで $N$ は基底関数の数であり，$M$ は非占有状態の数である．

表 2.3, 2.4 は $B_2$, $C_2H_2$, Na, $Na_3$ の IP, EA, $E_g^{\mathrm{opt}}$ の各種計算手法の結果と実験値をまとめたものである（$E_g^{\mathrm{opt}}$ の計算には，ベーテ-サルペータ方程式を用いている）[28]．実験値と比較した場合，$LGW\Gamma_W$ 法の計算精度は MRDCI 法のものと同等かそれ以上であることが分かる（実験値との誤差は 0.1 eV）．

正イオンのGW近似により**光吸収エネルギー** (photoabsorption energy, PAE) を計算することもできる．表2.5はB, $Na_3$, $Li_3$ に対してPAEの各種計算手法の結果と実験値をまとめたものである [29]．こちらも $LGW\Gamma_W$ 法の計算精度はMCHF/MRDCI法のものと同等かそれ以上である（図2.42）．

第3章

# $CO_2$還元を目指す計算科学


要約

化石資源に頼る現代社会にとって熱力学的に安定な $CO_2$ 分子という原料から有用な有機化合物を得る触媒の開発は重要課題である．$CO_2$ を量子化学的に記述し，天然光合成における $CO_2$ 還元を要約し，それがいかに特異的であるかを確認する．均一系（錯体）触媒と不均一系（固体）触媒のうち主に後者を取り上げ，それらの計算科学的解析を概観し，イオン液体を触媒とする理論計算を述べ，触媒回転頻度 (TOF) についての最近の計算科学の議論を略述する．


## 3.1 はじめに

二酸化炭素を原料として人類にとって有用な有機化合物に変換せよ，という課題は現代の物質文明が直面している大きな難問の一つである．その背景には地球規模の環境，資源，そしてエネルギー問題に立ち向かう多様な議論がある [1]．解決に向かうには気象や地球科学という側面だけでなくエネルギーや富の分配という文化・文明論的視点から人文科学的議論も不可欠であろう．一化学徒の著者は地球の創世記までさかのぼって，現在に至るまでの大局的な環境への影響を客観的，科学的に論じる術は知らない．よって，本章は物理化学的な視点から**二酸化炭素の還元**における技術課題を扱うものである．それは困難を極めた課題である．しかし生物学と化学に何らかの関わりを持つ研究者ならば，全く無関係として看過できないテーマであろう．それは，地球開闢（かいびゃく）以来，天然光合成が行ってきたことであるからである．

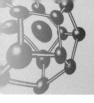

生命の進化とその未来という視点に立てば，**天然光合成**に立ち戻らねばなるまい．光合成とは地球の生命維持装置である．生物の呼吸は生命の源であ

り，その酸素は光合成がもたらしている．そして食物連鎖の開始点であるデンプンも光合成によって与えられている [2]．もし人類が天然光合成に学んで，環境に優しく無駄のない化学プロセスを実現できれば，食料問題とエネルギー問題に本質的・根本的な解を手にしたことになろう．天然光合成は，大気中の希薄な $CO_2$ を捕獲し，太陽エネルギーと水から無駄のない高い効率でやすやすと食料（デンプン）を合成している．この精妙なメカニズムを人類はまだ理解していない．理解できないことだから，それを工場はおろか，実験室でも容易に実現することはできない．本章は，光合成が成し得ている $CO_2$ 還元のメカニズム解明に向かって一歩前進したいという願いを込めて，計算科学という視点から見て現状について書かれた試論である．

この課題の本質は触媒設計である．触媒とは困難な反応を可能にするための物質的な媒体である．つまり難しい（起こりにくい）化学反応を触媒という魅力的な物質系を用いることによって，起こりうる反応に変換してしまうことである．大胆に要約すれば，触媒とは，それがなければ非常に困難な化学反応を，物質的な媒体系のパラメータ最適化問題として解かれた系である．パラメータの最適化とは，触媒物質自体の持つ種々の特性，その担持物，系全体のサイズ，形，複合化 (composite) そして反応条件（原材料の導入方法，圧力，温度，容器形状，攪拌，生成物の取り出し方法）の組合せ問題である．「言うはやすし」であるが，時間とエネルギーをかけて実際に造り上げるのは，工業的に意味のある触媒系に関する限り，想像を絶する困難を克服せねばならない．それに向かう多様な選択肢のうち，本章は $CO_2$ 還元の触媒設計に計算科学がいかに貢献しつつあるか，という視点からの試論である．

本章では以下の内容を順に展開する．まず $CO_2$ という分子とは何かという原点に戻り，$CO_2$ の活性化を量子化学的に表現すればどうなるか，そして活性化の第一段階である $CO_2$ ラジカルを巡る混迷についても議論する．続いて，人類にとって未踏現象の極みである天然光合成における $CO_2$ 還元を要約し，それがいかに特異的であるかを確認する．その後，現段階で実験的に試みられている事実の要約を顧みる．その詳細のためには優れたレビューが近年になっていくつか報告されているので，それらを引用する．均一系（錯体）触媒と不均一系（固体）触媒のうち，主に後者を取り上げ，それらに関する計算科学的解析の概観を試みる．そのあと，**イオン液体**を触媒として用いた注目すべき実験事実に，著者らが行った理論計算の結果を方法論の課題にも立ち入って詳しく述べる．最後に，**触媒回転頻度 (TOF)** についての最近の計算科学の論議を略述する．TOF は触媒の本質でありながら今日まで，長いこと手つかずであった．近年，新たな方法論が提案されたので紹介する．

## 3.2　$CO_2$ 分子とは何か，$CO_2$ の活性化を量子化学の言葉で言えば

二酸化炭素 ($CO_2$) とは，炭素と酸素を含む物質のうちで最も安定な分子である．ゆえに燃焼や生物の代謝における多くの過程を経て最終生成物として生成される．$CO_2$ の主な化学的および熱力学特性は，既に総説やハンドブックとしてまとめられている [3]．そのうち，重要な分子の特徴を表 3.1 に示す [4]．水への溶解度は，アンモニアや塩酸など，水と強い相互作用するものに次いで相対的に大きい．一方，他の気体，一酸化窒素 (NO)，酸素 ($O_2$)，一酸化炭素 (CO)，そして空気はいずれも似たような性質を示す（図 3.1 参照）．なお窒素 ($N_2$) が空気より溶けにくいのは，酸素のほうが溶けやすいからである．さて本章の趣旨に鑑みると **$CO_2$ の溶解度**に関して重要な点は $CO_2$ 気体としての溶解度の数値というより，その pH 依存性である．これについて後に議論する．次に $CO_2$ 気体の比誘電率は，ほとんど真空と同じである．基底状態の分子の双極子モーメントはゼロである．直線状の分子であって，中心にある炭素と両端の酸素へのボンドモーメントが相殺しているからである．しかし，分子内振動励起（伸縮振動あるいは屈曲振動）あるいは外部からの微細な摂動により，左右の $C^{\delta+}=O^{\delta-}$ 状態のバランスは容易に失われ電磁波吸収が起こる．

$CO_2$ 分子の特性を語るには，分子軌道を観なければなるまい．それは実験的に観測にかかる実体ではないが，今日の物理化学に携わる研究者にとって化学式や構造式と同じように，重要な表象である．それは分子が発している言語である[5]．$CO_2$ の分子軌道を図 3.2 に示す [5]．特筆すべきは最高

表 3.1　$CO_2$ 分子の特性（文献 [4] より引用）

| | |
|---|---|
| 分子量 | 44.0098 g/mol |
| 密度 | 1.976 g/L (gas at 0℃ and 760 mm Hg); |
| | 0.914 g/L (liquid at 0℃ and 34.3 atm); |
| | 1.512 g/L (solid at −56.6℃) |
| 点群 | $D_{\infty h}$ |
| ダイポールモーメント | 0 D |
| 誘電率 | 1.000922 (gas) |
| 昇華点 | −78.4℃ |
| 融点 | 56.56℃ (triple point) |
| 沸点 | 760 mm Hg at −78.2℃ |
| 粘度 | 0.0147 mN·s·$m^{-2}$ (gas) |
| 水への溶解度 | $0.614 \times 10^{-3}$ mole fraction at 25℃ and 100 kPa $CO_2$ partial pressure |
| 酸性度 (pKa of $H_2CO_3$) | $pK_{a1}$ = 6.35, $pK_{a2}$ = 10.33 at 25℃ |
| エンタルピー，$\Delta_f H^0$ (298.15 K) | −393.522 kJ · $mol^{-1}$ |
| 比熱，$C_p^0$ | 37.129 J · $K^{-1}$ · $mol^{-1}$ |
| エントロピー，$S^0$ (298.15 K) | 213.795 J · $K^{-1}$ · $mol^{-1}$ |

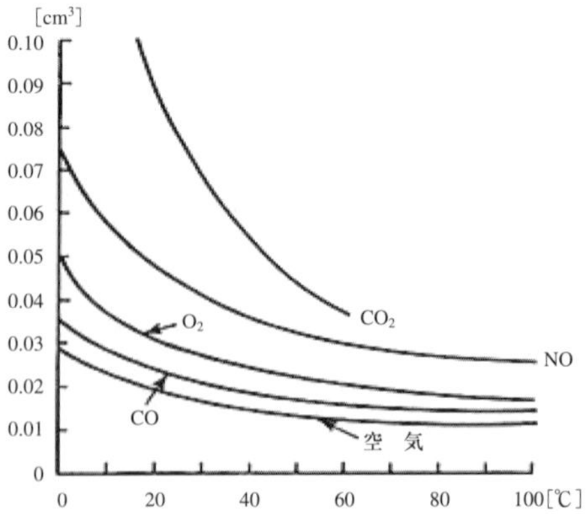


図 3.1　気体の水に対する溶解度（『理科年表』より引用）

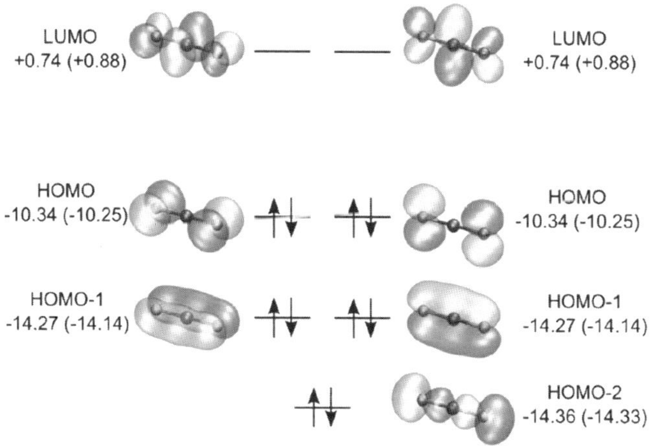


図 **3.2**　$CO_2$ 分子の基底状態のフロンティア軌道 (eV)，数字は真空中（ ）の値は PCM 近似を用いて溶媒効果を取り入れた．（B3LYP/cc-pVTZ）（文献 [4] より引用）

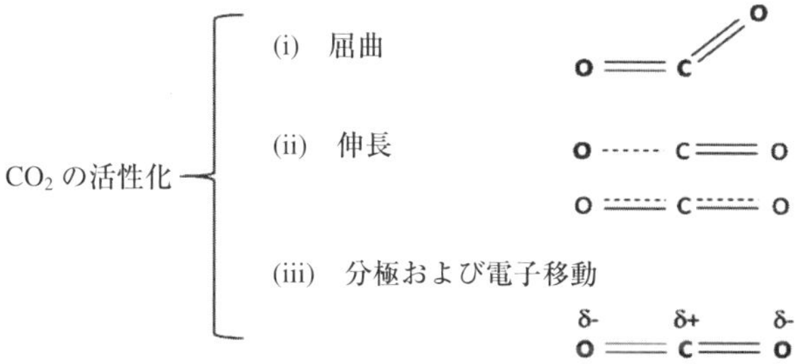


図 **3.3**　$CO_2$ 分子活性化の三つの分類；分子が屈曲する，結合長が伸長する，そして分極すること

占有軌道 (HOMO)，その一つ下の軌道 (HOMO-1)，そして最低非占有軌道 (LUMO) がすべて二重縮退していることである．そしてそれらの軌道が示す位相の特徴も興味深く，下から順に p 軌道 (HOMO-1)，d 軌道 (HOMO)，そして f 軌道 (LUMO) の位相的特徴を示している．

このような特徴を持つ「$CO_2$ 分子を活性化させる」とは何をすることであろうか．それは換言すれば，基底状態よりも反応性が高くなった状態まで励起することにほかならない．構造的な特徴から，図 3.3 に示す三つに要約される．つまり，(i) 分子を曲げること，(ii) 分子を引き伸ばすこと，そして (iii) 分子内の電荷を基底状態よりもさらに分極させること（外部から電場を付与する，あるいは電荷を付与する），という3点である．これらは独立事象ではなく，相互に絡み合って一つの現象となる．際立った絡み合いは量子力学的な絡み合いの例であり，それは $CO_2$ という分子の実に興味深い特徴でありフェルミ共鳴 (Fermi Resonance) として知られている現象である．その証拠は赤外やラマンスペクトルの強度とエネルギーがシフトすることである．この説明として，CO 結合の対称伸縮振動のエネルギーが OCO 変角振動の倍音のエネルギーと近いために量子力学的に相互作用が始まり，エネルギーのシフトが観測されることが示されている [6].

具体的に分子を活性化するには紫外・可視光照射，あるいは電極からの電圧印加に代表されるような外からの活性化手段がある．近年，超高真空下でのオペランド計測（触媒反応が起こっている状況のその場観察であり，レーザーや放射光など分光法の急速な発展により動作中の触媒やデバイスを直接観ることができるようになった）が報告されつつある [7]．それでも活性化した分子の構造にストップモーションを掛けて捕えてみせることは非常に難しい．一方，錯体や有機金属化合物を扱う実験化学者たちは $CO_2$ 分子を金属原子に配位子として結合させ，活性化した $CO_2$ 分子の X 線結晶構造を提示している．

ギブソン (Gibson) は，配位した $CO_2$ に9種のパターンがあることを報告している．図3.4にそれを示す [8a)]．X 線構造を得るまでには至っていないので分光学的証拠に止まるとはいえ，M…O=C=O という酸素端で弱く結合した配位様式も報告されている [9].

計算科学は実験を代替するものであるという誤解がいまだに化学者の間にもみられるが，重要な実験が計算に代替されるような時代は来ないであろう．そうではなく，計算は実験と相補的な役割を示すものである．その重要な役割の一つは，実験的に観ることができない（難しい）ものを計算によって可視化することである．例えば，化学反応の遷移状態の構造は実験的に観ることは不可能あるいは極度に困難であるが，量子化学計算はそれを簡単に可視化できる．これが端的に実験と相補的な役割を果す例である．さらには

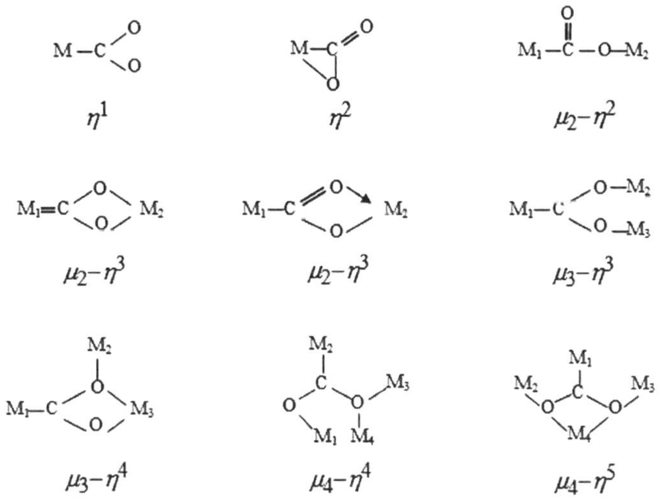


図 **3.4**　$CO_2$ 分子の金属原子への九つの配位様式．$\eta^n$ は $CO_2$ 配位子が $n$ 本の結合で配位しているとき，$\mu_m$ は $CO_2$ 配位子が $m$ 個の金属に配位しているとき，このように表記する（文献 [8a)] より引用）

コンセプトをえぐりだすためのツールとなることも期待されている．

実験と相補的な情報を提供するもう一つの例として，ウオルシュ (Walsh) ダイアグラム [5] を挙げねばなるまい．その一例を図 3.5 に示す．これが $CO_2$ の活性化を理解するのに有用である．まず $CO_2$ 分子の電子親和力は負の値であり，陰イオン（アニオン）として存在しにくいことを念頭におき，図 3.5 を眺めてみよう．これは OCO 角を横軸にとり，縦軸に分子軌道のエネルギーを示したものである．この図が示すのは分子が直線状から屈曲してゆく変形，つまり OCO 角減少につれて，図 3.2 に示した，おのおのの分子軌道のエネルギーが変化してゆくことである．OCO 角が 180 度より小さくなるにつれて，占有軌道はエネルギーが上昇し，非占有軌道は下降している．バンドギャップ（量子化学的には極端な近似であるが，HOMO-LUMO のエネルギーの差）が小さくなることにより，これにつれて分子は不安定化している．つまり活性化されている．その結果として反応性が増大してゆく様子が示されている．

さらに詳しくみると，重要な示唆が含まれている．後に述べるように $CO_2$

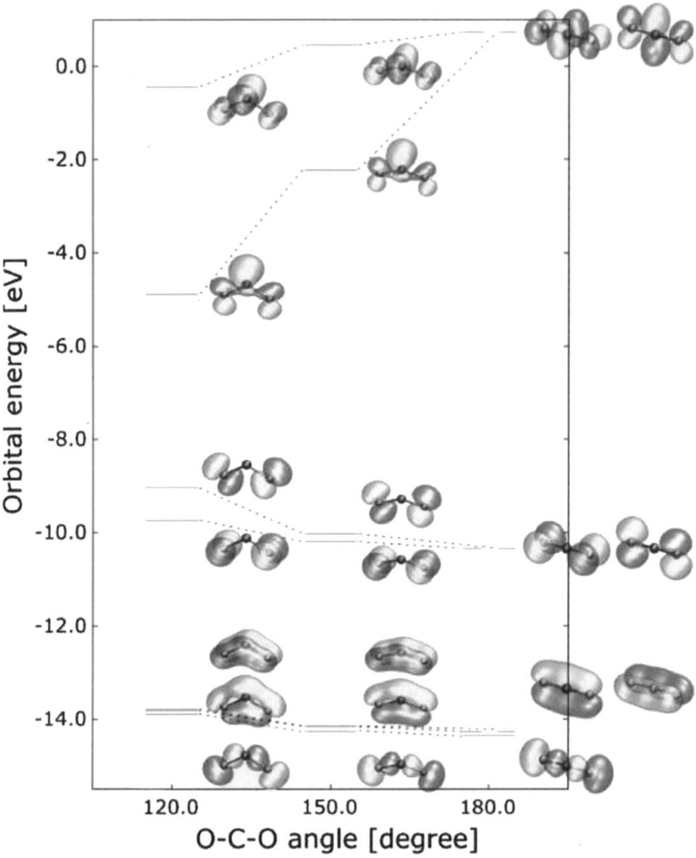


図 **3.5**　ウォルシュダイアグラム（文献 [4] より引用）

図 **3.5**　（抜粋）（文献 [4] より引用）

還元の重要な第一段階は，まさにこの 1 電子が付与され $CO_2$ アニオンが生成される段階なのである．図 3.5 のダイアグラムを見れば，1 電子が付与される軌道は LUMO であり，OCO 角 180° の基底状態ではこのエネルギーは正の値であって不安定である（軌道エネルギーは実測されるものではなく，絶対値も近似や手法に依存するので相対的な値に意味がある）．しかし，120° では～–5.0 eV まで安定化していることが図から読み取れる．軌道の位相からもこれを理解することができる．図 3.5（抜枠）の右（直線形 180°）と左（屈曲形 120°）の軌道を比べてみよう．直線形では位相が違うために生じる反発は OCO 軸が曲がった左の軌道では緩和されている．つまり曲がることによって $CO_2$ アニオンは安定化される．電子が占有していない基底状態ではこの軌道エネルギーは分子の安定性には寄与しないが，アニオンになってこれが占有軌道になれば，**フロンティアオービタル**（化学反応に関与する軌道であり，通常は HOMO・LUMO に代表される．エネルギー的にその近辺の軌道も含むことが多く，特に金属の d 軌道はどれも含まれることが多い）であり，分子の安定性に最も関与するからである．要するに，$CO_2$ 分子は曲がることにより活性化（不安定化）される．つまり一電子付与されたときに安定構造として落ち着く先は曲がった分子構造である．

ここまでは物理化学的な出発点として気体の $CO_2$ 分子を主に論じてきた．次に $CO_2$ 還元を工業的に実現することを考えれば，水溶液を扱うことが重要である．$CO_2$ は水溶液中で炭酸 ($H_2CO_3$) という形をとることが知られているが，それは温度，pH に依存して，直ちに重炭酸イオン $HCO_3^-$，オキソニウムイオン $H_3O^+$，炭酸イオン $CO_3^{2-}$，そして $CO_2$ 分子からなる平衡状態に至ることが知られている．

$$CO_2 + H_2O \rightleftarrows H_2CO_3 \rightleftarrows HCO_3^- + H^+ \tag{3.1}$$

pH に依存した存在比，つまり自由エネルギー変化に関する物質の網羅的データを集大成した**プールベ (Pourbaix) ダイアグラム**（図 3.6）と，それに深く関連したデータ（図 3.7）をここに引用する [10]．水溶液における $CO_2$ 分子は多様な存在様式をとっていることが示されている．$CO_2$ 還元という課題の困難は，ここにある．

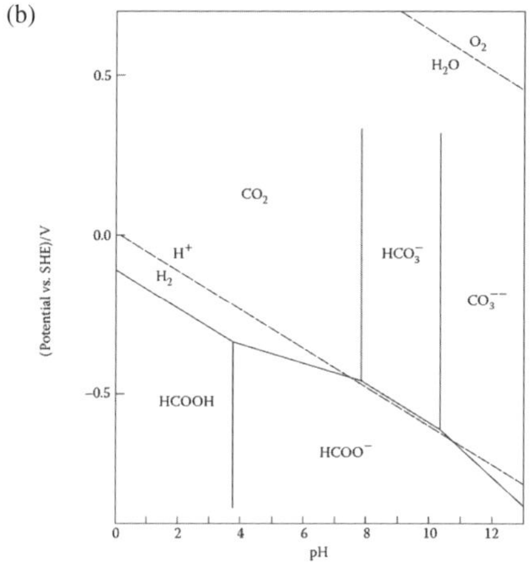


図 **3.6**　$CO_2$ 分子のプールベ (Pourbaix) ダイアグラム（文献 [10a)] より引用）

堀らによる報告 [11] に代表されるこれまでの知見から，概して pH(8) 以下では $CO_2$ 分子として溶けた状態が主であり，8〜10 では重炭酸 $HCO_3^-$ が，そして 10 以上では $CO_3^{2-}$ が主な存在状態であることが示唆されている．一方，現段階では，重炭酸の役割については，見解を異にするいくつもの議論が提出されており，以下に述べる $CO_2$ アニオンラジカルの由来に関する同定危機と相まって今後の解析・分析を待たねばなるまい．このように課題の多い $CO_2$ 還元の研究開発に向かうために，現在までに最も重要なマイルストーンたる文献のうち，その筆頭として，堀による総説を引用しておこう．この総説は重要で示唆深い実験事実と考察の結晶である [12]．

## 3.3　$CO_2$ アニオンラジカルを巡る同定危機 (Identity Crisis)

$CO_2$ 分子活性化の初期過程はラジカルアニオン $CO_2^{\cdot-}$ の生成過程が律速段階であると考えられている．気相反応では ESR によって存在が確認され，実測 ESR データと DFT 計算結果によって固体表面に吸着したアニオンが直線形でなく曲がっている（活性化している）ことも報告されている．OCO の角度は 134° と報告され [13]，著者らのモデル計算とも合致する [4]．近年，水溶液中での $CO_2$ アニオンについて時間分解ラマン分光法を用いた振

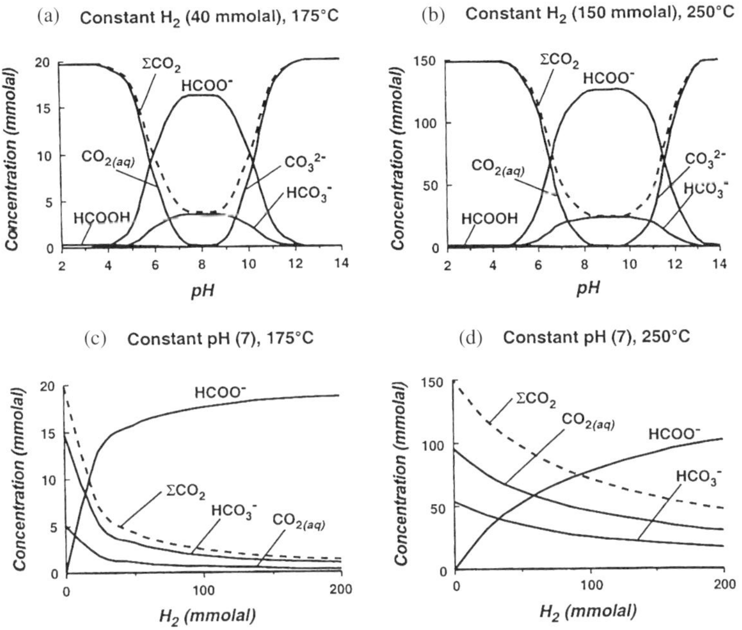


図 **3.7**　平衡分布（$CO_2$(aq), $HCO_3^-$, $CO_3^{2-}$, HCOOH(aq) および $HCOO^-$), 350 Bar において 175℃（左), および 250℃（右). (a) と (b) は, 定濃度の $H_2$(aq) における pH 依存性, (c) と (d) は, 定 pH = 7 における $H_2$(aq) 濃度依存性を示す. (a) と (c) は, 20 mmol で溶けた全炭素濃度に対するもの, (b) と (d) は, 同じく 150 mmol でのもの. この還元条件下では, ほとんどの炭素は $CH_4$ の形をとっているから図示されたものは, 準安定平衡分布である.（文献 [10b)] より引用）

動分光学による詳細結果が報告された. それまでは気相やマトリクス中における振動分光に限られていたので興味深い. さらに理論計算によって $CO_2 \cdot (H_2O)_n^-$ から 1500 cm$^{-1}$ 以上のフォトンエネルギー照射により $CO_2^- \cdot (H_2O)_n$ へと電子移動がおこり, ピコ秒以下で $CO_2$ が直線から曲がって安定化すること [14], さらに非経験的分子動力学[1)](*ab-initio* MD) により屈曲モードの

[1)] 原子間結合・偏角・二面角に経験的な力の定数を用いることなく非経験的計算によりエネルギーを微分して求めた力を計算で求めながら系の時間発展を追う手法, 古典分子動力学計算では力の定数（バネ定数）をパラメータとして与えるので計算負荷は軽いが結果がパラメータに依存する.

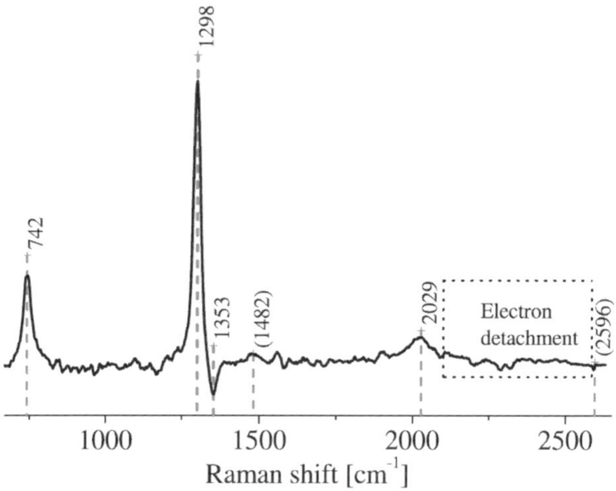


図 **3.8**　$CO_2^-$ ラジカルアニオンの共鳴ラマンスペクトル（235 nm のプローブ光，水中）（文献 [16] より引用）

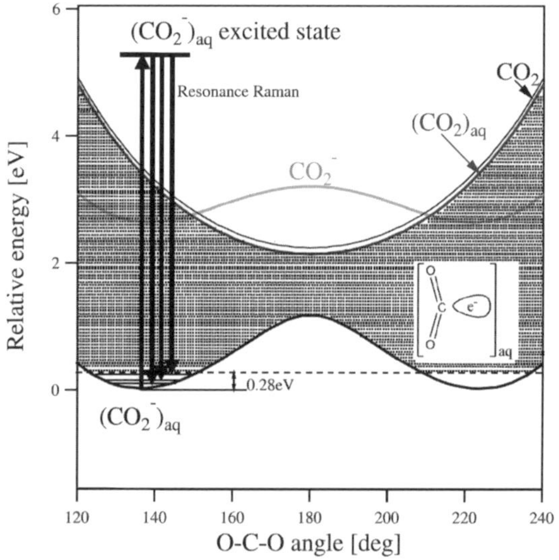


図 **3.9**　OCO 角度を横軸にとった電子移動が起こる系 $(CO_2^-)aq/(CO_2+e^-)aq$ のポテンシャルエネルギー（文献 [16] より引用）

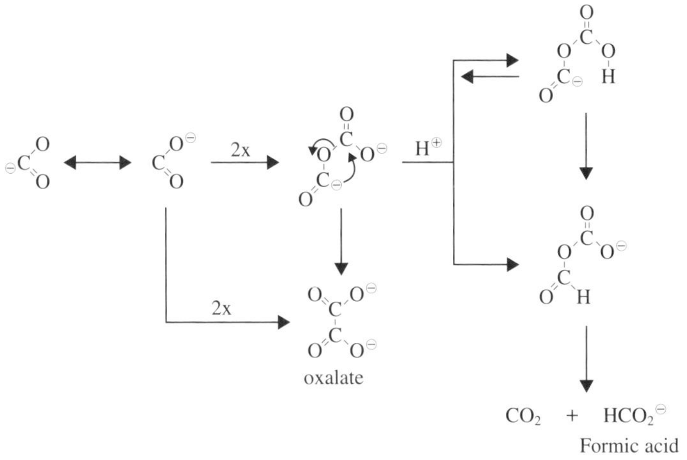


**図 3.10** アニオン種 $CO_2^-$ が 2 分子過程で変化するスキーム（文献 [18] より引用）

振動が $CO_2 \cdot H_2O$ クラスターにおける電子移動を誘起するこという報告 [15] が近年提出された．とりわけ，2016 年，共鳴ラマンによる直接振動分光観測が I.Janik らにより初めて報告された [16]．図 3.8, 3.9 にそのラマンデータと屈曲を可視化した結果を引用する．

さて実際に還元反応の解析が進められている研究現場では，この $CO_2$ ラジカルアニオンの素性に関する同定危機 (Identity Crisis) といわれる困難が横たわっている [17]．その困難は，$CO_2$ アニオンラジカルの由来が不確かな点である．$CO_2$ に電子が（電極などから）直接的に捕獲されて生成したのか，あるいは他の物質から派生したものか，実験的に決定することが極めて難しいからである．pH に依るとはいえ，そもそも水中には $CO_2$ 分子は多くは存在しないのであるから，$CO_2$ に電極から直接電子移動するという素過程を経ることなく，水中に多く存在する $HCO_3^-$ をはじめとした他の種からアニオンラジカルが発生する反応機構も除外できない．その OCO の中央にある C で結合して二量化すれば，図 3.10 の下のようにシュウ酸イオン (oxalate) となり，頭尾で二量化すれば図 3.10 上の経路のようにギ酸イオン (formic acid) となる [18]．二量体の分解定数はイオン強度一定のもと，pH に強くは依存せず pH(3)〜pH(8) にて $1.4 \times 10^9 dm^3 mol^{-1} s^{-1}$[19a)] と報告さ

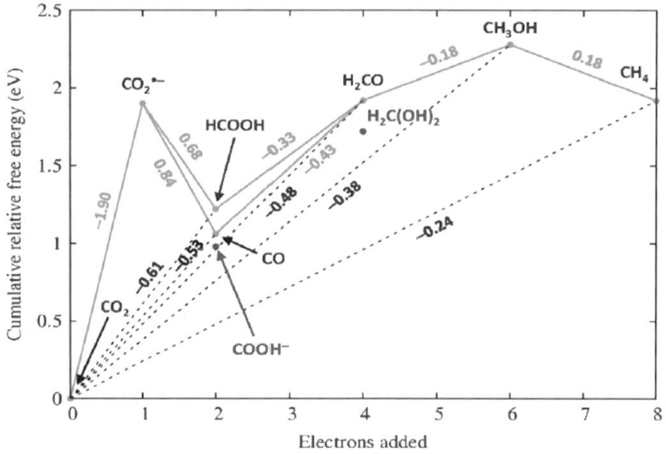


図 **3.11**　ラティマー–フロスト ダイアグラム；pH(7) 水溶液．隣り合った2点を結ぶ直線より上にあるものは熱力学的に不安定である．（例：$CO_2^-$ ラジカルは，$CO_2$ と HCOOH の上にある．）（文献 [20] より引用）

れている．近年，電極への $CO_2$ 気泡導入（バブリング）によって電気化学還元の pH 依存性と生成物分布に大きな影響があるという実験事実が報告された [19b),c)]．同定危機の解消に深く関連しており，今後の進展が期待される．

## 3.4　ラティマー–フロスト (Latimer-Frost) ダイアグラム

$CO_2$ 還元の研究方針にとって重要な熱力学的知見の整理を助けてくれるダイアグラムを紹介しよう．図 3.11 の左下原点にある $CO_2$ から出発して種々の有機物に至る自由エネルギーの差（縦軸）と，その反応に必要とされる電子数（横軸）をプロットして整理した図は，ラティマー–フロスト (Latimer-Frost) ダイアグラムと呼ばれている [20]．原点においた $CO_2$ から破線で結んだ生成物までの線よりも上に存在するものは，熱力学的に不安定であることを示している．奇数電子からなる開殻系は不安定である．$CO_2$ アニオンがその最たるものである．したがって触媒設計は，この破線の上に位置するものをいかにして手にするかという課題となる．生成物の素早い取り込み（逐次変換反応）あるいは空間的にサイズを工夫するなどの知恵が要求される．おそらく光合成においてタンパクが柔構造を使いこなす精妙な知恵はその実例であろう．これについては次節で述べる．

## 3.5 天然光合成における $CO_2$ 還元の不思議

私たちの生活を取り囲んでくれている草木によって，日々こともなげに成し遂げられている天然光合成こそ地球の生命維持装置である [21]．その偉業は，貴金属触媒 (Pt, Ru, Ir...) を使わずに水を酸化して酸素を生成し，タンパク酵素により金属触媒を用いることなく $CO_2$ を還元する．その主役たる炭素固定酵素は C3 植物[1]ではリブロース 1,5-ビスリン酸カルボキシラーゼ/オキシゲナーゼ（RuBisCO ルビスコと呼ばれる）であり，C4 植物[1]ではホスホエノールピルビン酸カルボキシラーゼ (PEPCase) である．RuBisCO は $CO_2$ 分子とは反応するが $HCO_3^-$ とは反応しない．一方，PEPCase は $HCO_3^-$ とは反応するが $CO_2$ 分子とは反応しない．複雑な酵素が行う炭素固定のプロセスは，簡単な構造の有機化合物から出発して順を追って複雑な構造の合成に至るのを常とする世界中の化学者に向かって，あたかも「遠回りをするな，発想を転換せよ」とでも示唆しているようである．

天然光合成と人工光合成の本質的な違いを，比喩的に鳥と飛行機の違いに喩(たと)えてみよう．人類が造りあげた素晴らしい飛行機といえども，実際はゆるやかで限定的な曲線運動しかできない．これに比べて鳥はと言えば，自由自在に急旋回，急降下，急上昇をものともせず悠々と空を飛び回る．鳥の動きを見ると，単調でぎこちなくすら見える飛行機の動きとの質的な違いの大きさに圧倒され，人はしばしば立ちすくむほかはない．無論，このような差異とて，いずれも流体力学をはじめとした物理と化学の原理に（たとえ現時点で未解明なところがあっても）立脚していることは疑いないが，自然の知能と人工の知能の間にはまだまだ天地の違いがある．

天然光合成の全体像とその構成要素の詳細には，いまだに多くの未踏領域が残されている．その全容は近年の優れた解説書・総説に譲り [2, 21a)-c)]，

[1] 光合成の初期過程の違いによって植物が分類されている．詳しくは文献 [21a)] を参照のこと．

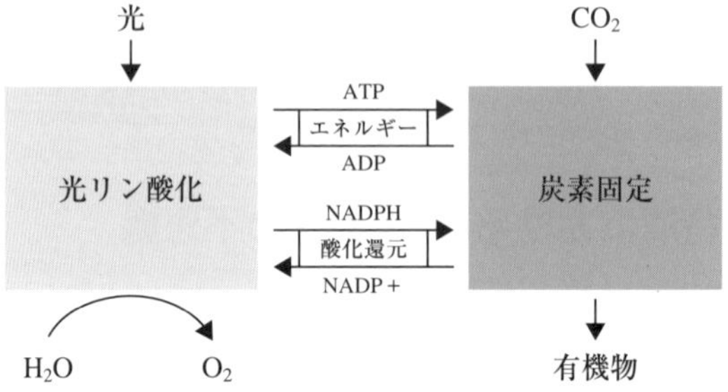


図 **3.12**　$CO_2$ を固定する2段階のプロセス

ここでは本章に即した $CO_2$ 還元，すなわち炭酸固定について簡単に述べる．天然光合成による $CO_2$ の固定とは，(i) エネルギー源と還元剤を準備する段階（光リン酸化），(ii) それによって起こる還元反応（炭素固定），という2段階から成るプロセスである（図3.12）．エネルギー源はアデノシン三リン酸 (ATP) であり，還元剤はニコチンアミドアデニンジヌクレオチドリン酸 (NADPH) である．

これを化学プロセスと見なして，上に示したスキームに従って部品を揃えれば同じことが成し遂げられるだろうか？ 残念ながら不可能である．事はそう簡単ではない．なぜなら天然光合成には，さらに精妙な周辺装置と制御機構が造り込まれているからである．それは $CO_2$ の濃縮機構（大気中の濃度は約400ppmという低濃度），気孔の開閉，葉緑体運動，光走性と光屈性，これらが光量（夜と昼）そして気候変化（水や $CO_2$ 量の変動）にきめ細かく対応しつつ，光呼吸によって自らのエネルギー消費過程と同時並行しながら，整然と進行している．すべての部品はそれぞれタンパク質酵素の働きであり，どの部品も光量や $CO_2$ 濃度の変化という環境と状況を把握し，あたかも自発的な意思を持っているかのように機能している．部品の和たる線形結合で全体の機能が成り立つという要素還元論（デカルトパラダイム）とは一線を画している．このようなパターンダイナミクスの存在をいかに理解するか，この難題は現代の数理科学にとってのチャレンジである．まさに「飛行機（化学プロセス）と鳥（光合成）の隔たりや遥か」というほかはないであろう．

カルビン-ベンソン回路の代謝系は複雑な反応プロセスの集合である（図

3.13)．この全体はカルボキシラーゼ反応，還元，そして再生反応という 3 段階から成る [21a)〜c)]．要するに，活性化された RuBisCO の触媒作用によって 3 分子の $CO_2$ を 3 分子のリブロース 1,5 ビスリン酸 (RuBP) が取り込み，6 分子の 3-ホスホグリセリン酸（3-PGA，$C_3$ 化合物）が生成したあと，ATP と NADPH によって還元，再生し，元の RuBP に戻る回路である．つまり，

$$\text{RuBP} + CO_2 \rightarrow 2(\text{3-PGA}) \tag{3.2}$$

と現すことができる．その詳細を『ヴォート生化学』[21d)] から図 3.13 に引用した．植物組織内に造り込まれたタンパク酵素のナノ構造は柔らかい反応装置であり，極度に複雑かつ高選択性という難しいプロセスを営んでいる．分子レベルの詳細はまだまだ未解明であるから人類には模倣することができない．

実験的にも理論的にも理解するのが非常に困難な課題にこそ，計算科学は謎を紐解く手掛りを提供してくれる．その視点から，緒方らの関連研究をここで引用しよう．それは光合成タンパク PSII の中に含まれる Mn 錯体（酸素発生中心 oxygen evolving center, OEC）が水を酸化し酸素を発生させるメカニズム解明をめざして行った研究の一環であり，分子動力学 (MD) 計算による研究である．水を含んだ 120 万原子の PSII を計算した結果，タンパクの動的柔構造が機能発現に深く関係している様子が浮かび上がった．つまり，静止した X 線構造を観察しても分からないが，MD 計算の結果が示す事実は示唆的であり興味深い．タンパク質中を水はランダムに動いているわけではなく，膜表面から反応中心の Mn 錯体 (OEC) に向かって，形は見えないがあたかもパイプラインのような水輸送経路が存在し，それは静止状態のデータでは見えないが，MD により動的構造として浮かび上がったのである [21e)]．

## 3.6　均一系触媒による $CO_2$ 還元

現在の化学産業で用いられている触媒の大半は不均一系，つまり固体触媒である．生成物の分離工程や装置設計に鑑みて，その優位性は今後も変わら

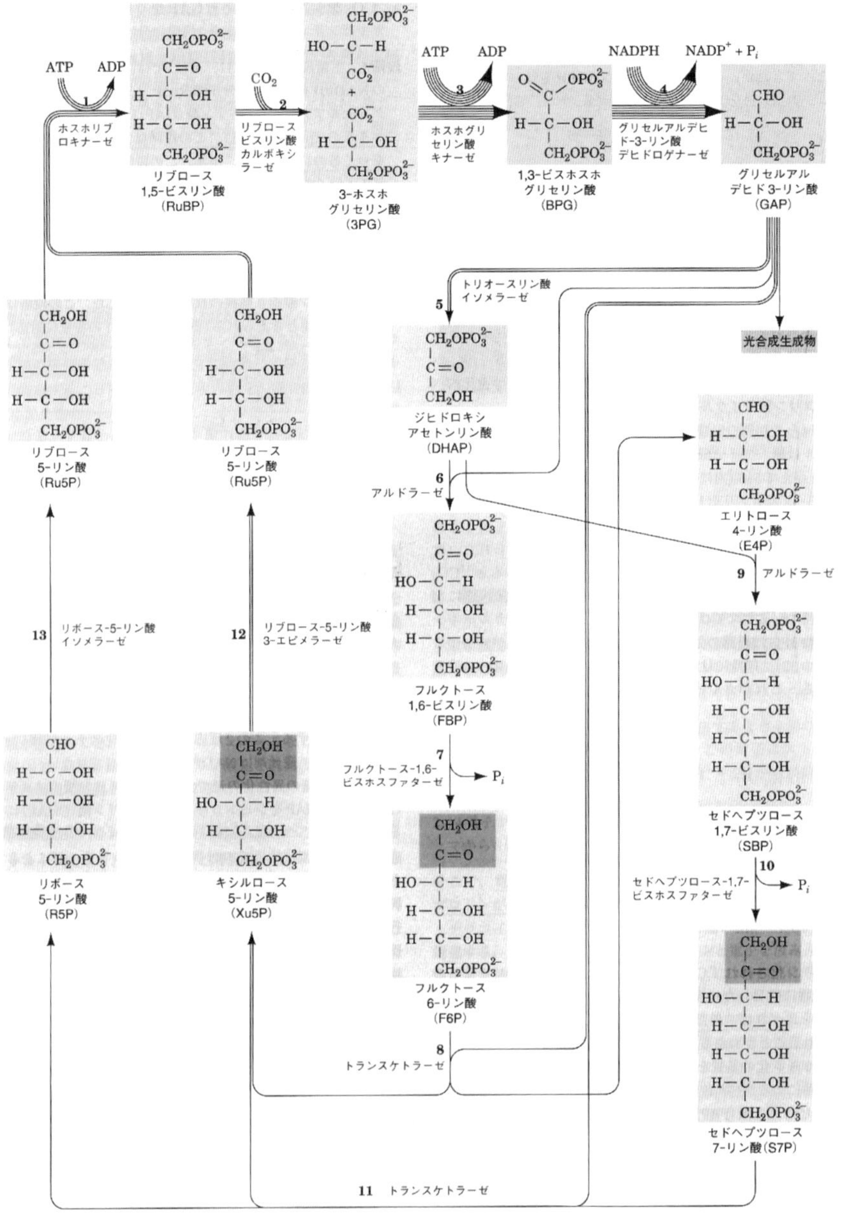


図 3.13　カルビン–ベンソン回路（文献 [21d] より引用）

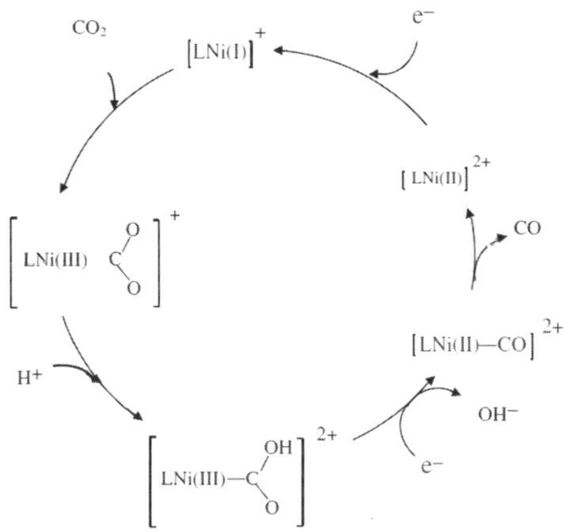


図 **3.14** 計算および実験から提案された $CO_2$ からの CO 生成のメカニズム（文献 [22] より引用）

ないであろう．一方，触媒が起こす化学反応の場は極めて局在している．つまり，原子間の結合の組換えという素過程を支配する触媒活性点が大きく広がった空間であることはまずあり得ない．よって，化学反応機構を詳細に解明しようとするならば，その研究を端的かつ明快に進めることができる舞台は均一系触媒，つまり錯体触媒にほかならない．$CO_2$ 還元もその例外ではない．

本章の主要部分は不均一触媒であるが，反応機構解明に重きを置くならば，ここで均一系触媒の重要性に言及しないわけにはいくまい．その目的に資するために最適な実験家 [9]，および計算科学家によるレビューが存在する [22]．本章の前半で述べた分子論はこれらに負うところが大きい．特に分子軌道計算によって解析された重要な例を引用しておこう．図 3.14，図 3.15 に示すスキームの第 1 は $CO_2$ から CO 生成のメカニズムであり，第 2 は $CO_2$ から HCOOH 生成に向かう四つの可能なメカニズムに関するスキームである．CO に向うのか，HCOOH に向うのかを弁別する示唆であろう．

## 3.7 不均一系触媒（固体触媒）による $CO_2$ 還元

これまで報告された計算科学を用いる研究のなかから重要なものを概観

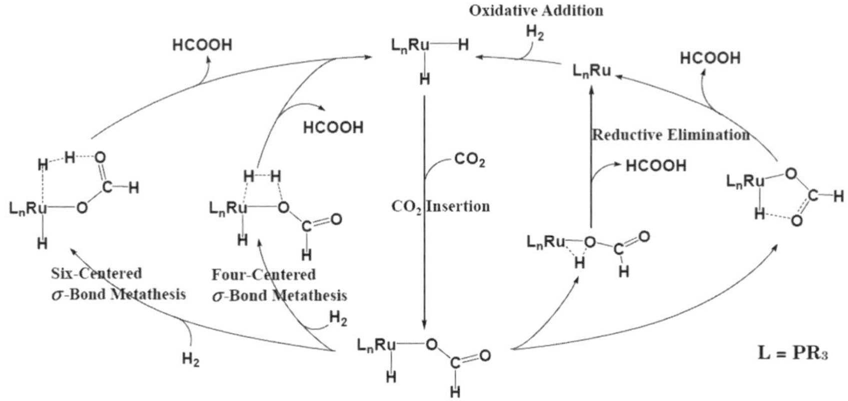


図 **3.15**　Ru 触媒による $CO_2$ からの HCOOH 生成の四つの可能な触媒サイクル（文献 [22] より引用）

する．不均一系触媒による $CO_2$ 還元は熱化学的，電気化学的，光電気化学的の三つの範疇（はんちゅう）に分類できよう．いずれであっても固体表面で活性化された水素 $H^*$（表面吸着種を＊で示す）あるいは，電子・正孔対（$e^-$ と h）が十分に供給されることが必要条件である．$H^*$ とは電子過剰なハイドライドに近い種 ($\delta^-$)，あるいは電子欠損のプロトンに近い種（$\delta^+$）の双方があり，素反応ごとにそれを使い分ける必要がある．この事情が触媒設計を困難にしている．

$$\text{M–H}^{\delta-} \quad \text{vs} \quad \text{M–H}^{\delta+} \tag{3.3}$$

触媒探索は，水や水素ガスという原料から $H^*$ や電子・正孔対を低い活性化エネルギーで供給できるような物質系を探す試みである [23]．この 30 年の過去の研究結果を顧みると，そのような優れた固体触媒の特性を少数の説明変数で記述することはどうやら不可能らしいと看取せざるを得ない．特性を改良しようとしてある操作変量（説明変数）を変化させると，別の特性は望まれない結果に向かってしまう（こちら立てれば，あちら立たず）ようないくつもの素過程の集合として全系が成りたっているからである．素過程を同定し，中間体を捕獲し，反応機構を解明すれば，説明変数たる支配因子が明らかになるはずではあるが，分析測定機器の発達により短寿命の中間体が観測されつつあるとはいえ，現在まで $CO^*$ と $HCOO^*$ が確認されているに過ぎない [23]．今後の計算科学者のさらなる貢献が期待されている．

### 3.7.1 気固界面における $CO_2$ の熱反応による還元

$CO_2$ 還元をいかにモデル化するかという計算科学的研究を網羅的にまとめあげた非常に優れた総説が D.Cheng らにより報告されている [24]．その総説とそこに引用された重要な原論文のいくつかを紹介しよう．計算科学的に重要となるアプローチを生成物により分けると，(1) メタノール ($CH_3OH$)，(2) 一酸化炭素 (CO)，そして (3) ギ酸 (HCOOH) の生成過程である．それらに向かう $CO_2$ 還元をここで概観しよう．

#### （1）$CH_3OH$ 生成

下式はメタノール改質の逆反応であり，温度 298.15K において標準エンタルピー，−49.3kJ/mol であり，熱力学的に有利な反応である．逆反応や副反応を起こさないように温度を温和に保つことが重要であることが知られている．

$$CO_2(g) + 3H_2(g) \rightarrow CH_3OH(g) + H_2O(g) \tag{3.4}$$

多くの金属種が触媒として試されたなかで，Cu が特筆に値し，工業的スケールでの性能を示す [25a),b)] ことを強調しておこう．$Cu/ZnO/Al_2O_3$ 触媒系は工業的に温和な条件 (50–100bar，473–573K) で合成ガス (syngas mixture $H_2/CO_2/CO$) からメタノールを製造するのに用いられている [25c),d)]．しかしながら，反応機構の詳細についてはいまだに決着が着いておらず，三つの説が平行線をたどっている．それは (i) フォルメイト ($HCOO^*$) メカニズム，(ii) 逆水性ガスシフト (reverse water gas shift, RWGS) 反応メカニズム，そして (iii) トランス COOH メカニズム (trans–COOH) である．

(i) $HCOO^*$ メカニズム

この種が鍵となる中間体と考える説である．これが Cu 表面に存在することは，XPS(X-ray photo electron spectroscopy) や温度可変脱着 (temperature programmed desorption, TPD) の計測により確認されている [26]．つまり Cu/

ZnO 触媒における $CO_2$ の還元反応は $Cu^+$ 上で $HCOO^*$ が生成することを開始点とし，以下 (3.5) の変化が示唆された．計算により推定された振動モードと実測値は良い対応を示している．

$$CO_2^- \rightarrow HCOO^* \rightarrow H_2COO^* \rightarrow H_2CO^* \rightarrow CH_3O^* \rightarrow CH_3OH \qquad (3.5)$$

特に，金属 Cu と金属酸化物の界面に，活性を示す $Cu^+$ 種が生成して機能を発現していると考えられている [27].

触媒の形態つまりモルフォロジーも重要であることが DFT 計算によって示唆された．Yang らは Cu(111) の三層スラブ計算と $Cu_{29}$ ナノ粒子のモデル計算により，配位的不飽和部位が触媒にとって重要であることを示した [28]．さらに近年，Grabow と Mavrikakis らは $HCOO^*$ よりもむしろ吸着ギ酸種 $HCOOH^*$ のほうが固体表面上でメタノールに至る中間種であるという見解を提案した [29]．これは revised-HCOO(r-HCOO) メカニズムと呼ばれている．この双方を比較した図 3.16 を引用する．つまり $HCOO^*$ から $HCOOH^*$ へゆく過程（図 3.16 の下の経路）は $HCOO^*$ から $H_2COO^*$（図 3.16 の上の経路）よりも反応障壁が低いことが示されている．

(ii)　RWGS メカニズム

上記と対照的に，$CO_2$ からメタノールができるときの中間種は $COOH^*$ ではなく，$CO^*$ であると考える説である．DFT 計算と KMC(kinetic Monte Carlo) 計算を併用して Yang らは，Cu に他の金属をドープしたモデル系について計算結果を報告し，Ni ドープは $HCO^*$ 種を安定化させるので有望系としている [30]．この結果は複数の実験結果によっても支持されている [31]．Cu を用いない系でこのメカニズムを支持する例として，Liu らは $Mo_6S_8$ を計算し，RWGS メカニズムによって $CO_2$ からメタノールが生成される過程を示した．興味深いことに，その過程には中間体 $COOH^*$ も含まれている [32]．その結果を図 3.17 に引用する．

一方，$COOH^*$ を経ることなく，直接的に $Cu/ZnO/Al_2O_3$ 固体表面で，

$$CO_2^* \rightarrow CO^* + O^* \qquad (3.6)$$

という経路が介在することを示す実験事実および DFT・KMC 計算が報告さ

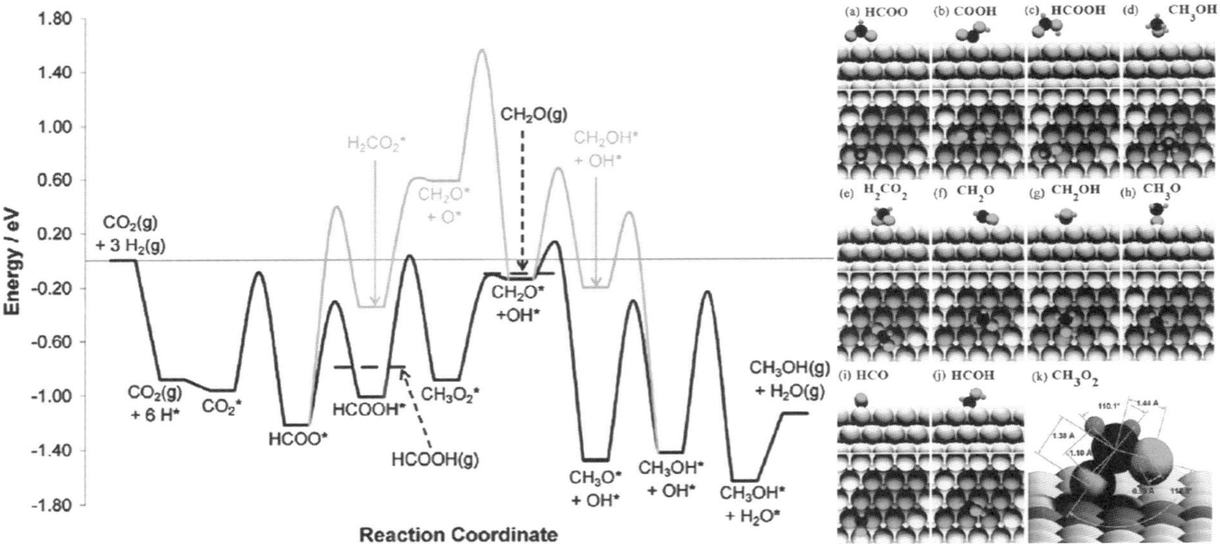


図 **3.16**　$CO_2$ から $CH_3OH$ へのポテンシャル面と中間体，Cu(111) による HCOOH および r-HCOO メカニズム（文献 [29] より引用）

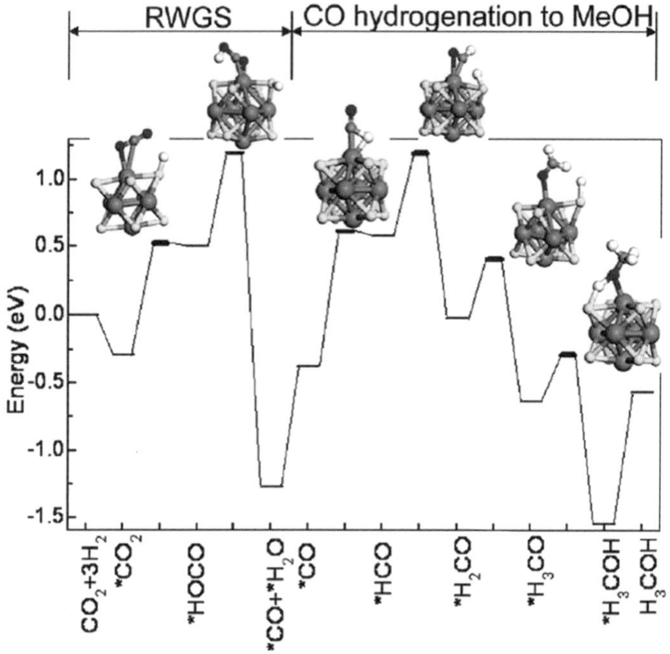


図 **3.17**　$Mo_6S_8$ クラスターを触媒として $CO_2$ と $H_2$ から $CH_3OH$ を生成するポテンシャルエネルギー（文献 [32] より引用）

れている [33]．しかし，水の役割をはじめとして，まだ議論は残されている．

### (iii)　trans-COOH メカニズム

Cu(111) によって $CO_2$ がメタノールに還元される過程では，COOH* ではなく trans-COOH* が介在するという見解である．Zhao らが計算によって示しているメカニズムを図 3.18 に引用しよう [34]．水の存在が trans-COOH* 生成の障壁を低くし，メタノール生成に有利なことを示している．

以上の三つのメカニズム，つまり Cu を触媒として用いて $CO_2$ を還元してメタノールを生成する反応機構として，(i)HCOO* メカニズム，(ii)RWGS メカニズム，そして (iii)trans-COOH* メカニズムを要約したスキームが Y.Li らにより提案されている．詳細メカニズムの困難さに直面している研究者には，この整理の含む意味が看取されるであろう．図 3.19 に引用しておこう

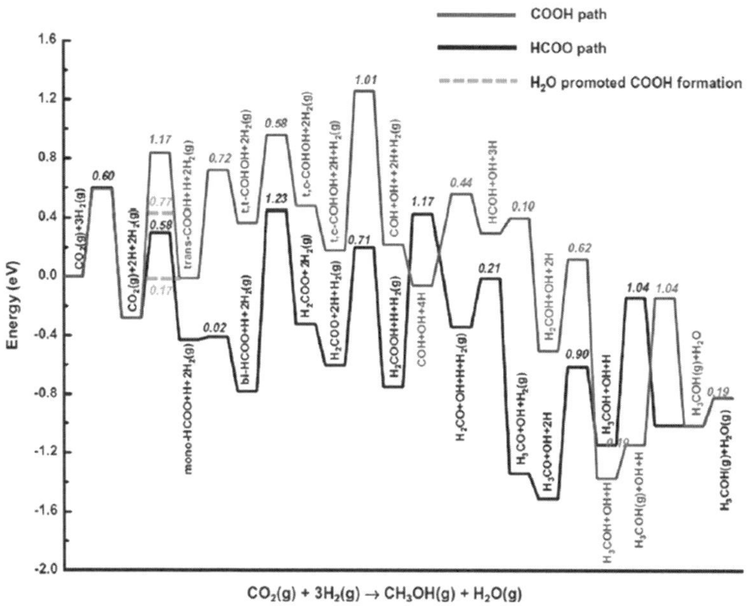


図 **3.18** Cu(111) による $CO_2$ から $CH_3OH$ 生成のポテンシャルエネルギー HCOO，trans-COOH，そして水付加 trans-COOH メカニズム（文献 [34] より引用）

[23].

### (2) 一酸化炭素 (CO) 生成

Cu 系の触媒はメタノール生成用に広く用いられているが，CO 生成（つまり RGWS 過程）では吸熱反応であり高温が要求されるので，Cu を扱う系では触媒が不安定になってしまう．よって，他の金属を用いた触媒系も研究されている．現在までに，**酸化還元** (redox) メカニズムと HCOO* メカニズムと称される詳細メカニズムが提案されている．これに関する Wang らの DFT-GGA 計算をはじめ，いくつかの注目すべき計算科学の論文を引用しておこう [35, 36].

### (3) ギ酸 (HCOOH) 生成

ギ酸には付加価値を見いだせないという議論が多いなか，近年は水素貯蔵

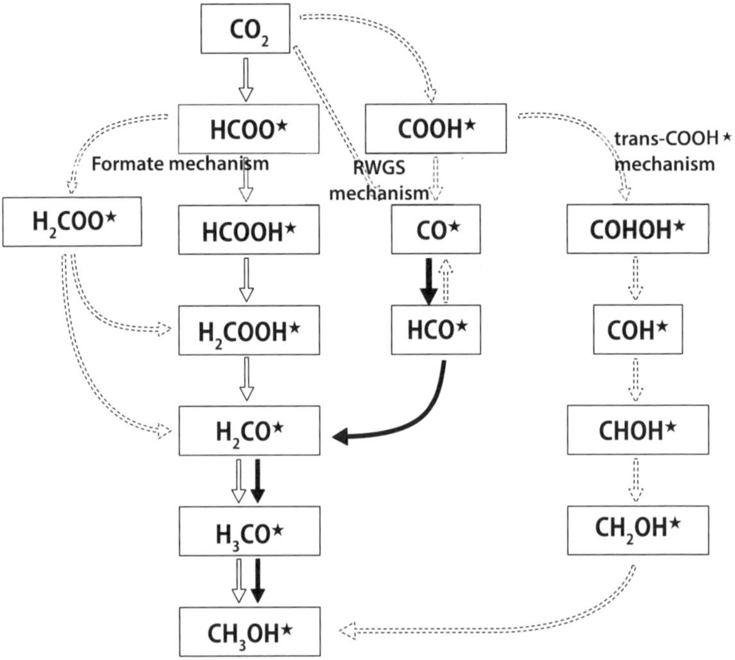


図 **3.19**　Cu 触媒による熱的還元，$CO_2$ から $CH_3OH$ 生成までのスキーム，白矢印は $CO_2$ 還元に最も有利，黒矢印は CO の還元に最も有利である．（文献 [23] より引用）

の可能性が注目を集めている．それは標準状態における体積容量 (53.4gL$^{-1}$) が魅力的な値だからである．ギ酸の形に蓄えられた水素は適当な触媒設計ができれば $CO_2$ と $H_2$ に戻すことができる．これに関連して参考にすべき計算科学的研究はいくつか提案されている [37].

ギ酸の生成メカニズムを扱った著者らの研究を紹介する．共同研究者 F. M.Jin らは Zn 粉末と $NaHCO_3$ を水熱合成条件で処理した．この簡単な処理でギ酸が高収率で生成することを報告した [38]．X.Zeng らはこのメカニズムを DFT 計算で説明したわけである [39]．まず，ギ酸が高収率で得られるという実験事実を図 3.20 に示す．

この反応のメカニズムは，水熱合成下で水が $H^*$ という活性種 (Zn–$H^{\delta-}$) ハイドライドを形成し，SN2 型の反応であったことが示された．そのスキー

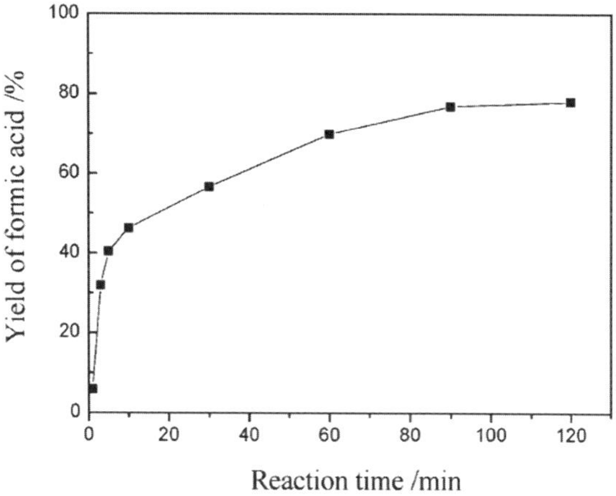


図 **3.20**　ギ酸の収率と時間 (1 mmol $NaHCO_3$, 10 mmol Zn, 111 mmol $H_2O$, Temp.573 K)(文献 [39] より引用)

ムと計算による遷移状態を図 3.21 に示す．

この反応系に用いられたのは Zn 粉末であり，それが水熱合成反応をするのであるから，計算モデルとして固体の清浄表面を用いたのでは非現実的とのそしりを免れることはできない．さらに反応物として系に含まれそうな種，つまり $H^+$，$OH^-$， $H_2O$，そして $HCO_3^-$ がいかなる量論式に従ってギ酸生成反応を起こすのか，モデル化するにも可能性があまりに多様であり，何を計算の対象として選ぶのか，そこが最大の難関であった．緒方らは想定される反応物を網羅的に計算スクリーニングしてエネルギー的に妥当な群に分類し，さらにその組合せの可能性をも網羅的に計算し，反応式を選別し，恣意性を極力排したモデルを設定した [39, 40]．特筆すべきモデル化としては，実験的に用いられた金属粉末を $Zn_5$ クラスターで近似した点である．大胆な近似であるが，著者らは清浄表面という非現実的なモデルよりも何らかの実体を捉えていると考える．それには $Zn_2$ から $Zn_{20}$ までのクラスター（たくさんの構造異性体がある）について，エネルギーの低いものを選別し，いくつもの計算をした結果，活性部位の多様さが $Zn_5$ でほぼ近似できることを見出し，$Zn_5$ クラスターを金属粉末の触媒モデルとして妥当であると推定したわけである [39]．つまり，$Zn_5$ クラスターにより，固体触媒

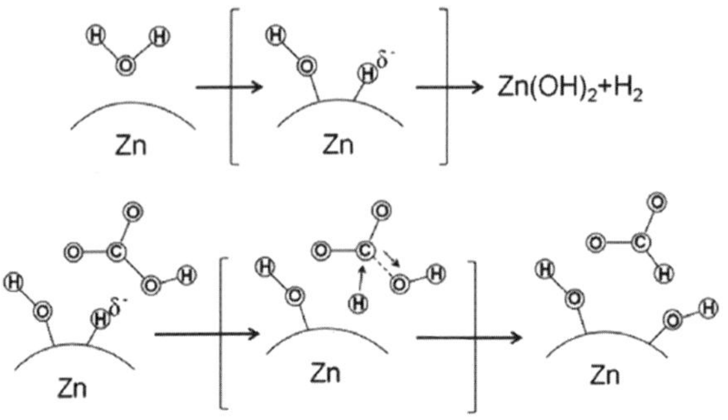


HCOO⁻生成が $SN_2$ 様のメカニズムでおこる反応スキーム

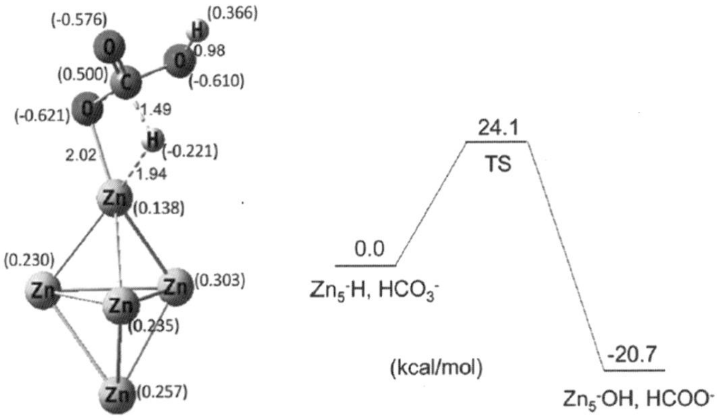


図 **3.21**　Zn–$H^+HCO_3^-$ → $Zn_5$ – OH + $HCOO^-$ 反応のエネルギーと遷移状態（文献 [39] より引用）

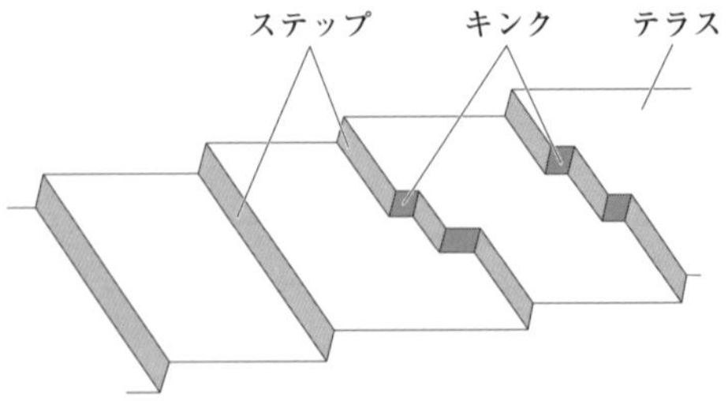


図 **3.22**　固体触媒における三つの活性サイト

の触媒活性点として通常考えられている三つの局在領域（図 3.22），ステップ，テラス，そしてキンク，そのおのおのが，それぞれ，Zn-Zn 辺，$Zn_3$ 平面，そして頂点として，対応し三つのサイトすべてを兼ね備えた最小クラスターと考えることができるからである．

### 3.7.2 気液界面における $CO_2$ の電気化学的還元

固体触媒による気相反応に比べて，電気化学的手法を用いる利点は大気圧下の常温で行うことが可能だからである．前者の触媒系では，天然光合成を転写したような飛びぬけた発明がない限り，今後とも必然的に高温と高圧を要請されるから，工業的実用化に鑑みると反応装置系全体の規模は大きくならざるを得ない．液相で電気化学的に $CO_2$ 還元反応系を設計するとき，目的生成物の収率と他の生成物の収率の分布ファラデー（Faraday）効率を決める操作変量，つまりパラメータ群は，印加電圧，負極および正極を構成する物質，表面の形状，電解質組成，pH，そして反応炉装置系の幾何学的および結合様式構造の全体である．水素源からプロトン $H^+$ を生成させる負極に比べて，$CO_2$ に電子 ($e^-$) あるいは電子正孔対 ($h^+ + e^-$) を付与する場である正極の抱える問題は相対的に多くの課題を抱えている．過去に種々の金属が試され，ここでも Cu が $CH_4$ と $C_2H_4$ の生成に高い Faraday 効率を示すことが報告されている [41]．一方，Au 金属は CO 生成を選択的に生成するという興味深い実験事実も報告されている [42]．

計算科学の研究者にとって，Cu と Au の違いを解明するのは極めて魅力的な問題に違いない．しかし，現在の第一原理計算を直接適用するには，その時間と空間スケールにおいて膨大な隔たりが横たわっている．だからといって連続体の手法や，QM/MM 計算[1]では電気化学反応という現象の全体が本質的に量子論であることを扱うことはできない．

この困難に関する著者の見解を付加すれば，第一原理計算や量子化学計算

[1] 大きな分子系を部分に分け，反応に関わる原子間の結合の組換えが起こる部分は量子力学 (QM) 的に扱い，随伴している部分は分子力学 (MM) に代表される古典論で扱う計算方法，反応場をつくる随伴部分まですべてを量子論的に記述すれば，計算負荷が高すぎてしばしば矮小化されたモデルに成らざるを得ないが，この QM/MM 法なら現実的な系を計算で扱うことができる．

の精度と計算機性能の飛躍的向上が実現した今こそ，気鋭の若手研究者への期待は大きい．かつて，福井謙一，R. ホフマン (R.Hoffmann) らがフロンティア軌道という質的実体を取り出した歴史に鑑み，新たな質を取り出すタイプの研究スタイルが，また待ち望まれている．その大きなヒントは天然光合成の節（3.5 節）の最後に述べた動的構造・時空間構造に潜んでいると推測する．

さて本項では，実験と計算の間に横たわる大きな隔たりを埋めることを志して困難な課題に果敢にアプローチしている気鋭の計算科学手法のコンセプトを紹介する．以下，ノルスコフ (Nørskov) によって提出された Computational Hydrogen Electrode(CHE) モデル，および水分子を取り扱う手法の本質について解説を試みる．

### CHE(Computational Hydrogen Electrode) モデル

$CO_2$ 還元を電気化学的に行うためには，過電圧の制御が重要課題である．CHE モデルは，それを計算科学的に取り扱うために提出されたものである．過電圧とは熱力学的に決まった半反応のポテンシャルと実験的に酸化還元が観測されたときのポテンシャルの差である．電気化学的に $CO_2$ を還元する素過程に対して熱力学的に決まった平衡ポテンシャルを以下に示す．先に示したラティマー-フロスト (Latimor-Frost) ダイアグラム（図 3.11）は，これを図示したものである．

$$
\begin{aligned}
&CO_2 + e^- \rightarrow CO_2^{\cdot -} \quad (U = -1.90\ \mathrm{V}) \\
&CO_2 + 2H^+ + 2e^- \rightarrow HCOOH(aq) \quad (U = -0.20\ \mathrm{V}) \\
&CO_2 + 2H^+ + 2e^- \rightarrow CO + H_2O \quad (U = -0.11\ \mathrm{V}) \\
&CO_2 + 4H^+ + 4e^- \rightarrow CH_2O(aq) + H_2O \quad (U = -0.07\ \mathrm{V}) \\
&CO_2 + 6H^+ + 6e^- \rightarrow CH_3OH(aq) + H_2O \quad (U = +0.03\ \mathrm{V}) \\
&CO_2 + 8H^+ + 8e^- \rightarrow CH_4 + 2H_2O \quad (U = +0.17\ \mathrm{V})
\end{aligned}
\tag{3.7}
$$

これらを一見すれば，(3.7) の第 1 式のような直接的な電子移動よりも，それ以外の式，つまりプロトン移動と同時的に起こる移動 (proton coupled electron transfer, PCET) のほうが有利であることが分かる．また最後の式における $CH_4$ 生成が +0.17 V（vs reversible hydrogen electrode, RHE）で起こせるわけではなく，現実の Cu 電極によって $CH_4$ を生成しつつ高電流が得られる実測値には –1.0 V が要求される．そればかりでなく低い過電圧では，CO，HCOOH，そして $H_2$ のような生成物が主となる．また Au によって CO を得ようとすれば，0.3V という値が（上の式にもかかわらず）必要とされる．

これらを扱うツールとして CHE は提案された．以下に解説しよう．CHE の最初の報告は Pt 電極における酸素還元反応 (ORR),

$$O_2 + 4H^+ + 4e^- \rightarrow 2H_2O \tag{3.8}$$

における過電圧を説明するために用いられた [43]．この理論は二つの大胆な近似を採用する．その第 1 は「液相で起こる PCET の反応障壁は室温の熱揺動で超えられる程度」である．これを認めれば，いま問題にしている反応の障壁を決めるのはいくつかの PCET 反応における熱力学自由エネルギー差であり，最も正に大きな自由エネルギーを持つ素過程が律速段階となろう．第 2 の中心的なコンセプトはこうして浮かび上がった自由エネルギー差についての近似であり「熱力学的に決められた反応の自由エネルギーは近似的に印加電圧 $U$ で補正できる」というものである．どちらの近似も，詳細構造に鑑みれば厳密とは言えないものの，極めて妥当な出発点であろう．

その $U$ の導入の仕方は明快である．RHE での 0.0 V とは，プロトンと電子が 1 気圧下の全 pH 領域において，気体 $H_2$ 分子と平衡状態にある状態であり，それらの化学ポテンシャルには以下の等号が成り立つと考える．

$$\frac{1}{2}\mu(H_2(g)) = \mu(H^+(aq) + e\ \ ) \tag{3.9}$$

したがって，外部からの印加電圧 $U$ があって，プロトンと電子の対に 1 電子を追加するときの化学ポテンシャルの変化は，

$$\frac{1}{2}\mu(H_2(g)) = \mu(H^+(aq) + e^-) + eU \tag{3.10}$$

となる．よって自由エネルギー差 $\Delta G$ を持つ素反応過程に外部電圧 $U$ を印

加したときの自由エネルギー差は，

$$\Delta G(U) = \Delta G(U = 0) + eU \quad (3.11)$$

と書ける．つまり電圧を印加しない ($U = 0$) 状態で標準的に得られる熱力学的な自由エネルギー差を用いて，印加されたときのそれを補正できるわけである．電極の関与をこのように大胆に考えてよいのであれば，この $\Delta G(U = 0)$ の値を見積もればよいことになる．それならば，適宜，溶媒効果の補正を行いつつ，現在の計算科学の手法で容易に半定量的な値を見積もることができる．したがって，律速段階の自由エネルギー差をゼロにする限界電位 $U_L$，

$$\Delta G(U = 0) = -eU_L \quad (3.12)$$

はそれを決める電圧，つまり律速段階の自由エネルギー差をゼロにする電圧として得ることができるわけである．実に簡単な推論過程であるが，この大胆な近似を適用すれば，多くの過電圧に関する困難に計算科学的なメスを入れることができる．

これにより，一般に吸着種とプロトン・電子が関与した PCET 反応，

$$A^* + H^+ + e^- \rightarrow B^* \quad (3.13)$$

の自由エネルギーは下式，

$$\Delta G(U = 0) = \mu(B^*) - \mu(A^*) - 1/2\mu(H_2(g)) \quad (3.14)$$

で扱うことができる．こうして印加電圧 $U$ をも鑑みた素反応の自由エネルギーを見積もることが可能となる．つまり，吸着種の化学ポテンシャルが吸着エネルギーの計算により得られ，問題としている反応の自由エネルギー差を見積もり，それによってどの反応が律速段階であるのか，計算によって見積もる手段を手にしたわけである．

これを適用することにより，複雑に見えた ORR 素過程 (3.8) も，四つの PCET 反応のうち，

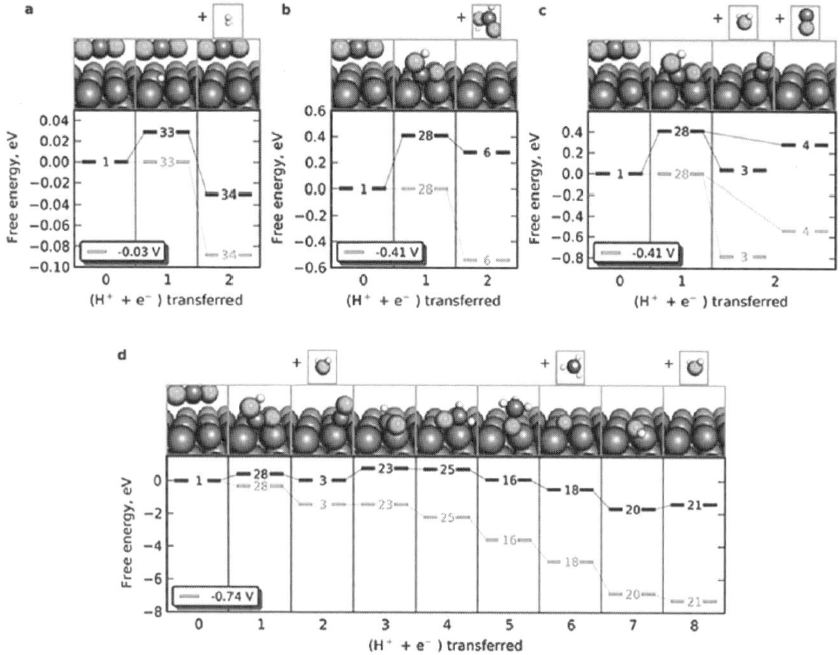


図 **3.23**　Cu(211) による $CO_2$ の電気化学的還元 $CH_2$，HCOOH，CO，そして $CH_4$ 生成のポテンシャルエネルギー（文献 [44] より引用）

$$OH + H^+ + e^- \rightarrow H_2O \tag{3.15}$$

という素過程が律速段階であると算出され，この過電圧は 0.45V と見積もられた．実測に近い値である [43].

これまでたくさんの適用例が報告されているなかで，Peterson らの計算例を引用しておこう．彼らは，なぜ Cu だけが電気化学的 $CO_2$ 還元にこれほど適しており，さらに，なぜこの過程には大きな負の過電圧が要求されるのか，という問いに答えるために DFT 計算を Cu(211) に対して実行し，研究結果を報告している [44]．そこで律速となるのは $CO^*$ への $COH^*$ の素過程であり 0.74 eV の自由エネルギー差を報告している．図 3.23 にその端的な結果を引用する．さらにもう一つ例示すれば，Nie らによる $Cu_2O(111)$ の計

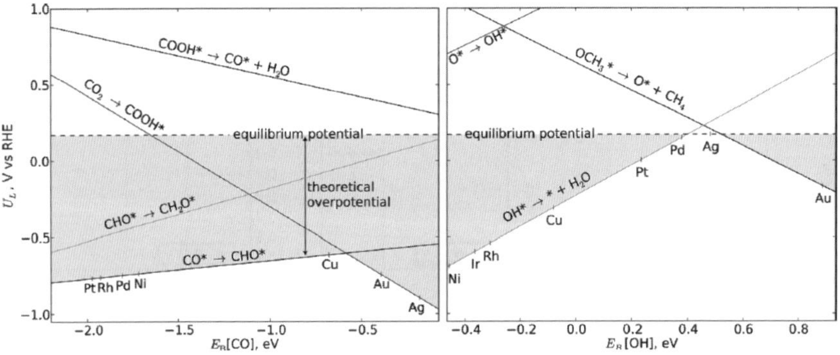


図 **3.24**　$CO_2$ の電気化学的還元に対する過電圧火山 (overpotential volcano) プロット（文献 [46] より引用）

算 [45] であろう．

以上の手順を踏めば，CHE モデルの重要な結果である**過電圧火山プロット** (overpotential volcano, 図 3.24) と称されるダイアグラムが得られる [46]．これは非常に重要なダイアグラムである．それぞれの直線は素反応の自由エネルギーが電気化学的にゼロとなる点である．横軸には電極と CO および OH 種の吸着エネルギー $E_b$[CO]，$E_b$[OH] を，縦軸には限界電位 $U_L$ を取ってプロットしたものである．それぞれの素反応における反応物へのプロトンと電子の付与過程が含まれている．これが $E_b$[CO] と $E_b$[OH] の線形関数として示されるという近似がこの仕事の妙味である．図中に平衡ポテンシャル (equilibrium potential) と記された横線は，$CO_2$ を $CH_4$ に電気化学還元する電位である（+0.17 V 対 RHE）．現実の触媒はこの平衡ポテンシャルよりも負の値が必要であり，その部分は灰色で示してある．したがって各反応を示す直線からこの破線までが過電圧に対応する．この図の $E_b$[CO] と $E_b$[OH] の値は，それぞれ用いる金属できまり，図中にそれを示している．

$CO_2$ から $C_2H_4$ を得る反応については追加説明が必要である．なぜなら，この生成物に至るには電気化学反応によらない C–C 結合生成過程が含まれ，上にのべた CHE モデルで扱いうる近似の枠外にあるからである．Montoya らは Cu(211) 表面における C–C 結合生成過程の第一原理計算による解析を報告している [47]．彼らの結果は $CH_4$ と $C_2H_4$ の生成ポテンシャルに関する実験と良好な対応を示している．しかしながら Koper らの実験と計算は必ずしもこの解析を支持しないという報告をしていることも付記しておこう [48]．CHE という近似の限界であるのか，計算精度あるいは計算のために抜き出したモデルの限界であるのか，現段階では予断を許さない．

## 電気二重層の水分子を考慮した計算

CHE モデルには溶媒という反応環境をつくる水が考慮されていない．したがって，電極の電気二重層が無視されたモデルである．一方，これを取り込んで進められている計算科学のアプローチとしては，Y.Li らの総説によれば，まだ二つの報告があるだけという [23]．以下にその概略を述べる．

第 1 の例は，C. Shi らが Pt(111) による電気化学的な $CO_2$ 還元について行った報告であり [49]，水溶媒による電気二重層を直接的に取り入れた計算結果を提出している．NEB 法（nudged elastic band という手法で遷移状態を求めることができる）によって得られた結果を図 3.25 に引用する．$CO_2$ から表面の $C^*$ に至るプロトン移動と C–O 結合開裂の障壁はそれぞれ，～0.1 ev および～0.5 eV であると見積もっており，むしろ CHE 近似が有効であることを示している．

第 2 は X.Nie らによる Cu(111) に 2 層の水を考慮した計算である [50]．彼らは定電位モデルを採用している．上記 C.Shi らのモデルは定電荷モデルであり，対照的である．つまり，(3.16) 式の両辺の自由エネルギーがゼロとなるような平衡電圧 Uo を計算するわけである．

$$A^* + H^+ + e^- \rightarrow A^* + H^* \tag{3.16}$$

これから障壁 $E_a^0$ を出すにはいくつかの印加電圧 $U$ についてバトラー-ボルマー (Butler-Volmer) 式を用いて見積もることになる．

$$E_a(U) = E_a^0 + \beta(U - U\mathrm{o}) \tag{3.17}$$

ここで $\beta$ は通常 0.5 とされる．水シャトルモデル（図 3.26a）と水溶媒モデル（図 3.26b）と称した二つのケースを検討した結果を図 3.26～3.28 に引用する．

近年，電極に付加された印加電圧をあらわに取り込んだ第一原理計算が

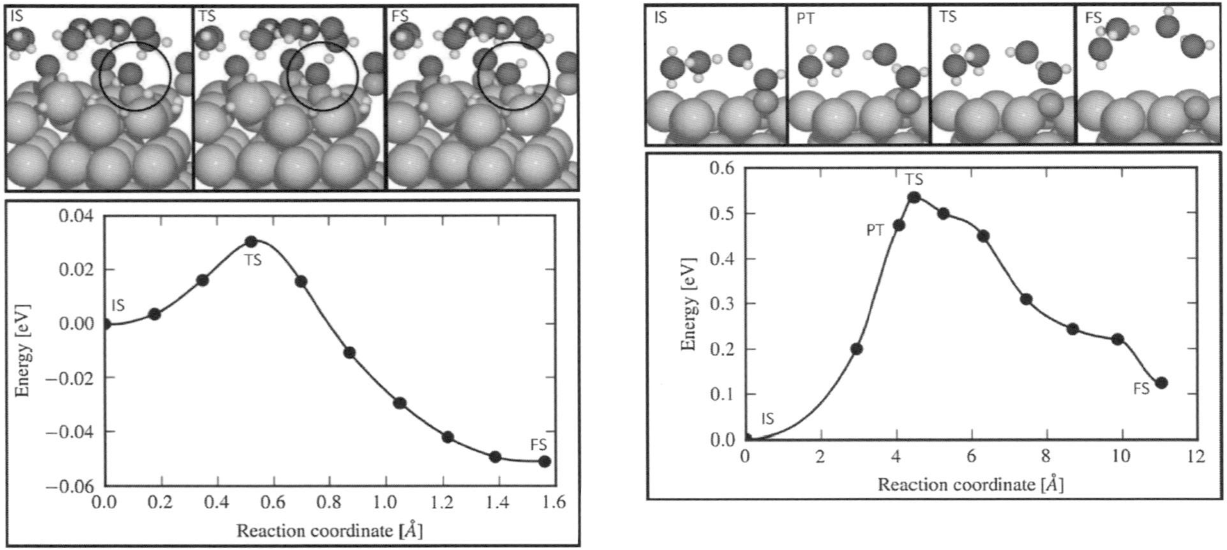


**図 3.25**　NEB 法によって求められた計算結果（左）*Pt*(111) 上で 1 ML の H で覆われた $3 \times 2\sqrt{3}$ セルにおけるプロトン – 電子移動により $CO^*$ から $COH^*$ ができるポテンシャルエネルギー，（右）*Pt*(111) 上で $3 \times \sqrt{3}$ セルにおけるプロトン – 電子移動により $COH^*$ から $C^*$ をへてから $H_2O$ ができるポテンシャルエネルギー．PT の点でプロトン – 電子移動は終わる．TS の点で C–O 開裂が終わり，その後は $H_2O$ の緩和である．IS，TS，FS は各々上の構造に対応する点である（文献 [49] より引用）

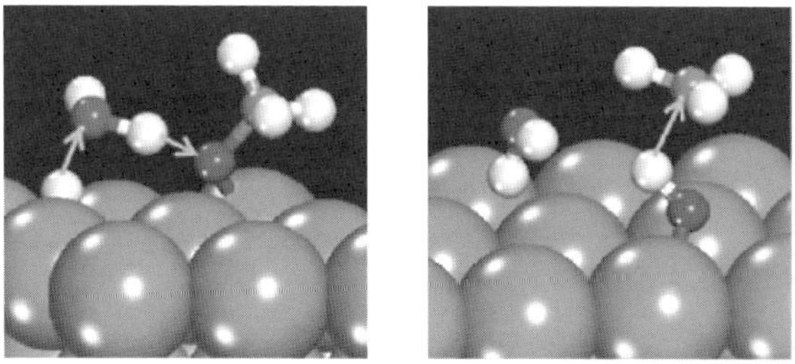

(a)　(b)

図 **3.26**　表面のメトキシ種を還元するときの遷移状態 (a)$CO_3OH$ 生成（H-シャトルモデル），(b)$CO_4$ 生成（水溶解モデル）（文献 [50] より引用）

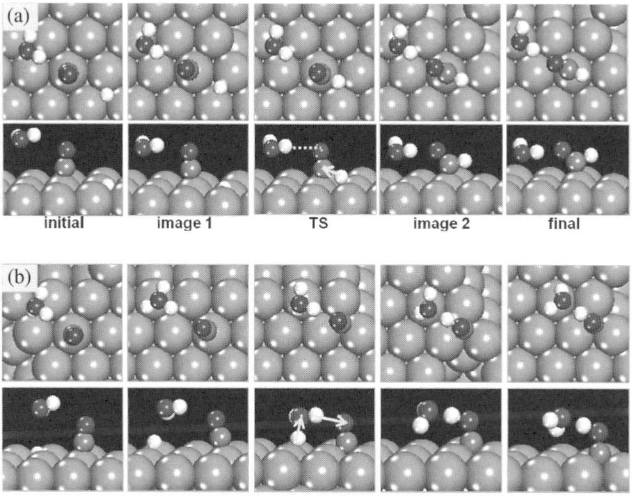


図 **3.27**　(a)C–H 結合による CHO 生成，水溶解モデル，(b)O–H 結合による COH 生成，H シャトルモデル（文献 [50] より引用）

杉野・大谷らによって着想・構築され，応用が開始されている[51]．これによれば，上記の CHE 近似を用いずとも，直接的にバイアス電圧を考慮した電極反応に対して第一原理計算で実測値を高精度で再現する結果が報告されつつある．著者には，この新しい方法が開いてくれた展望の見通しの良さ，そしてその先にある地平の大きさは計りしれないと予感される．

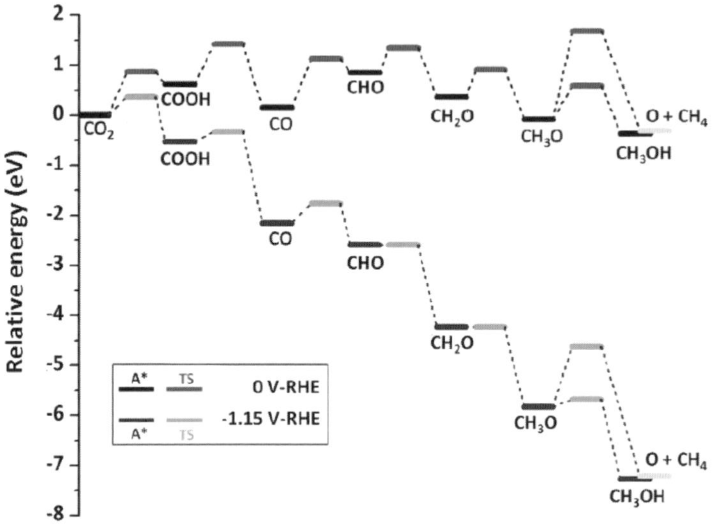


図 **3.28**　CHO 生成のエネルギーダイアグラム，（上）OV-RHE，（下）−1.15V. RHE（文献 [50] より引用）

ESM(effective screening medium) と称される手法による収穫が続々報告されていく日は近いであろう．

## 3.8　イオン液体による $CO_2$ 還元

膨大な数にのぼる有機化合物のなかで，とりわけ熱力学的安定性の高い $CO_2$ 分子を還元する手段の一つとして，室温のイオン液体を用いる方法が近年注目を集めている [52]．その理由は，これまで述べてきた他のいくつかの $CO_2$ 還元手段と比べてこの電気化学的還元は，常温常圧において反応性が高いこと，そして実験室レベルから工業的スケールまでのサイズ拡張性に無理がないこと，この2点に鑑みて最有望であることが指摘できる．特にイオン液体を用いる電気化学的方法は材質の蒸気圧がほとんどゼロであり，導電性が高く，電気化学および熱力学的な安定性が高く，溶媒への溶解度も高く，特に際立った利点は多様な種類の有機物を試すことができるから，広範囲の特性にあわせて多様なサンプル調整が可能であるという特徴である．近年，多くの実験的研究が報告されている [53]．なかでも Rosen らは，

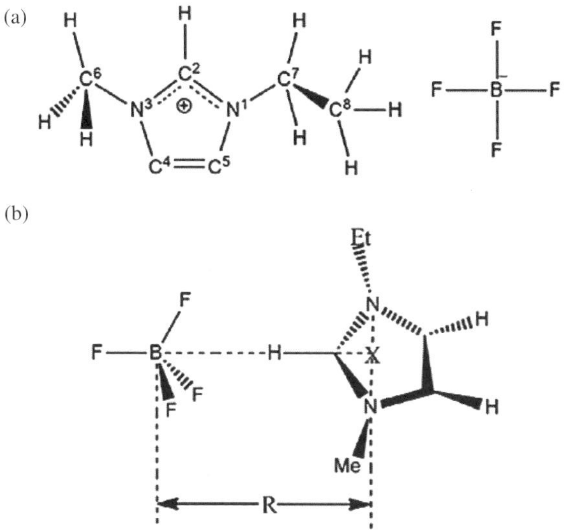


図 **3.29**　EMIM-$BF_4$2 分子の会合体，R を 2 分子間の距離として定義

Ag 系の電気化学システムを用いれば，極めて低い過電圧で好成績の $CO_2$ 還元を達成できるという結果を報告している [54]．それは「1-ethyl-3-methyl-imidazolium tetrafluoroborate, [EMIM-$BF_4$]」から成るイオン液体電解質に水が加わったものである．しかしながらイオン液体による $CO_2$ 還元がなぜこれほどの性能を誇るのか，その詳細メカニズムは解明されておらず，実験的探索のための指針が求められている．そこで Wang らが Rosen の報告した系のメカニズム解明を目指して量子化学計算による研究を行ったので紹介する [55]．この研究の前に立ちはだかっていた大きな壁はイオン液体に特有の構造的な柔軟さである．つまり反応に関与する構造を合理的に仮定することが非常に難しいという点であった．そこで図 3.29 に示すイオン液体の構成要素アニオン（陰イオン）とカチオン（陽イオン）のつくる EMIM-$BF_4$ という 2 分子会合体のなかから存在する可能性のある構造を網羅的計算して求めるべく徹底スクリーニングが実行された．その結果，図 3.30 に示す四つの安定構造が選別された．それらの相対的エネルギーを表 3.2 に引用する．

アニオンとカチオンが柔軟な構造変化を保ちつつ電荷による引力で会合しているわけであるが，興味深いことに 2 体の相互作用エネルギーは 86～

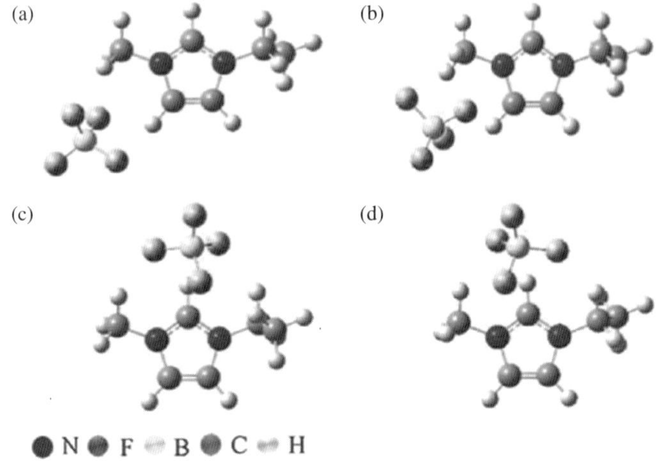


図 **3.30**　EMIM-$BF_4$2 分子の安定構造 ((a)Side1　(b)Side2　(c)Top1　(d)Top2)（詳しくは表 3.2 および文献 [55] を参照）

表 3.2　EMIM-$BF_4$ 会合体の最安定構造 (図 3.30) に関するエネルギー（Side1 に対する相対値）および構造的特徴（図 3.29 参照）

| State | Energy/ B3LYP ($kcal\ mol^{-1}$) | Mulliken charges transfer | R(Å) | Distance from H in C2 to F(Å) | Angle of C2–H···F | Dissociation energy/B3LYP ($kcal\ mol^{-1}$) |
|---|---|---|---|---|---|---|
| Side1 | 0.0(0.0) | 0.197 | 4.65 | 1.837 | 169.5 | 86.7 |
| Side2 | 0.5(0.2) | 0.174 | 4.54 | 1.879 | 146.1 | 86.2 |
| Top1 | −10.9(−12.2) | 0.225 | 3.70 | 1.945 | 138.1 | 97.6 |
| Top2 | −9.1(−10.1) | 0.210 | 3.64 | 1.919 | 140.4 | 95.9 |

98 kcal/mol にも達する．この強い引力を媒介にしたものがイオン液体の実体である．この興味深い知見こそ計算結果の与えるところである．このエネルギーは，通常の C–H 結合や C–C 結合エネルギーに匹敵する．そのような高いエネルギーで引き合えば，通常は固定した構造をとるのが普通である．にもかかわらず，構造の柔軟性を有している点が，イオン液体であり，そのエネルギー領域の反応舞台を設定しているのである．$CO_2$ との反応に進む

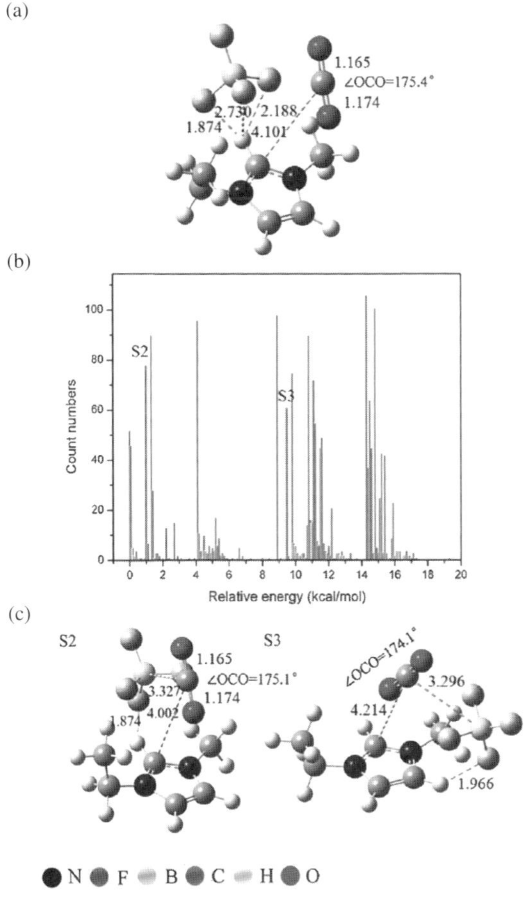


**図 3.31**　(a)3 体の最安定構造 (R ＝ 3.81Å), (b) ヒストグラム（エネルギー順に分解）(c) 代表的な二つの安定構造 (S2 と S3)（文献 [55] より引用）

ためにそこで選別された安定構造に対してさらに基質の $CO_2$ 分子を配位させた 3 体の安定構造を探索した.

網羅的に場合の数を尽くして 2487 の出発構造から安定なものを求める構造最適化の結果，1807 個の構造が得られた．出発構造としては網羅的に初期構造を作成したが計算の結果，安定な構造に落ち着かず解離に向かった構造をはじめとして，最終的な安定構造まで収束しないケースも少なくはなか

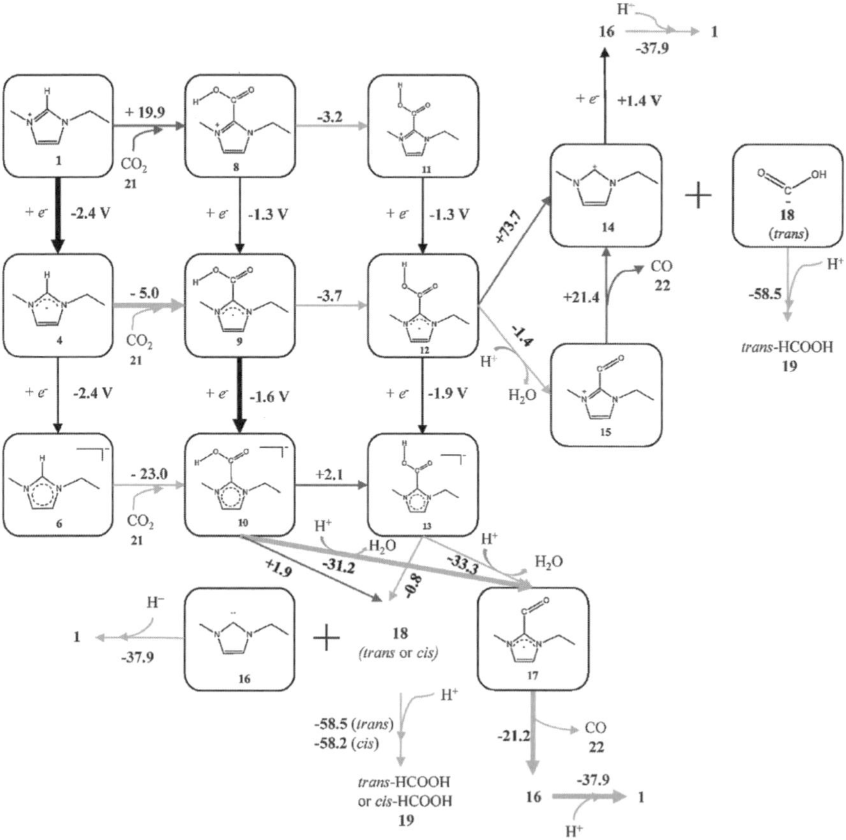


図 **3.32**　全体の反応フロー図（$BF_4^-$ は省略），相対エネルギーの数値は kcal/mol，電気化学ポテンシャルは eV(vs SHE)，薄い太矢印は有利な経路，濃い細矢印は不利な経路．（文献 [55] より引用）

ったわけである．図 3.31 にその最安定構造とヒストグラム，そして 2 例の代表的な安定構造を示す．

これら 3 体の最安定構造から出発して，可能な $CO_2$ 還元の反応経路を探索したものを図 3.32 にまとめた．つまり $CO_2$ から CO へ行く経路と HCOOH へ行く経路についてありうる経路を計算によって調べ尽くしたわけである．図 3.33 にはここで重要な CO/HCOOH の分岐を明示し，図 3.34 にそのエネルギーを示した．

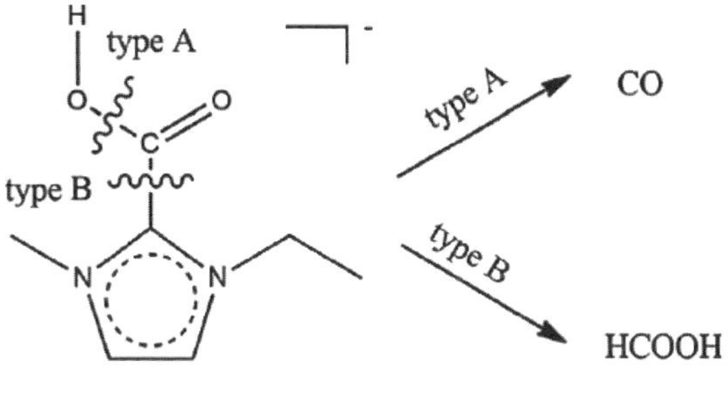


**13**

図 **3.33**　中間体 13 から CO もしくは HCOOH への分岐パターン

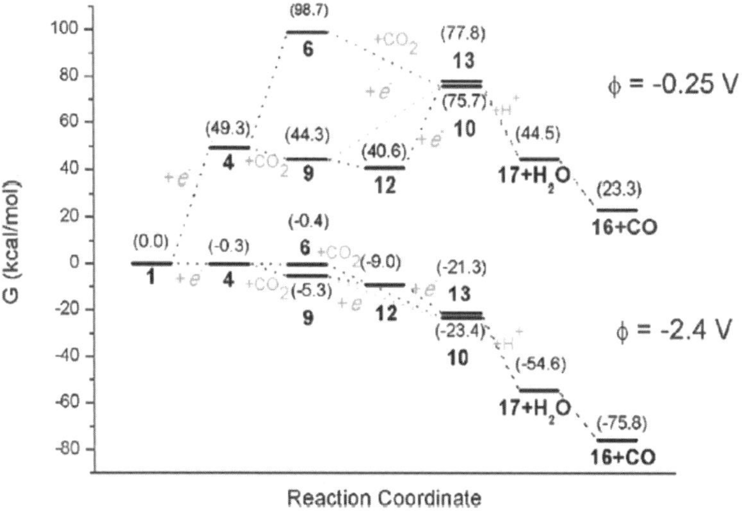


図 **3.34**　全体のエネルギー図（番号は図 3.32 に対応）$\phi$ が印加電圧である（文献 [55] より引用）

イオン液体による $CO_2$ 還元のメカニズムを計算によって解析した全体の様子を図 3.35 にまとめた．まだ固定電極とそれに印加された電位をあらわに考慮していない計算であるから，実験の印加電圧の絶対値と比べることはできないが，詳細が全く不可解であった反応機構に対して図 3.35 のように統一的な解釈を提示することができた．特に C2 位（図 3.29 参照）の H が

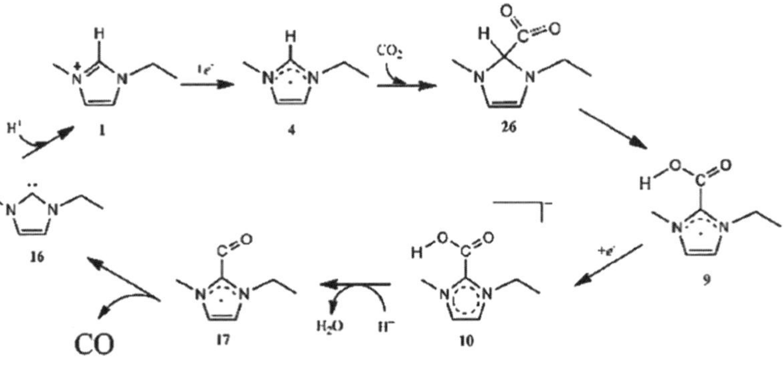

図 **3.35**　全体スキーム（文献 [55] より引用）

関与するというスキームが提案されたわけである．一方，このような複雑な反応メカニズムであるから別の見解も提出されている [56]．引用しておかねばなるまい．

## 3.9　触媒の回転頻度 TOF についての定量的評価方法

$CO_2$ 還元を工業的なレベルで実現するための研究の舞台が電気化学反応，熱化学反応，あるいは光電気化学反応，それらのいずれであっても，主役たる焦点は触媒設計であろう．今日では計算科学的アプローチが触媒探索にとって少なくない貢献を示しつつあるという現状について，前節まで詳しく述べてきた．しかしながら，まだ決定的に重要な問題が残っている．つまり $CO_2$ 還元の触媒設計において実現しなければならない基本性能としての触媒回転頻度 (turnoverfrequency,TOF) を考慮しなければならない．TOF とは，一つの触媒サイトにおいて単位時間当たり生成物に変換できる分子数の最大値である，つまり触媒の速度であり，触媒濃度 [C] および時間 $t$ 当たり，回転する触媒サイクル数 $n$（下式）である．

$$\mathrm{TOF} = n/[\mathrm{C}] \cdot t \tag{3.18}$$

意味ある触媒とは工業的触媒であり，それは時間内に十分な速度を持って機能する触媒である．いかに優れた活性・選択性があっても，動作に長い時間を要する系は研究対象としての存在意義はあるかもしれないが，工業的・

実用的には意味を持たない．この課題解決を志向した計算科学をここで議論しよう．

これまで計算科学が触媒設計に貢献したのは反応機構の解明，選択性や活性向上の指針提示，さらに劣化要因の推定においてである．それらの課題に対してならば相当の役割を果たしてきた [57]．その実績とは対照的に，TOF についてはこれまで貢献する余地がない状況であった．特に均一系触媒に関しての計算は詳細な反応機構を解明し，触媒サイクルの全体を示すことができるから，これまで触媒設計指針として「高すぎる山（遷移状態 TS）がないこと，深すぎる谷（中間体）がサイクルに含まれないこと」が重要とされ，今日では実験に先立って最適なリガンドや中心金属種を計算で推定するまでに至り，その反応物，山の高さ，谷の深さ，そして生成物の収率を改善する設計指針を提案することができるようになった．しかしながら，高い TOF の実現は触媒プロセスが満たすべき重要な必要条件であるにもかかわらず定式化の手がかりがなく，計算科学的には打つ手がないのが実情であった．それに対して，近年ようやく S. Kozuch と S. Shaik らは TOF を評価する方法を提示したのである [58]．本節ではこの定式化の真髄を説明する．

計算科学が出現する以前に，反応速度論は物理化学として確立し，反応速度定数は今日の実験家の共通言語 (*lingua franca*) である．ところが計算科学（第一原理計算，量子化学計算，そして QM/MM 計算）から得られる主な情報は構造とその相対エネルギーである．よってまだ隔りのある速度論（k-表現）とエネルギー論（E-表現）を結びつけてこそ，計算と実験は相互に切磋琢磨して進歩することができる（図 3.36）．

この二つを結びつけるものは，アイリング (Eyring) の式あるいはアレニウス (Arrhenius) の式である．定常状態（触媒反応の進行に際して濃度の時間変化がなく，安定して進んでいる状態）になって触媒反応が進行していると すると，反応速度 ($R$) は下式で与えられる．

$$R = k[C_a] = (A \exp(-E_a/RT))[C_a]. \tag{3.19}$$

ここで $[C_a]$ は律速段階の触媒種の濃度であり，$E_a$ は相当する活性化エネルギーである．$[C_a]$ は近似的に下のボルツマン (Boltzmann) 分布から求める

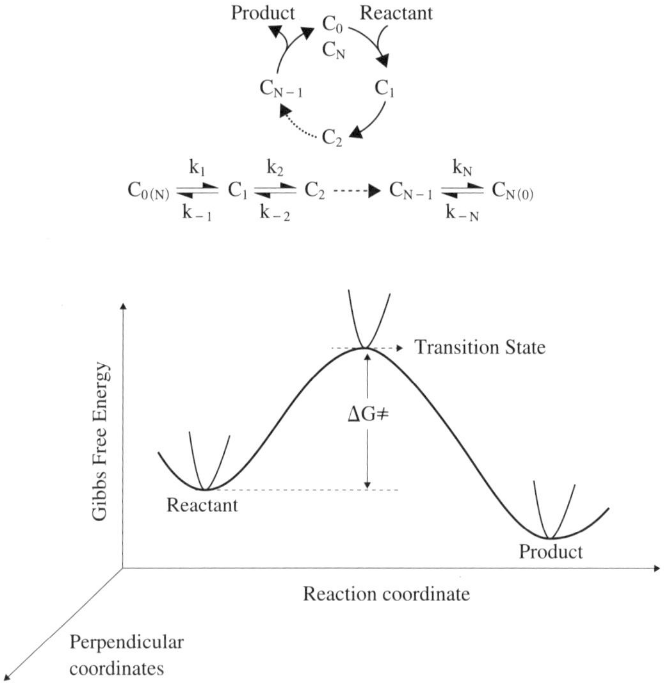


**図 3.36**　実験による速度論（k-表現，上図）と計算科学によるエネルギー論（E-表現）（文献 [58] を参考にして作製）

ことができる．

$$[C_a] = [C_0]\exp(-\varDelta E/RT) \tag{3.20}$$

ここで $[C_0]$ は最安定種の濃度であり．これから，

$$V = [C_0]A\exp(-(E_a + \varDelta E)/RT))$$
$$\delta E = E_a + \varDelta E \tag{3.21}$$

を得る．この式に登場した $\delta E$ をエネルギースパン (energetic span) と呼び，下の図 3.37 に活性化エネルギー $E_a$ の横に示した量である．

ここで，ボルツマン分布を仮定して成り立つ式が正確な（妥当な）値を与えるのはどのようなときであろうか．それは，図 3.38 に示す $\varDelta Gr$ がゼロの

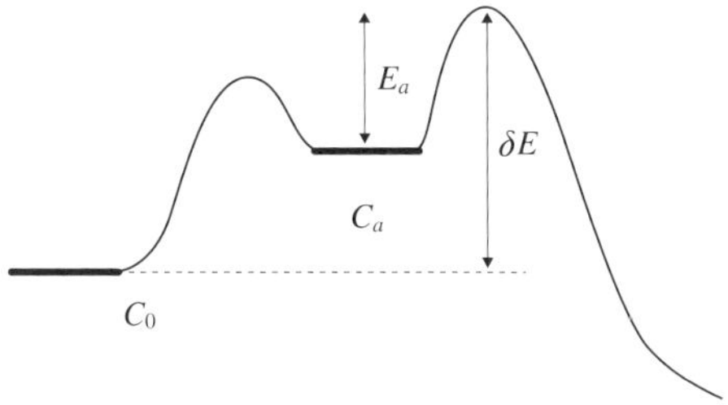


図 **3.37** エネルギースパン $\delta E$

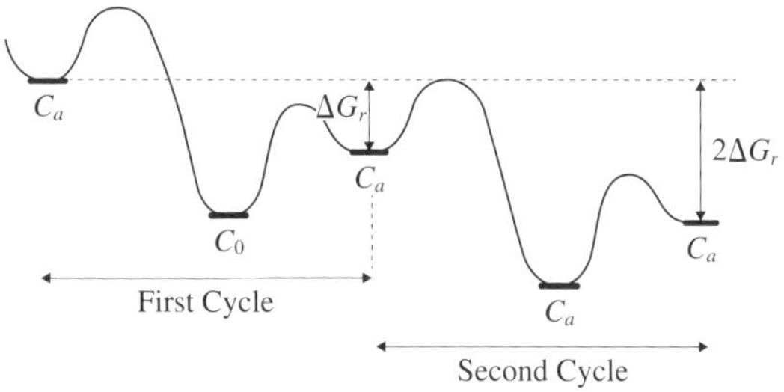


図 **3.38** 触媒サイクルが進行するには $\varDelta Gr = 0$ であってはならない

とき（ゼロに非常に近いとき）に限る．ところが，これがゼロに非常に近い値を取るとは触媒進行の反応もゼロに向かうことになり，触媒としての意味を失う．触媒が機能し回転するとは，現実に触媒サイクルが 1 回転して新たな出発点に来たとき，その系のエネルギーは出発点よりも低いところに来ていなければならない．さもなければ触媒反応は平衡に達し進行しないからである（図 3.38 の $\varDelta G_r$ と $2\varDelta G_r$）．このような状況ではボルツマン分布を適用した上式を有効とすることはできない．ここに大きなジレンマであった．これを克服して初めて TOF を見積もることができたわけである．

Amatore [59]，Kozuch そして Shaik [58] らは Christiansen [60] による先駆的な着想と着実な定式化に立脚して，定常状態近似のもとで，TOF を下のように表現成功した．

$$\mathrm{TOF} = \varDelta / M \tag{3.22}$$

この $\varDelta$ とは前向きの反応速度の積と戻りのそれとの差，つまりは反応の推進力を表すものであり，構成される素反応の速度定数 $k_i$ を用いて，

$$\varDelta = k_1 k_2 \ldots k_N - k_{-1} k_{-2} \ldots k_{-N} \tag{3.23}$$

と書ける量である．分母の M は (3.24) 式であり，触媒系の中に存在する（ある確率で含まれる）種々の副反応を網羅した量である．電流と抵抗に関するオーム (Ohm) の法則に対比させて $\varDelta$ を触媒反応推進の流れとみて，$M$ をそれに対する抵抗と読み取ることができる [58]．(3.24) で示された副反応を網羅したマトリクス $\hat{\boldsymbol{M}}$ の成分 $M_{a,b}$ の総和が $M$ である．要するに，問題とする反応速度の成分と副反応系全体からなる網羅的な反応速度成分の比として理解することができよう．

$$M = \sum_{a,b} M_{a,b}$$

$$\hat{\boldsymbol{M}} = \begin{pmatrix} k_2 k_3 k_4 \ldots k_N & k_{-1} k_3 k_4 \ldots k_N & k_{-1} k_{-2} k_4 \ldots k_N & \cdots & k_{-1} k_{-2} k_{-3} \ldots k_{-(N-1)} \\ k_3 k_4 \ldots k_N k_1 & k_{-2} k_4 \ldots k_N k_1 & k_{-2} k_{-3} \ldots k_N k_1 & \cdots & k_{-2} k_{-3} \ldots k_{-(N-1)} k_{-N} \\ \vdots & \vdots & \vdots & \ddots & \vdots \\ k_N k_1 k_2 \ldots k_{N-2} & k_{-(N-1)} k_1 k_2 \ldots k_{N-2} & k_{-(N-1)} k_{-N} k_2 \ldots k_{N-2} & \cdots & k_{-N} k_{-(N-1)} k_{-1} \ldots k_{-(N-3)} \\ k_1 k_2 k_3 \ldots k_{N-1} & k_{-N} k_2 k_3 \ldots k_{N-1} & k_{-N} k_{-1} k_3 \ldots k_{(N-1)} & \cdots & k_{-N} k_{-1} k_{-2} \ldots k_{-(N-2)} \end{pmatrix} \tag{3.24}$$

こうして計算科学のエネルギーと速度論を結びつけることができる [58, 60, 61]．それによれば $N$ ステップからなる反応系の TOF は，

$$\mathrm{TOF} = \frac{k_B T}{h} \cdot \frac{e^{-\varDelta Gr/RT} - 1}{\sum_{i,j}^{N} \exp(T_i - I_j - \delta G'_{ij})/RT} = \frac{\varDelta}{\sum_{i,j}^{N} M_{i,j}} = \frac{\varDelta}{M} \tag{3.25}$$

と書き現すことができる [58]．ここで i 番目の中間体と遷移状態のエネルギーをそれぞれ $I_i$，$T_i$ と標記する．さらに $\delta G'_{ij}$ は，

$$\delta G'_{ij} = \begin{cases} \varDelta Gr & \text{if} \quad i \geq j \\ 0 & \text{if} \quad i < j \end{cases} \tag{3.26}$$

である．既にいくつもの触媒反応に適用した例が報告されており [61]，今後

の展開が期待される．

この定式化によって明らかにされた主張を以下に列挙しよう．

(i) 触媒サイクルの反応動力学は一つの遷移状態だけでは決まらない．
(ii) 決定的な状態とは必ずしも最も高い遷移状態でも，最も安定な中間体でもない．
(iii) 触媒サイクルの TOF にとって重要なのは律速段階 (rate-determining steps) よりも律速状態 (rate-determining states) である．

この方法が $CO_2$ 還元に適用されるのは遠い将来ではないであろう．これによって，現在研究者が直面しているいくつかの壁が突破されることを期待している．そこまでには，まだ印加電圧の扱いをはじめ固体表面の扱いなど，いくつかの課題を残すものの，基本的コンセプトは実に明快である．数値シミュレーションができる AUTOF というソフトプログラムも公開されており，具体的にいくつかの錯体触媒反応への応用例が報告されている [61]．この新しい具体的方法論により，これまでの計算科学では得ることができなった情報，すなわち TOF を決定する遷移状態 (TOF-determining transition state, TDTS) と TOF を決定する中間体 (TOF-determining intermediate, TDI) という二つの新しい指標の重要性が提示されており，今後，積極的な活用と展開が期待される．

第4章

# 第一原理計算の適用例


要約

この章では，第一原理計算を用いた多様な研究例を取り上げ，幅広い物理現象に適用可能であることを紹介する．まず，4.1 節にて，シミュレーションにより明らかになった研究成果を紹介する．第一原理計算の成功例として，4.2 節では重金属除去剤の機能発現機構について，4.3 節では各種水素貯蔵材料の貯蔵能の起源解明として，第一原理計算が得意とするナノスケール材料の振舞いの解明および，化学結合の形成，解離のメカニズム解明について，4.4 節では鉄表面での腐食過程のメカニズム解明について，4.5 節ではチタン表面酸化メカニズム解明およびそのシリコン添加の効果について，4.6 節では炭化物の相安定性の温度依存性の理論評価について，それぞれ解説する．


## 4.1　はじめに

実験データの再現にとどまらず，物理現象の起源，発現機構などの知見を得られることから，ナノテクノロジー分野においてシミュレーション研究に期待されている対象範囲は幅広い．さらに，従来の実験解析や物性予測の範疇を超えて，特定の物性や機能を示す材料の設計にまで拡大している．本章では様々な分野で使われている第一原理計算の成果をいくつか例を挙げて説明する．

有害重金属除去は環境問題の重要課題の一つであるが，その除去メカニズムは実験のみのアプローチでは不明な点も多い．炭素材料を用いたヒ素，クロム除去機構解明の例を紹介する．実験では本質的な理解を得られないナノテクノロジーの物理現象は多い．例えば，触媒表面で起こる化学反応は，その反応サイト，反応経路（段階），反応速度の原子配置依存性などは不明である．実験では扱うことが困難な原子スケールの現象解明のために，シミュレーションを用いた研究が多く行われている．ホンカラ (Honkala) らのアンモニア合成触媒への第一原理計算の適用例 [1] は，触媒反応メカニズムをシミュレーションにより明らかにできた好例である．また，微量不純物原子が引き起こす金属脆化（ぜいか）の現象は古くから知られているが，粒界偏析した不純物原子がどのような因子で粒界破壊を引き起こすのか，不明であることが多い．シュワインフェスト (Schweinfest)，パクストン (Paxton)，フィニス (Finnis) の第一原理計算を用いて微量ビスマス原子による銅の脆化メカニズムを明らかにした研究 [2] は，粒界の特性変化がビスマス原子のサイズ効果により引き起こされることを明確に示した．本章では，実験では明らかにならない，化学反応や吸着過程の現象解明などの成功例を紹介する．

## 4.2　重金属除去剤の機能発現機構[1)]

健康被害を及ぼす有害物質の除去剤開発および実用化は重要な課題である．米国有害物質・疾病登録局 Agency for Toxic Substances and Disease Registry (ATSDR) が公表している毒性プロファイル情報シート（2017 年版）[3] によれば，ヒ素は優先度の最も高い有害物質である．さらに 6 価クロムは 17 番目に挙げられている．本節では，第一原理計算を適用したヒ素，クロム除去機構の解明を例に挙げる．

### 4.2.1　ヒ素除去

現在までに多様なヒ素除去方法が提案されているが，解決すべき問題点も多い．例えば，典型的な吸着剤である酸化アルミニウムや酸化鉄に化学吸着させる方法では，除去材料の再利用が難しい．その他の方法にも除去膜は高コスト，吸着法は毒性の固体廃棄物の発生などの問題が存在する．低コストかつ再利用可能な新しい除去剤の実用化を目指して，材料が提案されている

1) 本 4.2 節の内容は，*J. Hazard. Mater.*, 302, pp. 375–385 (2016) および *J. Hazard. Mater.*, 320, pp. 368–375 (2016) を，許可を得て一部加筆，修正のうえ執筆したものである．

が，多くはヒ素除去能力の測定のみにとどまり，除去過程のメカニズムに関する報告は少ない．すなわち，材料表面のマクロスケールの除去能力は把握できても，原子スケールではどのようなメカニズムが起こっているのか不明である．このメカニズムに対する正確な情報が得られれば，さらに改良した除去剤の開発や他の有害物質への適用が可能になる．

窒素をドープした炭素材料がヒ素の吸着剤として適用されている．しかし，その窒素元素の吸着に関する役割は不明である．さらに XPS スペクトル実験と除去能測定では，グラファイトの炭素原子を窒素原子で置き換えたグラフィティック窒素 (graphitic nitrogen) よりも窒素原子を含むピロール環 (pyrrolic nitrogen) の XPS ピークを示すサンプルが高い除去能を示している．ここでは，実験グループが理論計算グループとの共同研究を通じて第一原理計算を用いてこの除去過程のメカニズム解明を試みた計算例を紹介する [4]．ヒ素原子は，一般に水溶液中ではヒ素錯体 (arsenic complex) の形で存在しているため，ヒ素錯体を，(a) ピロール環を含む 2 次元炭素材料と，(b) 窒素を含まない 2 次元炭素材料に吸着させる系のモデルを考える．

シルクムコロネン分子を炭素材料のモデル分子としてシミュレーションする．図 4.1 に，第一原理計算で得られた安定構造とマリケン電子密度解析 (Mulliken population analysis) で求められた原子電荷を示す．アコ錯体の酸素原子はマイナス，一方，ピロール環の窒素原子に隣接する炭素原子と水素原子はプラスになっているために，静電相互作用によりアコ錯体がピロール環を含む炭素材料に吸着する機構を示す．窒素を含まない炭素材料には，そのような電荷の偏りが生じないためにヒ素の吸着能が低くなる．このヒ素の吸着は，酸化物を用いた除去剤に対する化学吸着のように強くないため，除去剤の再利用が可能であると期待される．

### 4.2.2　6 価クロム除去

6 価クロム除去方法もいろいろな手法が利用されているが，問題点も多い．既存の化学沈殿法，逆浸透法，光触媒法，イオン交換法などの方法は高コスト等の問題がある．

測定に用いた研究対象は，1000–2000℃ でアニールしたオニオンライク

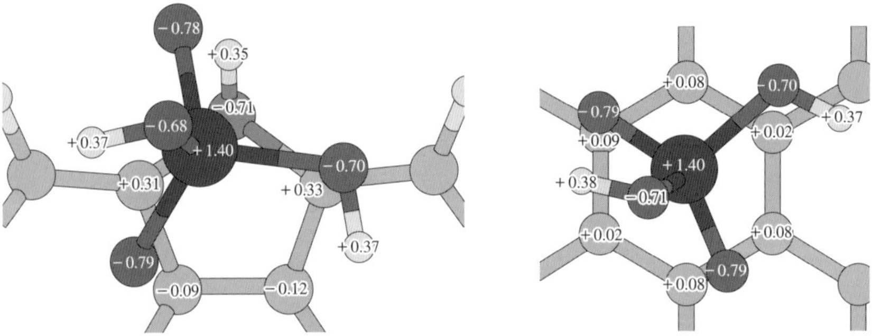


図 **4.1**　窒素原子を含むピロール環 (pyrrolic nitrogen) とヒ素錯体 (左図) と窒素原子を含まない炭素材料とヒ素錯体 (右図) の安定構造 (文献 [4] より引用).

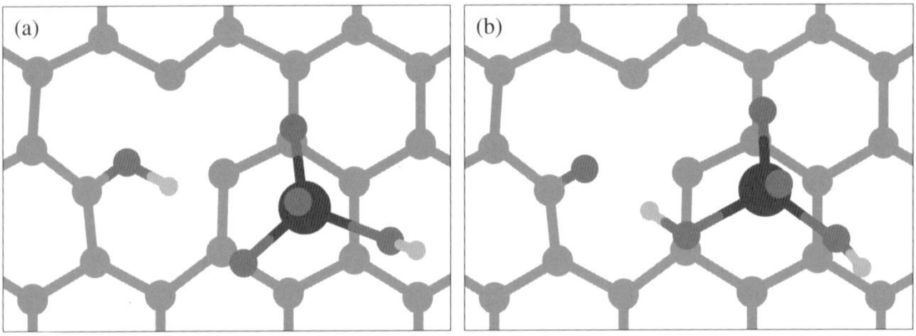


図 **4.2**　OH 基を含むオニオンライクカーボン表面へのクロム酸塩の吸着のモデル OH 基を含む炭素材料 (左図) でジョーンズ酸化反応が起こり, C=O 結合の形成 (右図) を再現する (文献 [5] より引用).

カーボン (onion-like carbon, OLC) である (カーボンナノオニオンに関しては本シリーズ『ナノカーボン—炭素材料の基礎と応用』の第 2 章の詳しい解説が参考になる). 水溶液中でクロム酸塩 (chromate) の形で存在しているクロムを考える. 実験では, このオニオンライクカーボン中の脂肪族 C–OH 含有量とクロムの吸着量には強い相関がみられる. さらに, クロムの吸着後に C=O に起因する O 1$s$ の XPS スペクトルは増大することが明らかになる. しかし, これらのマクロスケールでの実験結果のみでは, 原子スケールの除去機構は曖昧なままであった. チェ (Choi) らは, 第一原理計算を用いて,

図 4.2 に示すように，OH 基や点欠陥を含む炭素材料表面にクロム酸塩を配置し，吸着反応過程をシミュレーションした．その結果，OH 基とクロム酸塩の反応により，炭素材料に C=O 結合が形成され，ジョーンズ酸化反応を経て，価数が 6 価から 3 価になるクロム原子が除去剤に吸着・除去される過程を明らかにした．このシミュレーション結果 [5] は，クロム酸塩吸着後の XPS 実験結果と一致し，クロム原子の除去過程を再現する．

## 4.3　新水素貯蔵材料の理論設計[1)]

### 4.3.1　ナノ材料の理論設計

安全・簡便・効率的かつ低コストに，必要量の水素を燃料電池自動車に搭載するために，水素を高密度で貯蔵輸送する技術の開発が必須かつ喫緊の課題である．水素貯蔵材料は水素を高密度で吸蔵させることが必要な材料であるが，現時点の水素貯蔵材料は重量，作動温度，反応速度等の観点から見て，十分とは言い難い状況にある．新有用材料・新材料の特性をシミュレーションによって，実験以前に予測することは，計算材料科学の重要な使命である．本項では，著者らのグループで行ってきた水素貯蔵用ナノ材料に関する第一原理計算の研究成果をいくつか紹介する．

#### 新規水素貯蔵用ナノ材料の探索と設計指針

車載用水素貯蔵材料の開発は低炭素社会実現のために重要な課題の一つである．可逆的な吸着反応または化学反応を通じて，水素を高効率に貯蔵できる材料の実用化が望まれている．体積エネルギー密度の低い水素を 2 次エネルギーとしてスマートに利用するために，水素貯蔵材料の主要な開発目標は，水素を簡単に取り扱え，経済的かつ安全なエネルギー貯蔵形態にするこ

[1)] 本 4.3 節の内容は，①水素貯蔵材料先端基盤研究事業/計算科学的手法に基づく水素吸蔵材料の特性評価とメカニズム解明に関する研究，『平成 19 年度～平成 23 年度 成果報告書』，独立行政法人新エネルギー・産業技術総合開発機構，②全電子混合基底法プログラムを用いた水素貯蔵材料の設計，『水素利用技術集成』，Vol. 4 pp.143-148.，エヌティーエス出版 (2014)，③新水素貯蔵用ナノ材料の第一原理計算，『ナノ学会会報』，第 10 巻，pp.79-83(2012). を，許可を得て一部加筆・修正のうえ執筆したものである．

とである．これまでに各種多様な材料系が提案され，実験および理論研究，特に材料表面に水素分子を吸着させる機構解明に関する多くの研究が行われている．しかし，比較的単純な貯蔵材料系の水素貯蔵能を決める因子にも未解明な点があり，より詳しい解析を必要としている．具体的には吸着サイト，個々の水素の結合エネルギー，吸蔵，放出過程のダイナミクス，貯蔵材料中の拡散経路等を効率良く，正確に測定できる実験手法が確立していない問題がある．実験によるアプローチは既知の材料中で起こっている現象に関する情報を得られるが，シミュレーション研究は合成・作製が成功していない未知の材料の水素貯蔵能をも評価できる．近年の計算機能力の向上と新規高精度計算手法の開発・確立から，計算科学的手法に基づく水素貯蔵材料研究が期待されている．

計算機シミュレーションによる水素貯蔵材料研究では，多数の原子から構成される系や長時間の物理現象を追跡するためにモンテカルロ法・分子動力学法など貯蔵材料を古典的に扱う研究と，電子状態などを詳細に求めるために第一原理計算を行う研究の2種類に大きく分類される．我々のグループは水素貯蔵特性を向上させるために，スーパーコンピュータを活用した超大規模第一原理計算により，実験・測定では情報を得られない水素貯蔵材料中の吸蔵・放出過程の物理現象を追跡し，新規貯蔵材料を探索している．有機ナノ構造体は軽元素から構成されることから，高い重量密度を実現できる新しい水素貯蔵材料の有力な候補である．第一原理計算は，このナノ材料表面への水素吸着過程のダイナミクスや吸着メカニズムの解明に有効な手段である．

著者らのグループではフラーレン，グラフェン，カーボンナノチューブ，BN フラーレン，BN シート，有機ホスト材料を計算対象として，物理吸着とも，化学吸着とも異なる吸着の性質を示す水素貯蔵材料の吸着現象を明らかにした．さらに，これらの系の吸着エネルギーはアルカリ金属元素を用いて，貯蔵材料として最適な値に制御可能であることを示した．本節では第一原理計算により有機ナノ材料表面の吸着サイト，吸着エネルギー，貯蔵メカニズム等の有益な情報を得られた研究例を紹介する．なお，吸着エネルギーは吸着前後のエネルギーの差，すなわち，(吸着エネルギー) =

$E$（吸着後の材料と吸着分子）$-E$（吸着前の材料）$-E$（吸着前の吸着分子）から見積もった．また，ガス貯蔵材料には「貯める」「放出する」の過程が必要になるため，適切な強さで吸着原子・分子が材料表面に吸着する必要があることも考慮している [6]．

一般に，金属系水素貯蔵材料は重い元素が使われているために，大きい重量密度の実現は困難である．一方，有機ナノ構造体は軽い元素が主成分であることから高い重量密度を実現できる可能性があるが，水素分子を材料表面に物理吸着させて貯蔵するために，常温，常圧条件下での水素貯蔵量は極端に少ない欠点がある．このような材料系では材料の表面積の増加とその表面特性の改質が，水素貯蔵能，水素放出温度の改善のために重要である．

これまでに有機ナノ構造体の水素貯蔵能を改善することを目的として，異種元素との置換，吸着サイトの創成などが提案されている．異種元素との置換の研究例はカーボンナノチューブ，グラフェン等のカーボン系材料の BN との置換 [7]，ゲルマニウムとの置換 [8]，シリコンとの置換 [9] を挙げることができる．また，カーボンナノチューブの改質により水素の吸着エネルギーを向上させる研究が報告されている [10]．これらの系は水素貯蔵能を改善できるが，コスト面，他のガス分子への耐性などの問題もある．その他の水素貯蔵能向上の設計指針は，貯蔵材料として最適な値に吸着エネルギーの大きさを制御し，水素貯蔵量を増やすドーピングである．ドーパントによる有機貯蔵材料の性能向上が望めることから，近年，金属元素をドープした有機材料の水素貯蔵能に注目が集まっている．特に，有機ナノ材料は次世代の水素貯蔵の基盤材料として期待されており，遷移金属 [11–14]，アルカリ金属 [15–19]，アルカリ土類金属 [20–23] は，有機材料の水素貯蔵能を向上させる典型的なドーパント元素である．しかしながら，ドーパント同士の凝集，ドーパントを含めた化学合成の難しさなどの欠点も指摘されている．本研究では，典型的な有機系ガス貯蔵材料であるカリックスアレーンと BN フラーレンの系においてアルカリ金属元素をドープすることによる水素貯蔵能の性能向上を第一原理計算により評価した．

## カリックスアレーン

金属有機構造体 (metal-organic frameworks, MOFs)，共有結合性有機構造体 (covalent organic frameworks, COFs) 等のポーラス構造を持つ材料は，材料のポア表面に幅広い機能性を付加することができ，ポアサイズを調整可能であるが，有機材料特有の莫大な組合せの数が探索研究を困難にしている．一方，有機分子の一部には，固有の幾何学形状を保ったまま，結晶またはアモルファスの中にポーラス構造を作り出す特徴がある [24]．それらの有機材料のポア空間は可逆的にガス分子を貯蔵・放出を繰り返すことが知られている．近年，そのポア空間を利用して水素貯蔵能の測定が行われている．この有機系材料の特長をいくつか挙げる．

第 1 に，これらの有機分子は有機溶媒，水に簡単に溶けることから，従来の合成手法が広く利用でき，所望の幾何学構造を構築しやすい．第 2 に，その溶解性から，分子構造に複数の異なる機能を付加することが可能である．第 3 として，溶媒中で合成後の修飾が簡単に可能である．分子性結晶，アモルファス状の分子性固体は強い共有結合や配位結合でお互いに繋がっていない [25]．最後に，特定のイオン，分子を選択的に捕獲できるように分子設計が可能である [26]．MOF, COF と比較して優位なこの利点を生かして，多くの研究グループが有機系ガス貯蔵材料の研究を行っている．近年，アトウッド (Atwood) らのグループは *p*-tert ブチルカリックスアレーン (*p*-tert-butylcalixarene: TBC) 単体に $H_2$, $N_2$, $O_2$, $CO_2$, $CH_4$ の可逆的なガス貯蔵能を有することを明らかにした．また低温条件下ながら，水素吸着量の測定が行われ，0.6wt% の能力があることが報告されている [27]．この分子性結晶の構造解析から，お椀状のホスト分子が互い違いに並び，その間に 270 $Å^3$ の空間があることが示されている．さらに，この分子は芳香族環を持ち，ポア表面は $\pi$ 共役の性質を持っている．

ベンカタラマナン (Venkataramanan) らは，TBC 分子およびリチウム原子をドープした TBC 分子 (LTBC) への水素分子吸着状態の第一原理計算を行った [28]．まず，構造最適化を行い，TBC 分子の構造を決定した．図 4.3(a) にその構造を示す．安定構造ではフェノキシ基の水素原子が同じ方向を向き，t-ブチル基が逆方向を向いている．この TBC 分子への Li の吸着サイト

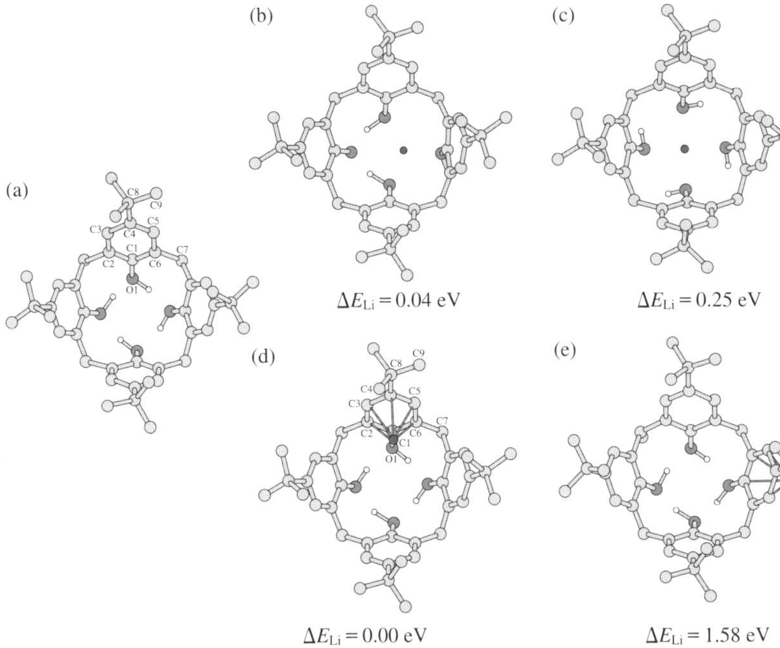


**図 4.3**　(a) 構造最適化後の TBC 分子 (b–e) 各種吸着サイトでのリチウム原子の位置を示す．$\Delta E_{\mathrm{Li}}$ は最安定構造 (d) とのエネルギー差

は，いくつかの候補となるサイトがある．フェノール基の水素原子を置換し，アルコキシル塩を形成する吸着サイト，フェノキシ基の中央にカチオンを形成する吸着サイト，ベンゼン環の上でリチウム-ベンゼン環を形成する吸着サイトである．図 4.3(b–e) にこれらのリチウム原子位置を示す．リチウム原子の安定な吸着サイトはベンゼン環の内側であり，その吸着エネルギーは 0.714 eV であり，水素分子の貯蔵，放出過程において十分強い吸着エネルギーを有している．この幾何学配置と吸着エネルギーの大きさは，リチウム原子同士の凝集を防ぐ観点からも好ましいものである．リチウム原子をドープすることによりベンゼン環の炭素間距離が伸び，リチウム原子からベンゼン環へ電荷移動が起きていることが分かる．以降の計算はリチウム原子を TBC 分子のベンゼン環の内側に置いた系で行った．

TBC 分子単体の水素貯蔵能を求めるために，図 4.4 に示すように水素分

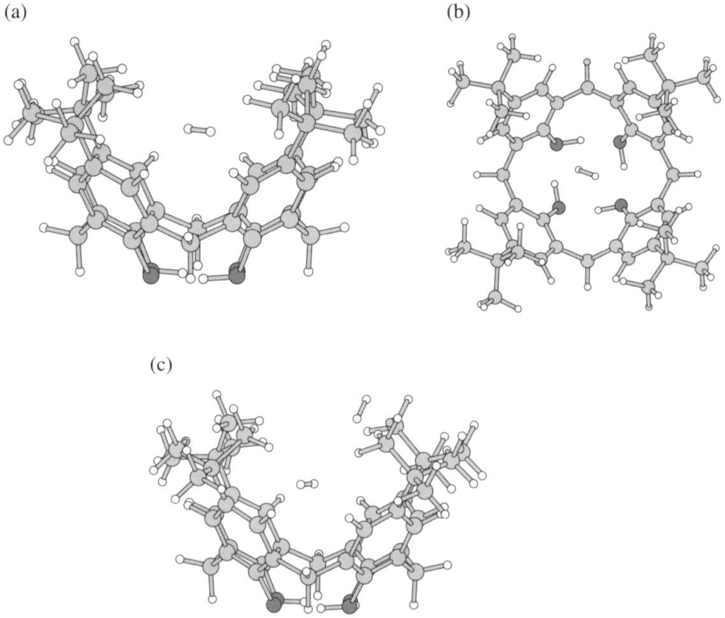


図 **4.4**　*p*-tert-butylcalixarene(TBC) 分子に 1 個の水素分子を吸着させた系の分子構造．(a) 側面図，(b) 上面図．(c) 同様に 2 個の水素分子を吸着させた系

子を 1 個ずつ追加し，安定な構造を求めた．1 個目の水素分子は 4 個のフェノキシ基の中心から 4.75 Å の位置にとどまり，フェノキシ基に平行な幾何学配置が安定であった．2 個目の水素分子を入れると 1 個目は 4.58 Å の位置にとどまるが，2 個目は 6.67 Å の位置にあり，ポア空間から一部出た位置にある．TBC 分子およびリチウム原子を付加した TBC 分子 (LTBC) への水素分子 1 個当たりの吸着エネルギーと水素分子内の水素原子間距離を表 4.1 に示す．TBC 分子に吸着した水素分子内の水素原子間距離は 0.750 Å であり，これは同じ計算方法で孤立系に置いた水素分子の数値と同じであった．この結果は TBC 分子に吸着した水素分子は TBC 分子からの影響をほぼ受けていないことを示している．

リチウムをドープした系の安定構造の結果から，1 個の水素分子を含む系では水素分子内の水素原子間距離は 0.758 Å であり，ほぼ分子の形状を保っ

表 4.1　*p*-tert ブチルカリックスアレーン (TBC) 分子およびリチウム原子をドープした TBC 分子 (LTBC) への水素分子の吸着エネルギーと水素分子内の水素原子間距離

| | TBC | | LTBC | |
|---|---|---|---|---|
| 水素分子数 | 吸着エネルギー $H_2$(eV) | H–H(Å) | 吸着エネルギー $H_2$(eV) | H–H(Å) |
| 1 | 0.168 | 0.750 | −0.292 | 0.758 |
| 2 | 0.132 | 0.750 | −0.248 | 0.756 |
| 3 | | | −0.232 | 0.754 |
| 4 | | | −0.215 | 0.751 |

ていることが明らかになった．また，リチウムをドープしていない系（図 4.4(c)）とは異なり，2 個の水素原子とリチウム原子間の距離は，ほぼ等しい幾何学配置を取っていた．LTBC へ吸着させる水素分子数を 2 個，3 個と増加させると吸着エネルギーは 0.248 eV，0.232 eV のように，少しずつ小さくなる．同時に，水素分子とリチウム原子間の距離は長くなり，水素分子間の水素原子同士の距離は孤立系の水素分子の値に近づく様子が見られた．4 個目の水素分子を吸蔵させると 1 個の水素分子はリチウム原子から離れ，3 個の水素分子のみが分子内に留まることから，リチウム原子に吸着可能な水素分子数は 3 個までであることが分かった．

リチウム原子をドープしたカリックスアレーンの安定性を調べるために，20–200 K の温度域でのリチウム原子をドープしたベンゼン環とリチウム原子の二体分布関数を第一原理分子動力学計算により求めた．まず，熱平衡状態を実現するために 2 fs の時間刻みで 1500 ステップ保持し，その後，LTBC 分子の安定性を評価した．リチウム原子はすべての温度域でベンゼン環にとどまっており，貯蔵材料としての安定性を確認できた．次に，4 個の水素分子をケージ内に取り込んだ LTBC 分子の安定性をリチウムと水素分子間の平均距離を用いて評価した [28]．二体分布関数の結果から Li 原子は 200K まではベンゼン環にとどまっていることが示された．この温度以上に昇温するとこの分子系は変形する．LTBC 分子に水素分子を吸着させた系では，TBC 分子はリチウム原子などのアルカリ金属元素を内側に 1 個，外側に 4 個付加できる吸着サイトと空間があり，この分子系は 5 個のリチウムに15個の水素分子を取り込むことが明らかになった．さらに，ナトリウム，カリウムをドーパントとして用いた系ではリチウムより大きなイオン半径のために，ドーパント1個当たり6個の水素分子を吸着することが示された [29].

### BN フラーレン

ベンカタラマナン (Venkataramanan) らは，リチウム，ナトリウム，カリウムのアルカリ金属をドープすることによる $B_{36}N_{36}$ フラーレンの水素貯蔵能の向上を第一原理計算を用いて評価した [30]．まず，$B_{36}N_{36}$ フラーレン表面上の8種類の吸着サイトでの吸着エネルギーを計算し，アルカリ金属の吸着サイトを決定した．3種類のアルカリ金属ともに4員環のブリッジサイトが安定であり，ベーダー電荷移動解析の結果からリチウム，ナトリウム，カリウムのドーパントからそれぞれ，0.82 e, 0.67 e, 0.58 e の電荷量が $B_{36}N_{36}$ フラーレンへ移動していることが分かった．リチウムをドープする前後の電荷増減の結果からアルカリ金属は正の電荷を持ち，水素がアルカリ金属に吸着されている様子が見られた．計算で得られた吸着エネルギーとベーダー電荷解析 [31] の結果を表4.2に示す．

$B_{36}N_{36}$ フラーレンにドープした6個のリチウム原子の吸着エネルギーは十分に大きく，凝集を防ぐことができ，4員環のブリッジサイトにとどまることを示している．同様の傾向はナトリウム，カリウムでも確認できた．リチウムをドープした $B_{36}N_{36}$ フラーレンの水素貯蔵能を求めるために，1～4個の水素分子を加えた．1個目の水素分子はリチウム原子の近い位置にとどまり，その吸着エネルギーは0.219 eVであり，水素分子内の水素原子間距離は0.757 Åであった．リチウム原子と水素分子間の平均距離は2.07 Åであった．吸着させる水素分子数を2個に増やすと吸着エネルギーは0.210 eVに減少し，水素分子内の水素原子間距離は0.756 Åとわずかに小さくなる．リチウム原子1個に貯蔵できる最大の水素分子数を調べるために，3個，4個の水素分子を近づけ，構造最適化を行った．3個目の水素分子はリチウム原子に近い位置にとどまるが，4個目の水素分子は3.881 Åと離れていく．このように1個のリチウム原子は3個の水素分子を捕捉でき，第一

表 4.2　アルカリ金属元素をドープした $B_{36}N_{36}$ フラーレンの平均結合長，アルカリ金属元素の吸着エネルギー，ベーダー電荷 X = Li, Na, K

| 系 | 平均結合長 (Å) B-X | 平均結合長 (Å) N-X | 吸着エネルギー (eV) | X の平均ベーダー電荷 (e) |
|---|---|---|---|---|
| $LiB_{36}N_{36}$ | 2.137 | 2.178 | −0.725 | 0.82 |
| $NaB_{36}N_{36}$ | 2.754 | 2.626 | −0.283 | 0.67 |
| $KB_{36}N_{36}$ | 2.869 | 3.044 | −0.369 | 0.58 |
| $Li_6B_{36}N_{36}$ | 2.250 | 2.200 | −2.86 | 0.74 |
| $Na_6B_{36}N_{36}$ | 3.040 | 2.847 | −1.50 | 0.52 |
| $K_6B_{36}N_{36}$ | 3.021 | 3.246 | −1.40 | 0.37 |

表 4.3　アルカリ金属元素をドープした $B_{36}N_{36}$ フラーレンに 3 個の水素分子を吸着させた系の平均結合長 (Å) と水素分子 1 個当たりの吸着エネルギーを示す．X = Li, Na, K

| 系 | 平均結合長 (Å) B-X | 平均結合長 (Å) N-X | 平均結合長 (Å) Li-$H_2$ | H–H 結合長 (Å) | 吸着エネルギー (eV) |
|---|---|---|---|---|---|
| $LiB_{36}N_{36}(H_2)_3$ | 2.217 | 2.287 | 2.150 | 0.755 | −0.189 |
| $NaB_{36}N_{36}(H_2)_3$ | 2.826 | 2.796 | 2.470 | 0.755 | −0.175 |
| $KB_{36}N_{36}(H_2)_3$ | 2.997 | 3.214 | 2.968 | 0.752 | −0.021 |
| $Li_6B_{36}N_{36}(H_2)_3$ | 2.221 | 2.316 | 3.021 | 0.751 | −0.146 |

原理計算から吸着エネルギーは水素分子 1 個当たり 0.18 eV，水素分子内の水素原子間距離は 0.755 Å と得られた．他のアルカリ金属をドープした系の吸着エネルギーを表 4.3 に示す．$Li_6B_{36}N_{36}$ は 18 個の水素分子を吸蔵でき，重量密度は 3.7 wt% に達する．計算に用いた GGA は吸着エネルギーを小さく見積もる傾向があり，実際の値はこの表よりも大きいと推定されることを指摘しておく．

リチウム原子と水素分子間の相互作用の起源を明らかにするために，水素分子のベーダー電荷を求めた．水素原子は 0.96 e の電荷を持つことから，水素分子からリチウム原子へ電子が動き，この電荷移動が系の安定化と水素吸着エネルギーに寄与していることが明らかになった．さらに，この電荷移動を調べるために，水素分子を吸着させた系の電荷の増減を描いた．その結果からリチウムの正電荷により，水素分子が分極している様子が分かった．吸着エネルギーの制御には水素分子とアルカリ金属間の静電相互作用が重要であることが示された．

### クラスレートハイドレート（包接水和物）

クラスレートハイドレート（包接水和物）はゲストと呼ばれる原子，分子をケージ状に取り囲む水分子のネットワーク構造を持っている（図 4.5 参照）．水素ハイドレートの主成分は水分子のみであり，環境負荷，資源の偏在化の問題もなく，新しい水素貯蔵材料としての利用可能性が指摘されているが，水素ハイドレート構造が高圧，低温の条件下でのみ形成される欠点がある．この研究では，この形成圧力を下げ，温度を上げる添加剤（ヘルプガス）の探索を行った．材料中の水素量とハイドレート相が存在できる温度・圧力領域を示す相図を描き，ヘルプガスの有効性を示した [32].

水素ハイドレートを水素貯蔵材料として利用するためには，異なるハイドレート結晶構造ごとに安定に存在できる圧力，温度領域の情報は重要である．しかし，実験・測定による研究，多成分系クラスレートハイドレートの相図作成は大変難しく，貯蔵媒体中のゲスト成分に関する重要な情報を見落としてしまう危険性がある．この研究では，理論計算によりハイドレート構造をベースにした水素貯蔵材料の実用化に必要な情報を得ることを目的として，第一原理計算と**格子力学計算**（原子サイズでの力学に基づいた自由エネルギー計算）を組み合わせた計算手法に基づく相図作成方法を提案し，アルゴン，メタン，キセノンのハイドレートの実験データとの比較から，計算方法の妥当性を確認した．この手法を用いて水素分子 + 第 2 ゲスト分子（候補となるヘルプガス）を貯蔵したハイドレートの相図を作成し，水素ハイドレートの形成圧力を劇的に下げることができる添加剤（ヘルプガス）を探索した．図 4.6 に，水素 + プロパン 2 成分系の CS-II ハイドレート構造を示す．また図 4.7 に，この水素 + プロパン系ガスハイドレートにおけるプロパン濃度の化学ポテンシャルへの影響を示す．図 4.5 では 260 K の温度条件

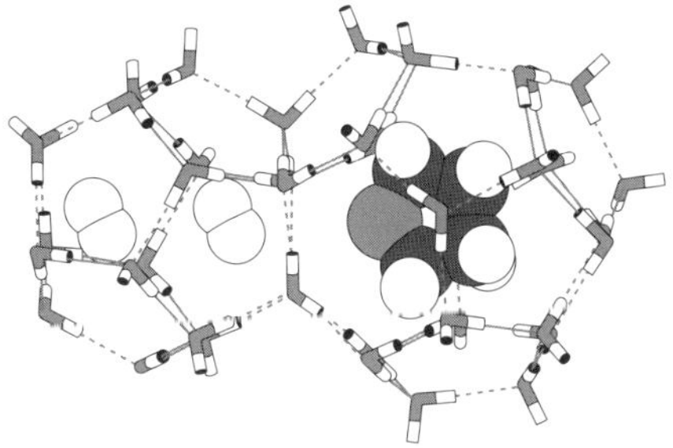

図 **4.5**　ハイドレート構造 CS-II の大きいケージにテトラヒドロフラン分子を，小さいケージに 2 個の水素分子を取り込んだハイドレート構造の一部

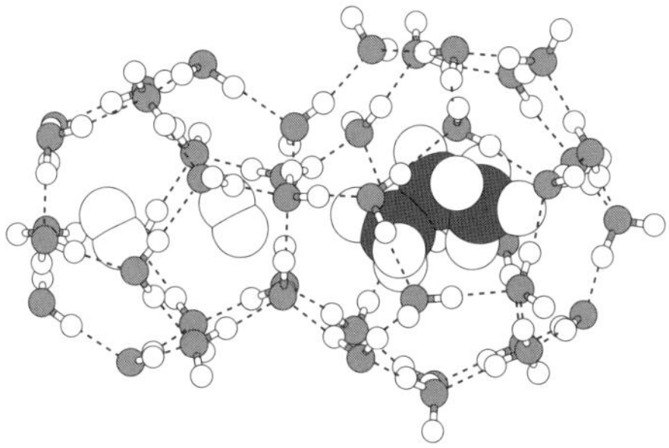

図 **4.6**　水素 + プロパン 2 成分系の CS-II ハイドレート構造，大小 2 種類のケージを示す．大きいケージにプロパン分子，小さいケージに 2 個の水素分子を含む．

下の氷の化学ポテンシャルとハイドレート構造の化学ポテンシャルを比較し，ハイドレート構造のほうが安定になる圧力を表している．プロパンを全く含まない系では 1100 気圧の形成圧力が 5% のプロパンを導入することにより 50 気圧にまで低下することが明らかになった．図 4.8 は各種プロパン量におけるハイドレート構造が形成される圧力，温度条件を示している．各温度においても 5% プロパンにより形成圧力が低下することが示された．

実験報告がある水素ハイドレート結晶構造 CS-II 以外に関しても，水素ハイドレート形成と貯蔵材料としての可能性について，化学ポテンシャルと相図に基づいて議論した．さらに，水素ハイドレートをより常温，常圧でも形成可能にする微量のヘルプガス（ハイドレート相安定化促進剤）の探索を行

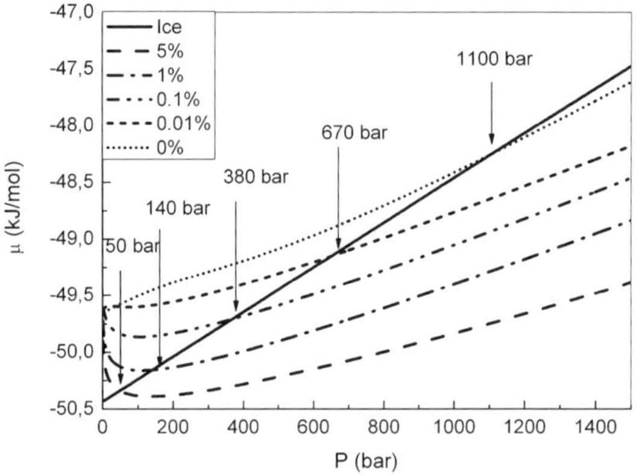


図 **4.7**　260K における 0% から 5% プロパンを含む水素 + プロパン系ガスハイドレートの各圧力条件下での化学ポテンシャルを示す．プロパンを 5% 含むことにより 50 気圧以上の圧力で水素ハイドレートは氷の化学ポテンシャルよりも小さい値を示す．

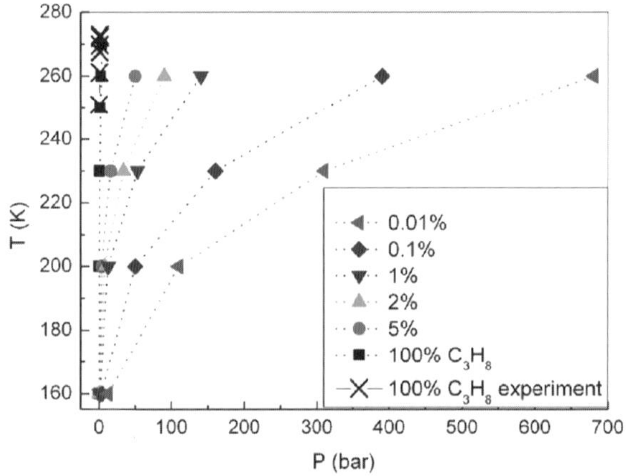


図 **4.8**　第 2 成分としてプロパンを 5% 入れた水素ハイドレートは形成圧力を下げることが可能であることが示された．× は実験結果を示す（文献 [33] より引用）．

い，構造安定性と吸放出温度を向上させるヘルプガスとしてプロパン分子が有効であることを見出した．例えば，水素 + メタン 2 成分系 sH ハイドレート構造では，ガス相に 75% メタンを含む条件では，400 bar, 200 K の環境下で sH ハイドレート構造は安定化することを明らかにした．

第一原理計算による電荷密度の解析から，材料中に電荷の偏りを創ることで，水素貯蔵量増加，温度特性制御が可能であることが明らかになった．これらの結果はゲストとホスト間の相互作用が本質的要素であり，水素ハイドレートの相図計算では正確に見積もるべき物性値であることを示している．また，ハイドレート内の水素分子間の距離は固体水素よりも短いという結果が得られた．この傾向は文献 [34] とも一致している．THF 分子などのヘルプガス（促進剤）による安定性向上のメカニズムはヘルプガスと水分子との相互作用が水素分子と水分子間のものよりも強いこと，さらに，水素分子と水分子の相互作用が小さくなることが起源であることがシミュレーションにより明らかになった．

最近は，より常温，常圧に近い環境や氷が共存する系などのより実運用に近い条件下で水素貯蔵材料としての利用を目指して，ハイドレート内のゲスト分子の量子力学的振舞い，熱膨張係数を考慮したモデルの構築も進んでいる [35–38].

## 4.3.2　ニッケルダイマー上における水素分子の解離過程

水素貯蔵材料中の水素貯蔵量は，少量の担持金属ナノクラスターを水素貯蔵材料へ添加する事で増加するという報告がある [39–43]．これはスピルオーバーという機構で説明される．スピルオーバー機構とは，水素貯蔵材料に水素解離能を持つ金属種を担持することで，水素分子を原子状水素に解離し，材料中へ拡散させる方法である．本機構を用いた水素貯蔵材料として，カーボン系，有機金属錯体，ゼオライトなど，主に軽元素から構成される材料が提案されており，担持金属クラスターとしては，白金やニッケルが提案されている．また，本機構は主として以下の三つの素過程に分けて考えることができる．

1. 水素分子が担持金属クラスター上で原子状水素に解離する．
2. 原子状水素が貯蔵材料表面へ拡散する．
3. 原子状水素が貯蔵材料中で化学吸着される．

これまでに実験のみならず，第一原理計算による水素のスピルオーバー機構の研究も多数行われている．例えば，有機金属錯体にプラチナを担持した系 [44]，ゼオライトにイリジウムクラスターを担持した系 [45]，カーボン系貯蔵材料にプラチナクラスターを担持した系 [46–48] などが挙げられる．しかし，これらの研究対象は，解離した原子状水素の最終的な安定吸着位置，原子状水素の拡散パスに対するものが多く，すべてが電子の基底状態による静的な研究に限られているというのが現状である．

一方，本機構のポイントは，担持金属クラスター上における，水素分子が原子状水素へ解離するという初期過程である．本過程のダイナミックスを理解するためには，電子の励起状態を考慮したシミュレーションを行い，水素分子の解離過程を明らかにする必要がある．本項では，電子の励起状態を考慮した第一原理計算により，スピルオーバー機構の初期段階である水素分子の解離過程のダイナミックスを追い，水素分子の解離に対する金属ナノ粒子の効果について紹介する [49]．その際，ニッケルクラスターに水素をドープした際に得られる安定構造の第一原理計算結果 [50] を踏まえて系を決定した．この研究では，ニッケルの二量体（ダイマー）から七量体について，その安定構造と，原子状水素が安定に存在する位置を決定している．これらの系のうち，最も単純かつ重要な系としてニッケルダイマーを担持金属クラスターとして導入し，水素解離に及ぼす担持金属の効果を解析した．本系を導入することにより，電子の基底状態と1電子励起状態の違いで，定性的にダイナミックスが異なる事が明確に示される．

本研究を遂行するにあたり，第一原理計算プログラムには全電子混合基底法によるプログラム TOMBO(TOhoku Mixed-Basis Orbitals *ab-initio* program) を用いた [51–53]．本プログラムに**時間依存密度汎関数理論** (time dependent density functional theory, TDDFT) を機能追加することで，電子の励起状態の取扱いを可能とし，電子とイオンのダイナミックスを半経験的な手法であるエーレンフェストのダイナミックスに基づき解析した [54]．なお，全電子混合基底法（TOMBO プログラム）と TDDFT 計算については各々 2.3 節および 2.5 節を参照のこと．

(1) 電子の基底状態と (2) アップスピンの**最高占有分子軌道** (highest occupied molecular orbital, HOMO) の電子を**最低非占有分子軌道** (lowest unoccu-

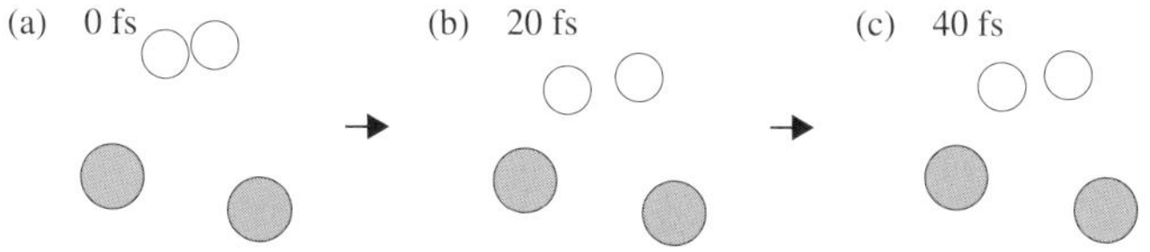


**図 4.9**　基底状態での，ニッケルダイマーと水素分子のイオン位置の時間発展．(a)0 fs，(b)20 fs，(c)40 fs のスナップショット．

pied molecular orbital, LUMO) へ 1 電子励起した場合について比較した．本系においては，アップスピンの HOMO は 30 番目のレベルに対応し，LUMO は 31 番目のレベルに対応する．ただし，シミュレーションを遂行する際は，この約 27 倍である 800 番目のレベルまで考慮した．これは，電子の励起状態を扱って時間発展を追う場合，非常に高いレベルの軌道まで影響を受けるためである．そのため，本系のように 4 原子から構成される小規模系でも，大規模シミュレーションを遂行する必要がある．

原子の初期配置として，ニッケルダイマーと水素分子が互いに 90 度の角度で配置する系を導入している．ただし，テスト計算としていくつかの初期配置についてシミュレーションを行ったが，他の配置についても以下に述べる結果と同様の傾向が得られたことは確認している．

はじめに，基底状態のシミュレーションを行った結果について述べる．図 4.9 に，イオン位置の時間発展を示す．図中，グレーの球で示しているのがニッケルで，白色が水素である．初期の結合長は，H-H，H-Ni，Ni-Ni の各々について 0.76，1.88，2.12 Å である．図 4.9(a)，(b)，(c) は各々時刻 0 fs，20 fs，40 fs における各イオンの配置のスナップショットである．この場合，水素分子はニッケルダイマー上で解離せず，振動するのみである．

図 4.10 に，基底状態についての，19 番目から 33 番目のエネルギーレベルの時間発展を示す．本図においては，実線が被占有軌道であり，点線が空軌道である．水素分子の振動に対応して各エネルギーレベルも振動するのみであり，HOMO と LUMO が交差することはない．なお，本シミュレーションでは，初期の HOMO-LUMO ギャップは約 0.99 eV であった．時間の進行とともに，HOMO-LUMO ギャップは小さくなり，約 60 fs 後には最小の約 0.17 eV になった．

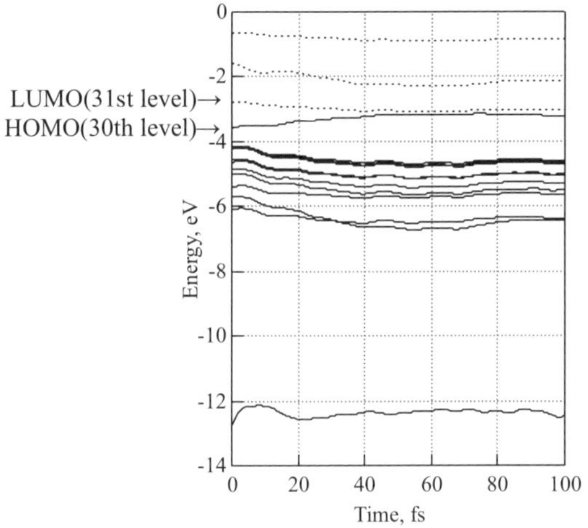


**図 4.10**　基底状態における各エネルギーレベルの時間発展．HOMO が 30 番目，LUMO が 31 番目のレベルに対応している．各レベルは振動するのみである．

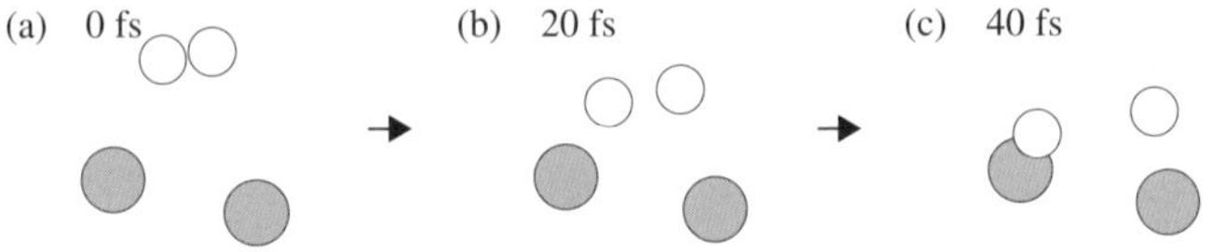


**図 4.11**　1 電子励起状態での，ニッケルダイマーと水素分子のイオン位置の時間発展．(a)0 fs，(b)20 fs，(c)40 fs のスナップショット．

次に，1 電子励起のシミュレーションの結果について示す．イオンの初期配置として，先の基底状態のシミュレーションにおいて HOMO-LUMO ギャップが最小となった時刻の配置を採用している．このときの H-H，H-Ni，Ni-Ni 間の結合長は各々 1.07，1.66，2.13 Å である．図 4.11 に，イオン位置の時間発展を示す．図 4.11(a)，(b)，(c) は各々時刻 0 fs，20 fs，40 fs における各イオンの配置のスナップショットである．この場合は基底状態とは異なり，時間とともに水素分子がニッケルダイマー上へ近づきながら原子状水素へと解離してゆく過程が示される．

図 4.12 に，19 番目から 33 番目の各エネルギーレベルの時間発展を示す．図 4.10 と同様に実線が被占有軌道，点線が空軌道を示している．シミュレー

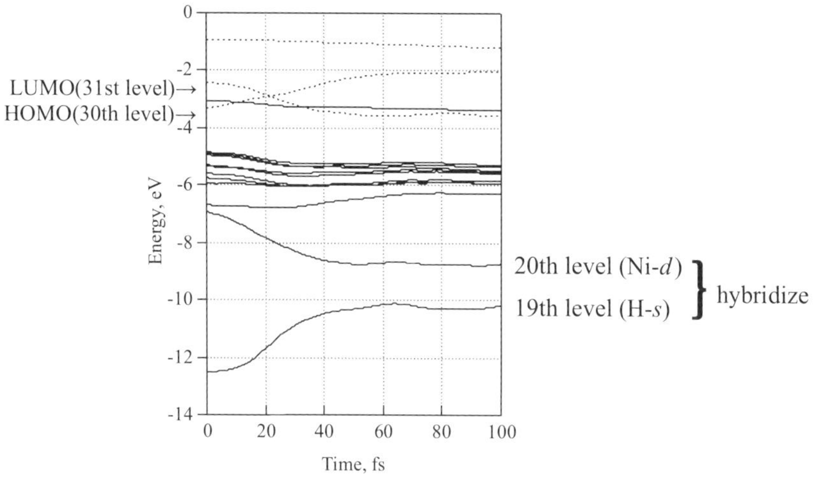


図 **4.12** 1電子励起状態における各エネルギーレベルの時間発展．31番目のレベル(LUMO)にある電子が約10 fs後に30番目のレベル(originally HOMO)に移り，水素分子が解離する．

ション開始後，約10 fsで30番目と31番目の軌道が交差し，電子が高い軌道(originally LUMO)から低い軌道(originally HOMO)へと移行することが分かる．この際に水素分子が解離し，原子状水素となる．また，19番目と20番目のレベルは各々，水素の $s$ 軌道，ニッケルの $d$ 軌道が主であるが，時間とともに両軌道が近づき，混成軌道を形成し，最終的にはニッケルの水素化物が形成される．

ニッケルを導入しない場合，同様の1電子励起のシミュレーションを行うと，水素分子のHOMO-LUMOギャップは11.2 eV程度と非常に大きい値を示す．これに対してニッケルダイマーを導入することにより，HOMO-LUMOギャップは0.1 eVのオーダーと，非常に小さい値になることが分かる．このように，HOMO-LUMOギャップを減少させることがニッケルダイマーの効果である．このエネルギーは熱的に，あるいは分子の衝突のエネルギーなどで与えることが可能であると考えられる．

さらに詳細に解析するため，図4.13に例として19，30，31，32番目のレベルに対する波動関数を示す．本図において，色の濃淡の領域で波動関数の符号が異なる．図の左側は初期状態(0 fs)，右がシミュレーション開

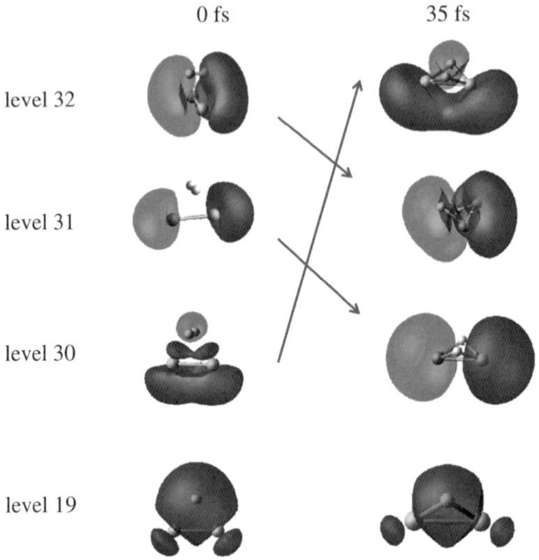


図 **4.13**　第 19，30，31，32 番目の各エネルギーレベルにおける波動関数の時間発展．左図は 0 fs，右図は 35 fs について．

始後 35fs 後のものである．初期状態の水素周囲の波動関数に注目すると，HOMO は結合状態，LUMO は非結合状態，LUMO+1 番目のレベルは反結合状態である．ニッケルダイマーを導入することで，水素を反結合状態まで励起させることなく，非結合状態への励起で水素分子の解離が可能である．なおこの際，エネルギーレベルの交差があるため，35 fs 後には，図の右に示すような波動関数になる．このように TOMBO により 1 電子励起のシミュレーションを行うことで，基底状態とは質的に全く異なる結果が得られることが分かった．

## 4.4　鉄の腐食のメカニズム解明[1)]

鉄の腐食の解明は，基礎科学から社会問題に至るまで様々な観点から非常に重要な問題である [55]．材料科学的には，酸素発生反応 (oxygen evolving reaction, OER) や酸素還元反応 (oxygen reduction reaction, ORR)[56, 57] など

1) 本 4.4 節の内容は，*Phys. Chem. Chem. Phys.* 20, pp.1653–1663 (2018) を許可を得て一部加筆，修正のうえ執筆したものである．

の電気化学プロセスや電気触媒の観点などからも非常に重要である．

鉄の腐食は，鉄が酸素や水にさらされる際に温度，pH，酸素濃度，溶融塩や酸などの様々な因子に依存して，非常に複雑な反応を示す．例えば，塩化物イオンの存在により腐食が促進されるが [58]，この塩化物イオンは，塩化鉄の中間生成物を形成し，続いて酸化される．また，もし表面が平滑で欠陥や不純物がなければ，このプロセスは酸化層を形成し，これは不動態膜として鉄を腐食から保護する [59]．この不動態膜が部分的に $Cl^-$ 等のイオンで破壊されたとしても，$O_2^-$ 表面吸着によりすぐに回復する [60]．鉄表面の構造や応力付与による固液界面の化学的特性の変化 [61]，酸化膜層の形成 [62, 63]，欠陥や不純物による表面粗さ [64–66] などが，鉄腐食に大きな影響を与えることが分かっている．さらに，鉄は良導体であるため，酸化反応や還元反応は各々別の場所で起こりうることが知られており，これは**ミクロセル腐食** [67] や**マクロセル腐食** [68] と呼ばれる．これらのことから，鉄腐食の完全な描像が，表面構造や化学機構からどのように影響を受けるかを明らかにすることは非常にチャレンジングな研究テーマである．

本節においては，チュー (Chew) らにより行われた，第一原理計算による鉄腐食のメカニズムの解明について，紹介する [69]．問題を簡略化するために，鉄の酸化と還元反応が鉄表面の同一の場所で起こるとする．本来は鉄が良導体であるため別の場所にあってもよい．この場合，中性あるいはわずかにアルカリ性において，鉄の腐食は以下の三つのステージに分けられる．

$$2Fe + 2H_2O + O_2 \rightarrow 2Fe(OH)_2 \tag{4.1}$$

$$4Fe(OH)_2 + O_2 + 2H_2O \rightarrow 4Fe(OH)_3 \tag{4.2}$$

$$2Fe(OH)_3 \rightarrow Fe_2O_3 \cdot nH_2O + (3 - n)H_2O \tag{4.3}$$

酸素と水が存在する場合，鉄は酸化によりはじめに (4.1) 式に示すように酸化鉄 (II) の水酸化物 $Fe(OH)_2$ を形成する．次に (4.2) 式に示すように，$Fe(OH)_2$ は $O_2$ と $H_2O$ と反応して酸化鉄 (III) の水酸化物 $Fe(OH)_3$ を形成する．最後に (4.3) 式に示すように二つの $Fe(OH)_3$ が反応して酸化物 $Fe_2O_3$ を形成する．その際，分子同士の凝集が繰り返されることで FeO や $Fe_3O_4$ が生成する場合もある．

第一原理計算による Fe(100) や Fe(110) 表面に $O_2$ あるいは $H_2O$ を導入した酸化研究の報告例は多いが，腐食の報告例は少ない．特に，$O_2$ と $H_2O$ を同時に導入して (4.1)–(4.3) の全過程を追ったものは見受けられない．このような全過程のシミュレーションをする際に注目すべき点は，鉄表面のどのサイトで腐食が開始され，最終ステージはどのようなものか，である．そのため，鉄腐食のシンプルかつ重要なモデルとして，Fe(100) 表面上に飛び出した Fe ダイマーを鉄表面の欠陥とみなすモデルを考える．この場合，Fe ダイマーは局所的な反応中心として働く．これは様々に考えられる表面欠陥のモデルの一例であるが，高純度鉄においても表面欠陥において腐食や酸化還元反応が起こるという議論がなされており [70–73]，Fe ダイマーは，表面上の鉄原子同士の表面拡散で形成される，あるいは，高純度鉄においても存在する様々な表面欠陥の好例として考えられる．

以下，上記を踏まえたモデル作成に引き続き，各ステージにおける鉄腐食過程を順次観察してゆく．

### 4.4.1　モデル作成

はじめに，Fe 表面を扱うモデルとして，3 層あるいは 5 層からなる Fe(100) スラブモデルと，3 層からなる Fe(110) スラブモデル，および Fe ダイマーを導入し，各々の構造緩和を行った．Fe(100) と Fe(110) 表面には，Fe ダイマーが飛び出すことが可能なサイトが三つある．つまり，(1)Fe 原子の真上のトップサイト，(2) 二つの Fe 原子間のブリッジサイト，(3) 四つの鉄原子の間のホローサイトである．Fe ダイマーが表面に飛び出すためのエネルギー $E_{\text{sticking}}$ は (4.4) 式で表される．

$$E_{\text{sticking}} = E_{\text{Fe}_2/\text{slab}} - (E_{\text{slab}} + E_{\text{Fe}_2}) \tag{4.4}$$

ここで $E_{\text{Fe}_2/\text{slab}}$ は Fe ダイマーが飛び出したスラブモデルのトータルエネルギー，$E_{\text{slab}}$ と $E_{\text{Fe}_2}$ は Fe スラブと構造緩和後の結合長 (2.005 Å) の Fe ダイマーのトータルエネルギーである．テスト計算により，Fe(100) 表面のホローサイトが最も安定であることが分かった．また 3 層と 5 層の結果がほぼ同じであったことから，第 1 ステップのシミュレーションには，Fe(100)3 層からなるスラブモデルの表面のホローサイトに Fe ダイマーが存在するモデルを採用する．本モデルは 11.45 Å × 8.59 Å × 2.86 Å(4 × 3 × 1)，36 原子または 14.31 Å × 8.59 Å × 2.86 Å(5 × 3 × 1)，45 原子から構成される．一方，第 2, 第 3 ステップにおいては，鉄表面から分離された孤立系を扱う．

また，遷移状態の構造探索には，よく用いられる線形 / 2 次同時トランジット (linear/quadratic synchronous transit, LST/QST) 法 [74] と固有ベクトル追跡 (eigenvector following) 法 [75] を併用することで，効率的な計算が行える．遷移状態については，調和近似による振動数計算を行い 1 箇所のみ虚の振動数を持つことを確認することが必要である．

なお，中性あるいはわずかにアルカリ性の水中では，鉄の腐食は (4.1)-(4.3) 式に従って進行するが，これらの反応においてはトータルスピンモーメント量は保たれる．なぜなら，第 1 ステージでは $Fe_2 = 6\mu_B$，$O_2 = 2\mu_B$，$Fe(OH)_2 = 4\mu_B$，第 2 ステージでは，$Fe(OH)_2 = 4\mu_B$，$O_2 = 2\mu_B$，$Fe(OH)_3 = 5\mu_B$，第 3 ステージでは $2Fe(OH)_3 = 5\mu_B - 5\mu_B = 0\mu_B$，$Fe_2O_3 \cdot 2H_2O = 0\mu_B$ だからである．

### 4.4.2 第一ステージ：Fe(100) 表面上における $H_2O$ と $O_2$ の Fe ダイマーとの反応

それでは，$O_2$ と $H_2O$ 分子が存在する場合の鉄の腐食過程を観察しよう．$O_2$ 分子が真空中に飛び出した Fe ダイマー上に存在する場合，酸素原子が鉄原子の上部へ物理吸着することが期待できる（図 4.14）．以下，この $Fe_2$/slab 系において Fe ダイマー上に $O_2$ が吸着した系を $Fe_2O_2$/slab と記す．このとき，吸着エネルギー $E_{adsorb}$ は，

$$E_{adsorb} = E_{Fe_2O_2/slab} - (E_{Fe_2/slab} + E_{O_2}) \tag{4.5}$$

で示される．ここで $E_{Fe_2O_2/slab}$ は $O_2$ 吸着後の系のトータルエネルギーである．

計算で得られた Fe ダイマー上への $O_2$ 吸着エネルギーは，トップサイト，ブリッジサイト，ホローサイトで各々 −2.639, −2.678, −2.841 eV であり，ホローサイトが最も安定であることが分かる（図 4.14 にホローサイトの状況

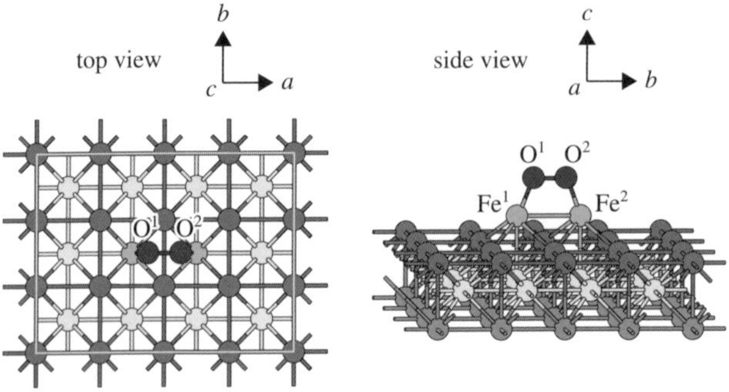


図 **4.14**　Fe(100) 表面ホローサイトにある Fe ダイマー上の $O_2$

を示す). これは, ホローサイト上の Fe ダイマーが, O 吸着の反応性が最も良いことを支持する.

ホローサイトにある Fe ダイマー上に $O_2$ が吸着されると, Fe ダイマーの結合長は 2.714 Å から 2.693 Å へと若干短くなる. 一方, トップサイトとブリッジサイトの場合は, $O_2$ 吸着により Fe ダイマー結合長は増大する. 特にトップサイトの場合は約 18% 大きくなる. これは $O_2$ 吸着により Fe-Fe 間の結合が弱くなることを示している. また, Fe ダイマーと Fe(100) 間距離は $d_{\mathrm{top}} > d_{\mathrm{bridge}} > d_{\mathrm{hollow}}$ であり, これは $O_2$ 吸着前の $Fe_2$/Fe(100) の場合と同じである. Fe ダイマー上への $O_2$ 吸着により, $d_{\mathrm{top}}$ と $d_{\mathrm{hollow}}$ は 2–3% 減少する一方, $d_{\mathrm{bridge}}$ は 1.790 Å から 1.893 Å へと増大する.

次に, 図 4.15(a) に示すように, ホローサイトに Fe ダイマーがあり, $Fe_2O_2$ 化合物の周囲に二つの $H_2O$ 分子が存在する場合を考える. その際, 二つの $H_2O$ 分子は各々異なるブリッジサイトに接した OH 基と, $Fe_2O_2$ 化合物に接した H 原子に解離する. このときの反応は, Fe ダイマー上にある二つの O 原子は各々異なる Fe(100) 上のトップサイトに向かって移動し, $H_2O$ 分子のうち一つの H 原子と表面の Fe と結合する. 一方, OH 基はより遠方にある各々異なるブリッジサイトと結合する (図 4.15(b)). この反応は活性化障壁がなく自発的に起こり, Fe(100) 表面上で $Fe_2(OH)_2 + 2OH$ を形成する. このような環境下では, さらに $O_2$ 分子が $Fe_2(OH)_2$ 化合物へ近づくと, 活性化障壁なしで鉄の酸化が起こり, $Fe_2O_2(OH)_2$ が生成する. この $O_2$ 分子は

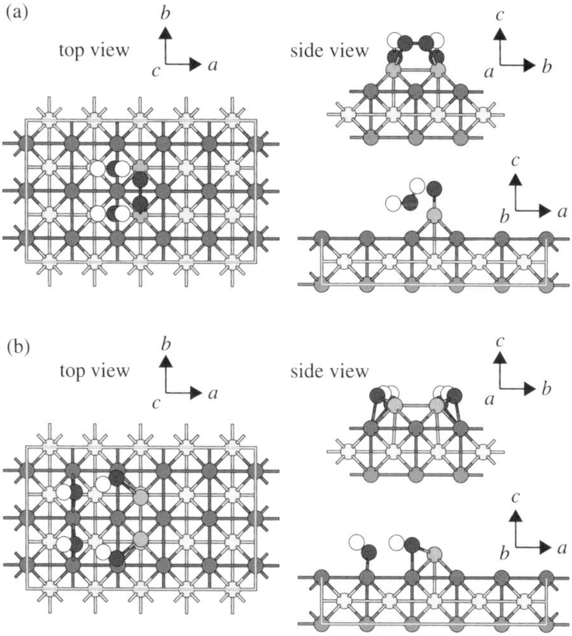


**図 4.15**　$Fe_2O_2$/slab 系における二つの $H_2O$ 分子と O 原子の反応. (a) 初期配置と (b) 反応後.

Fe ダイマーのトップサイトに吸着する.

次に，図 4.16(a) に示すように，Fe(100) 表面の $Fe_2O_2(OH)_2$ に二つの $H_2O$ 分子が近づく状況を考える．この場合も活性化障壁なしで反応が進行，$Fe_2(OH)_4 + 4OH$ が形成される．つまり，Fe ダイマー上の二つの O 原子は各々異なるトップサイトに移動し，$H_2O$ 分子のうち一つの H 原子と表面の Fe と結合する．一方，OH 基はより遠方にある各々異なる表面上の Fe と結合する（図 4.16(b)）.

これらの結果（図 4.15 および図 4.16）は，Fe ダイマー周囲に四つの $H_2O$ 分子と二つの $O_2$ 分子が存在すれば連続的に反応が進み，Fe(100) 表面上に $Fe_2(OH)_4 + 4OH$ が形成されることを意味する．ここで得られる $Fe_2(OH)_4$ は $Fe(OH)_2$ のダイマーである（図 4.17）[76, 77]. 興味深いことに，Fe ダイマーは $H_2O$ 分子を解離する触媒として働く．これは，Fe ダイマー上部は大

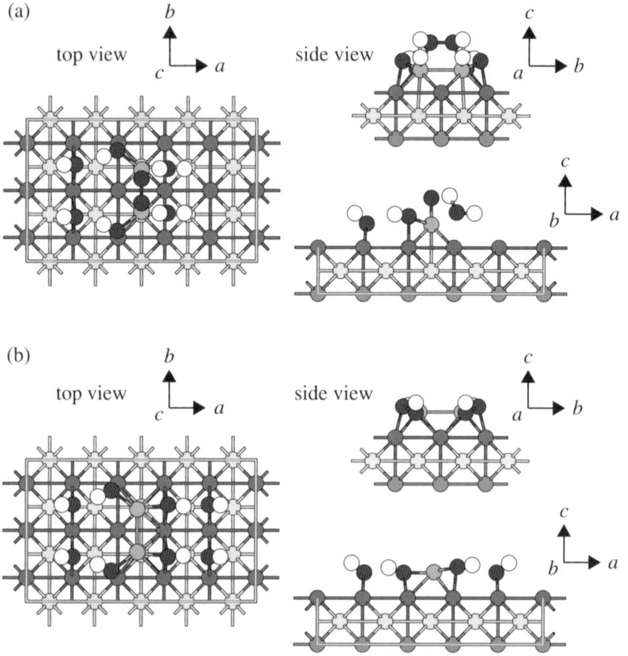


図 **4.16**　$Fe_2O_2(OH)_2$/slab 系における二つの $H_2O$ 分子と O 原子の反応．(a) 初期配置と (b) 反応後．

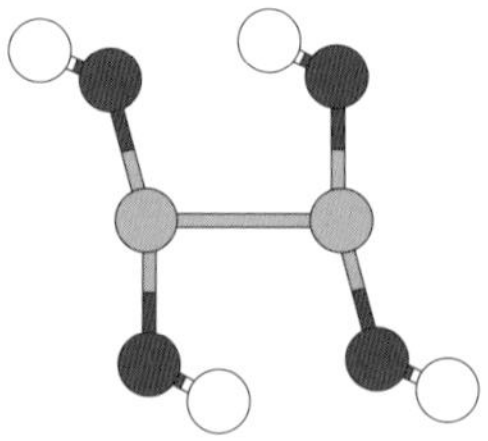

図 **4.17**　$Fe_2(OH)_4$ の構造（$Fe(OH)_2$ ダイマーと見なされる）

きく空いているため，$O_2$ 分子が周囲の $H_2O$ 分子と何度も反応可能なためである．得られた OH 基は周囲にある Fe 表面に吸着される．すべての Fe が現在の形状のまま OH で終端されると反応は終了するが，もし形状が変化するなら，反応は終わらないであろう（ただし，これは本節の扱う範囲外である）．ここでの重要なポイントは，反応が活性化障壁無しで自発的に進むことである.

Fe ダイマーと Fe 平滑表面の，$O_2$（あるいは $H_2O$）との反応の違いは，Fe ダイマーは触媒中心として働くことである．もしこれらの分子が自発的に Fe 平滑表面に吸着するなら，不動態化のみが起こり腐食反応は進まない．これが第 1 ステージにおけるシミュレーションから導き出された結論である．つまり，$O_2$ 分子が Fe 平滑表面において活性化障壁なしで解離しても，その後 $H_2O$ 分子が近づいてきても解離は起こらず，$O_2$ 分子の化学吸着のみが起こる [78, 79]．一方，$O_2$ 分子が Fe ダイマーの上に吸着すると，周囲の $H_2O$ 分子が解離して生成された OH 基は，Fe ダイマーのトップかサイドではなく，Fe 表面を構成する Fe へ吸着する．そのため Fe ダイマー上部には常に空隙ができ，OH 基は連続的に表面の Fe と吸着できるのである．これが $H_2O$ 分子の解離に対する触媒作用と呼ぶものである．一方，たとえ $H_2O$ 分子が $O_2$ 分子とともに Fe 平滑表面に存在しても，$H_2O$ 分子の解離は起こらない．初期条件として様々な配置から計算を行い，この結論を導き出した．もう一つの重要な知見は，Fe 表面における生成物は $Fe_2(OH)_4$ であるということである．これは Fe 平滑表面では起こらない．このように Fe 表面から飛び出した Fe ダイマー上における第 1 ステージの反応は，本ステージ最後における Fe 表面からの $Fe_2(OH)_4$ 離脱を除いて，活性化障壁なしで自発的に進む．このような観点から，第 1 ステージの腐食反応の計算に成功したといえる．

さらに，Fe 平滑表面への $O_2$ 吸着は非触媒反応であり，反応は一度きりである．これにより Fe 表面に不動態膜が形成され，さらなる腐食は進行せずに表面は保護される．そのため自然界においては，不動態膜は少なくとも部分的に $Cl^-$ イオンにより除かれると考えるのが普通である．一方，鉄腐食プロセスの第 1 ステージは，このような Fe 表面の直接的な酸化ではないことが知られている．

鉄腐食の第一ステージは，以下の (4.6) 式にまとめることができる．

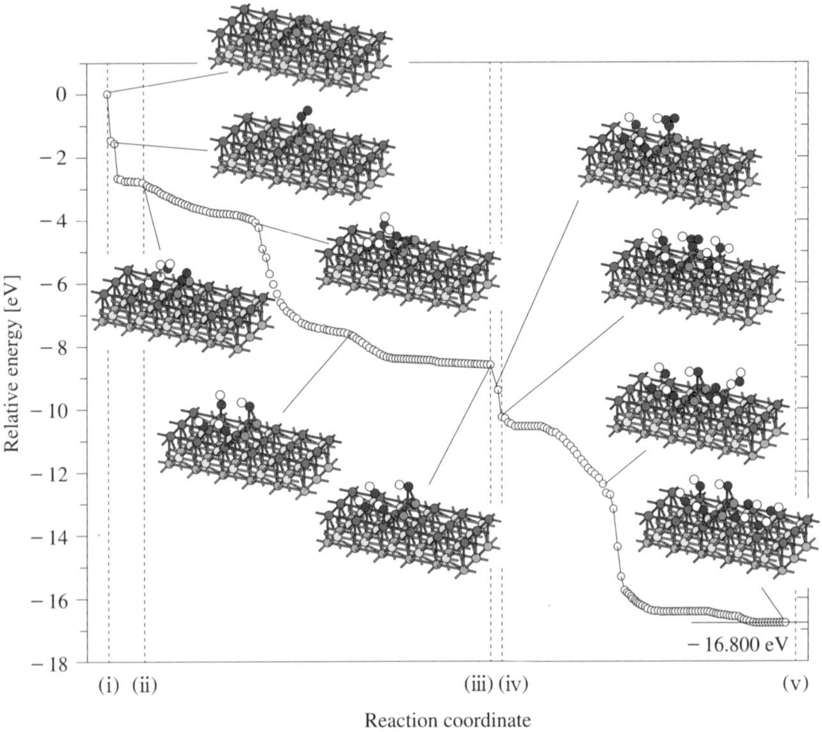


図 **4.18**　第 1 ステージのエネルギー・プロファイル

(i)　$Fe_2/slab + 2O_2 + 4H_2O \rightarrow$

(ii)　$Fe_2O_2/slab + O_2 + 4H_2O \rightarrow$

(iii)　$[Fe_2(OH)_2 + 2OH]/slab + O_2 + 2H_2O \rightarrow$

(iv)　$[Fe_2O_2(OH)_2 + 2OH]/slab + 2H_2O \rightarrow$

(v)　$[Fe_2(OH)_4 + 4OH]/slab.$　(4.6)

ただし，これらの反応が進んでも，図 4.16 に示すように $Fe_2(OH)_4$ は Fe(100) 表面に吸着している．図 4.18 に，上記で述べた第 1 ステージの相対的なエネルギープロファイルを示す．すべてにおいて発熱反応である．

表 4.4 に，(4.6) 式の (i)–(v) 各反応における Fe ダイマーの結合長と

表 4.4 第 1 ステージの各反応プロセスにおける Fe ダイマーの結合長，ホローサイトにある Fe ダイマーと Fe(100) 間の距離

| 反応プロセス | | 結合長 (Å) | $d_{\mathrm{hollow}}$(Å) |
|---|---|---|---|
| (i) | $Fe_2$/slab + $2O_2$ + $4H_2O$ | 2.714 | 1.379 |
| (ii) | $Fe_2O_2$/slab + $O_2$ + $4H_2O$ | 2.693 | 1.329 |
| (iii) | [$Fe_2(OH)_2$ + 2OH]/slab + $O_2$ + $2H_2O$ | 2.630 | 1.409 |
| (iv) | [$Fe_2O_2(OH)_2$ + 2OH]/slab + $2H_2O$ | 2.648 | 1.479 |
| (v) | [$Fe_2(OH)_4$ + 4OH]/slab | 2.698 | 1.594 |

Fe(100) 表面からの距離を示す．Fe ダイマーの結合長は，(i)→(ii) のプロセスにおいて 2.714 Å から 2.693 Å へ減少し，(ii)→(iii) のプロセスでさらに 2.630 Å まで減少する．一方，(iii)→(iv)→(v) プロセスでは，2.630 Å → 2.648 Å → 2.698 Å と増加する．Fe ダイマー上への $O_2$ 吸着エネルギーは (i)→(ii) および (iii)→(iv) で各々 −2.773 eV と −1.991 eV である．一方，$H_2O$ 分子が解離して近くの Fe ダイマーへ吸着するためのエネルギーは (ii)→(iii) と (iv)→(v) において各々 −5.796 eV と −6.241 eV である．このような，$O_2$ と $H_2O$ の吸着エネルギーの違いは，Fe ダイマーの結合長の変化の違いによる．

さらに，Fe(100) 面からの Fe ダイマーの距離 $d_{\mathrm{hollow}}$ は，反応が (i)→(v) と進行するにしたがって増大する．これは反応が進にしたがって $Fe_2(OH)_4$ 基と Fe(100) 表面間の結合が弱まることを示している．このことは，鉄腐食の第 2 ステージの道を開くのに重要である．

第 1 ステージにおけるこれらの反応は，最後の Fe(100) 表面からの $Fe_2(OH)_4$ 解離以外は自発的に起こり，そのエネルギー差は約 16.8 eV と非常に大きな値である．また最後の式 (4.6)(v) における離脱エネルギーは約 6 eV である．

### 4.4.3 第二ステージ：$H_2O$ および $O_2$ と $Fe_2(OH)_4$ 分子間の反応

鉄腐食の第 2 ステージでは，Fe(II) が Fe(III) になる．この反応は，二つの $Fe_2(OH)_4$ 基が互いに平行に隣接している場合に起こり得ると考えられる．はじめに，(4.6)(v) 式で最終的に得られた $Fe_2(OH)_4$ を二つ並行に，より大き

な Fe(100) 上に並べた系を導入した．次いで，$H_2O$，$O_2$，$H_2O$ 分子をこの順番に二つの $Fe_2(OH)_4$ 分子間に置いて構造緩和計算を行い，反応が進むかを確認した．しかしこの場合，いずれの分子の解離も観察されなかった．これは，$Fe_2(OH)_4$ と Fe(100) 表面間の結合が，他の反応を起こすより十分強いことを示唆している．

第 2 ステージを進行させるためには，何かしらの方法によってこの $Fe_2(OH)_4$ と Fe(100) 間の結合を弱める必要がある．これについては，ブロンスキー (Błoński) らによる，Fe 表面下に存在する酸素が最表面 Fe の面間距離を大きくするという理論研究 [80] にヒントがある．これによると，Fe ダイマー直下の Fe 表面を酸化させることで $Fe_2(OH)_4$–Fe(100) 間距離をより大きくすることが期待できる．他の可能性としては，第 1 ステージで得られたエネルギー (約 16.8 eV) を部分的に運動エネルギーや熱エネルギーに変換して，$Fe_2(OH)_4$ を表面から解離することである．ただしここでは，これらのように明示的にボンドを弱めるシミュレーションを行う代わりに，単純化して $Fe_2(OH)_4$ が Fe(100) と接していないという状況を考える．

二つの $Fe_2(OH)_4$ と一つの $O_2$ 分子からなる初期配置を考える（図 4.19(a)）．この幾何学的配置を $R_1^2$ と記述する．ここで R は反応物質で，下付き 1 と上付き 2 は各々，反応プロセスの番号（第 1 反応プロセス）と腐食ステージの番号（第 2 ステージ）を示す．以下，Fe(100) 表面が存在しない孤立系のシミュレーションを遂行する．$H_2O$ 分子が存在しない場合，$O_2$ 分子は解離して二つの O 原子となり，各々反対方向に移動し，$Fe_2(OH)_4$ 分子とボンドを形成して $Fe_2O(OH)_4$ となる．これを $R_2^2$ と記す (図 4.19(b))．驚くことに，この反応は発熱反応であり，活性化障壁なしに自発的に反応が進み，さらに 1.978 eV 安定になる．

$H_2O$ 分子が近くに存在する場合，$Fe_2O(OH)_4 + H_2O \rightarrow Fe_2(OH)_6$ の反応が活性化障壁を超えることで起こる．そのため遷移状態探索を行う．図 4.20 に，反応基 $R_3^2$，中間生成物の構造 $IM_3^2$，遷移状態 $TS_3^2$，および生成基 $P_3^2$ の構造を示す．ここで遷移状態の振動解析を行ったところ，虚数解は 1114.3 $cm^{-1}$ に一つだけ存在することを確認した．最終的に得られる $Fe_2(OH)_6$ は，$Fe(HO)_3$ のダイマーと見なすことができる（図 4.21）．活性化障壁がない $IM_3^2$

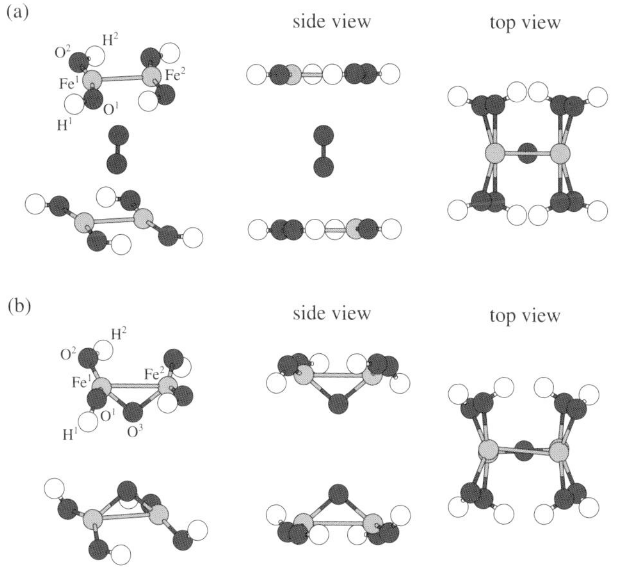


**図 4.19**　四つの $Fe(OH)_2$ と一つの $O_2$ からなる構造 (a)$R_1^2$ 反応前と (b)$R_2^2$ 後

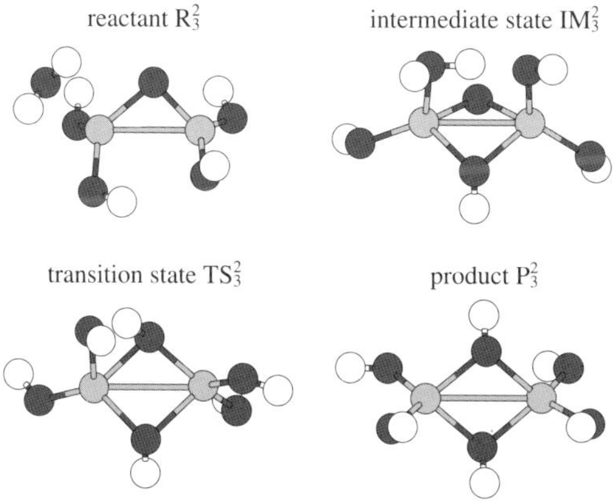


**図 4.20**　$Fe(OH)_2$，$FeO(OH)_2$，$H_2O$ による $Fe_2(OH)_6$ の形成

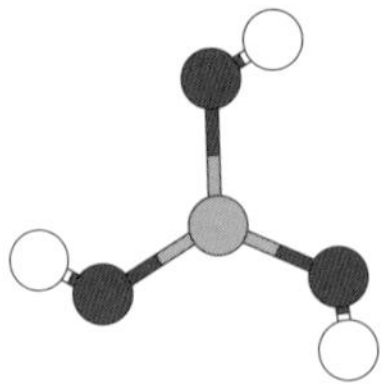

図 **4.21**　$Fe(OH)_3$ の構造

あるいは活性化障壁 0.653 eV の $P_3^2$ のいずれかを期待できる．

ここで考えている Fe(II) から Fe(III) への水酸化反応は，発熱反応の $O_2$ 分子解離と吸熱反応の $H_2O$ 分子解離からなる．ただし，前者の発熱反応のほうが後者の吸熱反応より非常に大きいので，この反応は自発的に起こると考えられる．このことは，よく知られている Fe(II) から Fe(III) への空気中での酸化の実験結果 [55] と一致する．

### 4.4.4　第三ステージ：二つの $Fe(OH)_3$ 分子間の反応

第 2 ステージで最終的に得られた $Fe_2(OH)_6$ は，水溶液中でさらに二つの溶解性分子である $Fe(OH)_3$ に解離すると考えられる (以下 $R_1^3$)．これらの分子は反応して水和した Fe(III) 酸化物を形成すると考えられ，これが鉄腐食の最終ステージである．水溶液中では，$Fe(OH)_3$ は凝集して FeOOH か $Fe_2O_3{\cdot}nH_2O$ を形成すると考えられる．後者の反応は，O–H 基の解離と二つの $Fe(OH)_3$ からの H 原子により一つの $H_2O$ 分子を形成した後で，$Fe_2O_3 \cdot 2H_2O$ と一つの $H_2O$ 分子を生成することを含む．この反応パスには 0.377 eV の活性化障壁が必要と考えられるが，これは図 4.22 に示す遷移過程において発生する．なお，遷移構造を決定した際は振動解析を行い，988.2 $cm^{-1}$ にのみ虚数解があることを確認しているが，これは，本遷移状態はポテンシャル・エネルギー表面の鞍点に対応していることを示している．

最後に，図 4.23 に鉄腐食プロセスの第 2 および第 3 ステージの相対エネルギー・プロファイルを示す．これより第 3 ステージの最終生成物である $Fe_2O_3 \cdot 2H_2O + H_2O$ は，第 2 ステージの生成物である $Fe_2(OH)_6$ よりエネルギー的に 0.105eV 小さく，安定である．さらなる連続的な凝集によって，

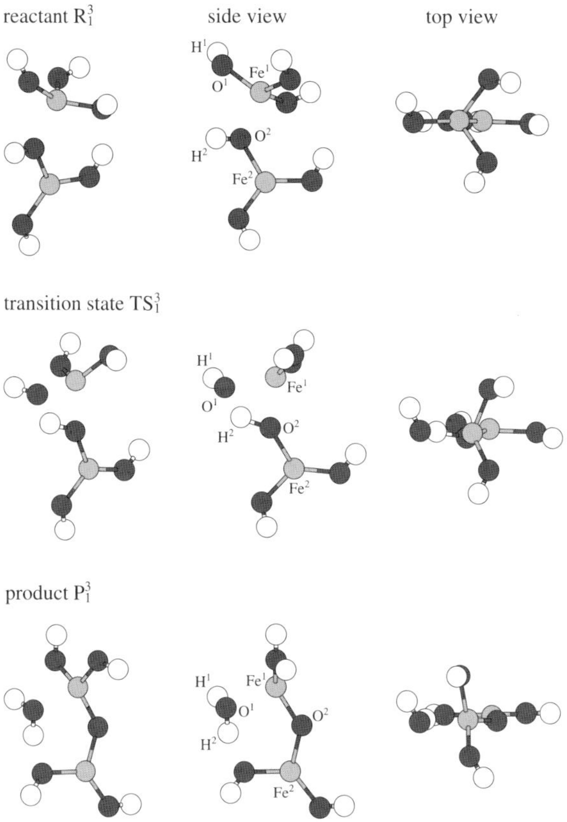


**図 4.22**　二つの $Fe(OH)_3$ による $Fe_2O_3 \cdot 2H_2O$，$H_2O$ 分子の生成

より大きな $Fe_2O_3 \cdot nH_2O$ クラスターの形成も期待できる．その際，$Fe_2O_3$ のみならず FeO や $Fe_3O_4$ も形成されるであろう．また，本研究では水溶液中の $O_2$ 分子解離のみを検討したが，$Cl^-$ イオンが存在すると腐食は高速化されると考えられる [81–83].

最後に，本研究ではいくつかの仮定を導入して鉄腐食過程を観察したが，将来的には，本研究を基により多くの観察が必要であると思われる．

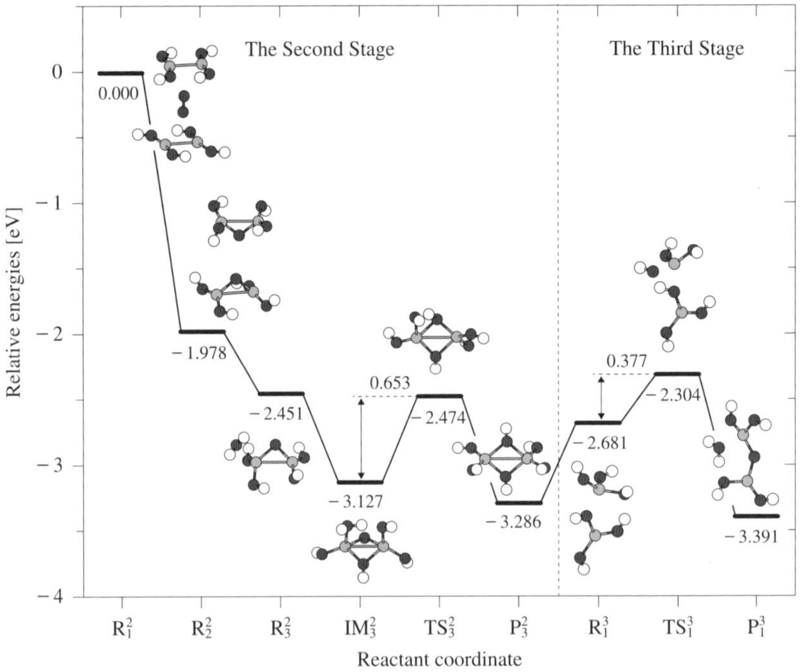


図 **4.23**　第 2 ステージと第 3 ステージのエネルギー・プロファイル

## 4.5　チタンの表面酸化メカニズム解明とそのシリコン添加の効果[1)]

チタン (Ti) および Ti 合金は，高比強度，優れた強度 / 延性バランスおよび耐食性を有することから，航空・宇宙，自動車，生体などの幅広い領域で応用されている [84, 85]．その中でも，航空機分野における需要は拡大しており，今後も Ti 合金の主要な用途の一つとなると考えられる．この分野においてTi 合金は航空機の機体やエンジンに用いられているが，特に 923 K(650℃) 以上においては大気中の酸素との反応が顕著になり，劣化する [86]．工業用

[1)] 本 4.5 節の内容は，*Jpn. J. Appl. Phys.* 56, 125701 (2017)，*Sci. Tech. Adv. Mat.* 18, pp.998-1004 (2017)，および *Appl. Surf. Sci.* 463, pp.686-692 (2019) を，許可を得て一部加筆，修正のうえ執筆したものである．

純 (commercially pure, CP)Ti は，873 K 以上では非保護性の酸化皮膜形成による部材の損耗が生じるため，耐用温度は耐酸化性によって制限される．近年の航空機エンジンの性能向上に伴い，エンジン用部材に求められる耐用温度は上昇していることから，耐熱 Ti 合金の開発は急務である．

Ti の表面酸化は二つのプロセスから構成される：一つ目は酸化チタン層の形成であり，二つ目は酸素の Ti 固体内部への拡散である．これは Ti の高い酸素溶解度に起因する [87–89]．この高濃度酸素領域は $\alpha$ ケースと呼ばれ，脆性破壊や機械的特性の劣化につながる [90]．高温における Ti 合金の耐酸化性向上に向けて合金元素添加による制御の研究は多数行われている．例えば，Si, Zr, Nb, Hg を $\alpha$-Ti(hcp Ti) に添加することで耐酸化性は向上する一方，Ge や Sn 添加により劣化するという実験報告がある [91, 92]．その中でも，実用耐熱 Ti 合金には 0.1〜0.5 mass% の Si が添加されているが，Si 添加による耐酸化性向上の詳細な機構に関しては未解明な点が多い．さらに，Ti 合金への過剰な Si 添加は延性の低下を招くため，耐酸化性と機械的特性のバランスに優れた Si 添加量の最適化が必要である [93]．

本節においては，バッタチャリャ (Bhattacharya) らによる，実用温度領域 (〜973 K) における Ti 表面酸化の初期過程の第一原理分子動力学 (MD) 計算を行った結果について紹介する [94,95,96]．Ti の酸化機構の第一原理 MD はこれまで，純 Ti の（粒子数 (N)，体積 (V)，エネルギー (E)）一定 MD の報告例などはあるが [97, 98]，Si の効果について温度依存性を含めた議論はなかった．本研究では温度の効果を定量的に調べるため（粒子数 (N)，体積 (V)，温度 (T)）一定の MD を行った．

図 4.24 に，本研究で導入したモデルを示す．MD シミュレーションには $4 \times 4 \times 11$ 層の Ti 原子（Si の効果を調べる場合は，表面の Ti 原子を部分的に Si と置換）から構成されるスラブモデルを導入した．図 4.24(a) は上方向に [0001] 方向を示す．さらに表面の上方には 20 Å の真空層を導入し，第 8–11 層の原子位置は計算中，固定した．図 4.24(b) は Si 添加の場合の表面であり，後述のテスト計算の結果より，表面 16 個の Ti 原子のうち，3 個を Si と置換した．これは 18.75 at.% Si に対応する．

はじめに，Si を添加したスラブモデルを作成するためのテスト計算とし

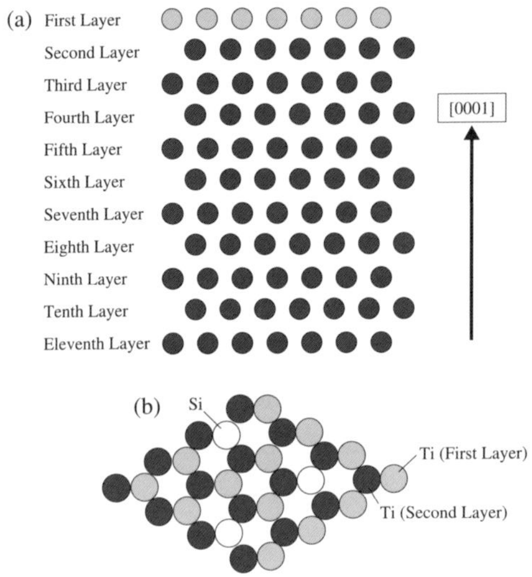


**図 4.24**　第一原理 MD に使用した 4 × 4 × 11 層（172 原子）から構成されるスラブモデル．(a) 上方向に [0001] 方向を示す．(b)Si 偏析モデルの表面．Si 濃度は 18.75 at.%Si に対応し，これを 18.75 at.%Si-Ti と記載する

て，Si の表面偏析の構造緩和計算について述べる．まず，Ti 表面への Si 偏析の状況を調べるため，2 × 2 × 11 層の Ti スラブモデルを導入し，偏析エネルギーを求めた．偏析エネルギーは特定の層の 1 個の Ti 原子を Si で置換した場合と固体内（本研究では第 6 層目）で同様に置換した場合の，トータルエネルギーの差として定義した．この定義により，負の値で安定である．図 4.25 に Si 偏析エネルギーの層依存性を示す．第 1 層（表面）における偏析エネルギーは −0.55 eV/Si であり，Si は表面で最安定であることが分かる．そのため，Si 添加の効果を調べる際は，初期条件として Ti(0001) スラブモデルの第 1 層へ Si が偏析した場合に限定した．

次に，Ti(0001) 表面への Si 固溶限を調べるため，表面サイズの異なるいくつかのスラブモデルを導入し，表面の 1〜複数個の Ti を Si と置換することで，Si 濃度の異なるスラブモデルを作成し，偏析エネルギーの Si 濃度依存性を評価した．図 4.26 に結果を示すように，Si 濃度が約 75 at.% 以下で偏析エネルギーは負となり安定である．ただし，ここではシリサイド形成

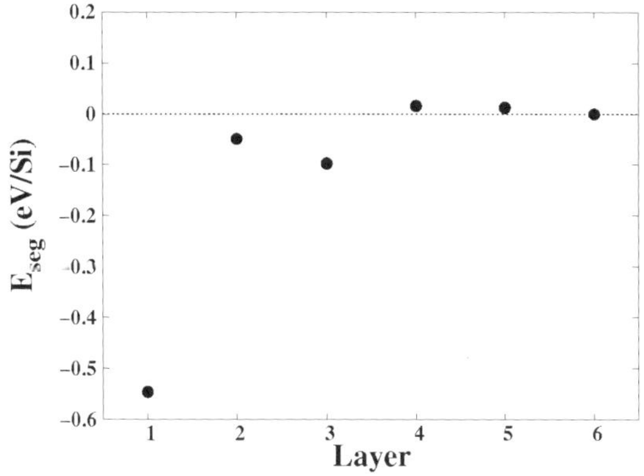


図 **4.25**　Si 原子の偏析エネルギーの層依存性

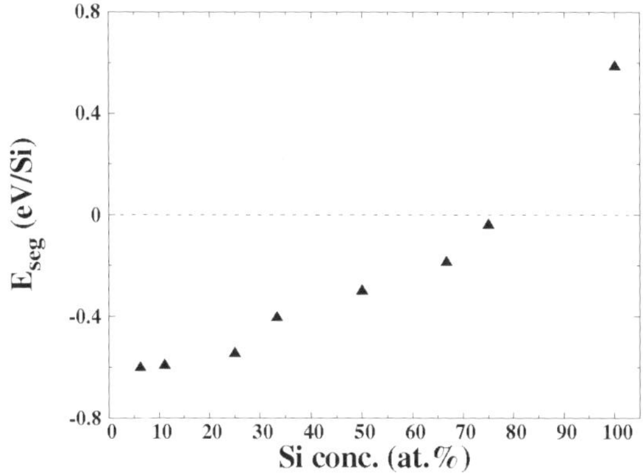


図 **4.26**　第 1 層における Si 原子の偏析エネルギーの Si 濃度依存性

や二相分離などの可能性を考慮していないため，モデル作成の際は表面の Si 濃度を 18.75 at.% Si 以下に限定した．さらに，表面における Si 原子の配置を決定するために 4 × 4 × 11 層のスラブモデルを導入し，2 個の Ti 原子を Si と置換し構造緩和したところ，Si-Si 間距離が 3.25Å から 4.96Å になると偏析エネルギーは −0.48 から −0.57 eV/Si へと変化した．つまり Si 同士は凝集しないほうが安定と考えられる．これらのことから作成したモデルを図 4.24(b) に示す．以下，これを 18.75 at.%Si–Ti と記す．

材料表面が高温において大気にさらされているという状況を模擬するた

め，本研究では，スラブ表面に連続的に酸素分子を供給するモデルを作成した．MD シミュレーションの初期条件として，Ti 表面に酸素分子をランダムに配置した．その際，酸素分子の被覆率 $\theta$ を 0.5 ML (monolayer) とした．各層の Ti の原子数は 16 個であるため，$\theta = 0.5$ は酸素分子 4 個（酸素原子 8 個）に対応する．その後 10 ps のシミュレーションごとに，酸素分子 4 個を表面に追加した．このような操作を繰り返し行い，最終的に延べ 50ps のシミュレーションを行った．

Ti 表面上の酸化物ネットワーク形成ダイナミクスに対する結果の解析から始めよう．本研究では，異なる時刻において添加された酸素分子（解離後は原子）を，$O^t$ と表記して区別する．$t$ は，酸素分子が Ti 表面上に導入された時刻である．シミュレーション開始時（$t = 0$ ps，図 4.27(a)）において表面に吸着された 4 個の酸素分子 $O^0$ はすべて，数 fs 以内に解離し原子状酸素となった．これは酸素分子解離のための活性化障壁がないためである．このような自発的な解離は Al(111) 表面 [99]，Si(001) 表面 [100]，TiN 表面 [101] においても確認されている．$t = 10$ ps には，$O^0$ 原子は Ti 表面の fcc サイトあるいは hcp サイトを占有し Ti-O ボンドを形成した（図 4.27(b)）．これは，アズレ (Azoulay) らによる報告 [102] と同じ傾向である．この Ti-O ボンドからなるネットワークは不規則構造を有する．$t = 10$ ps において，4 個の酸素分子 $O^{10}$ を表面に吸着させ，10 ps のシミュレーションを行った．$t = 20$ ps には，図 4.27(c) に示すように，$O^0$ 原子のスラブ内への侵入が観察された．つまり，3 個の $O^0$ 原子がスラブ内へ侵入していき，第 1 層と第 2 層間の格子間位置を占めた．次いで $t = 20$ ps において，4 個の酸素分子 $O^{20}$ を表面に吸着させ，10 ps のシミュレーションを行った．$t = 30$ ps には，図 4.27(d) に示すように，第 1 層はいくつかの Ti 原子が外側に向かって移動しながら再構築された．その間，スラブ内への $O^0$ と $O^{10}$ 原子の浸透は続いた．引き続き $t = 30$ ps において，4 個の酸素分子 $O^{30}$ を表面に吸着させ，10 ps のシミュレーションを行った．$t = 40$ ps には，図 4.27(e) に示すように，3 個の $O^0$ 原子が第 2 層と第 3 層間の格子間位置を占め，第 1 層の Ti 原子がさらに外側へ移動し続けた．また，2 個の $O^{10}$ 原子が第 2 層の Ti 原子と結合し，いくつかの $O^{20}$ 原子が第 1 層と第 2 層間の格子間位置を占め

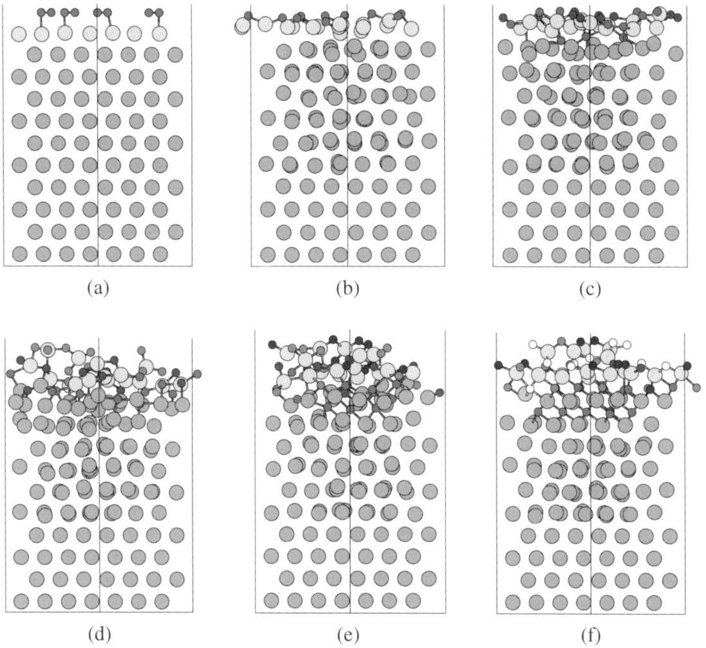

図 **4.27** 純 Ti の場合の第一原理 MD のスナップショット．(a)$t$ = 0 ps，(b)$t$ = 10 ps，(c)$t$ = 20 ps，(d)$t$ = 30 ps，(e)$t$ = 40 ps，(f)$t$ = 50 ps において．

た．$O^0$ と $O^{10}$ の大部分は第 1 層と第 2 層間の領域に見られた．表面の最も外側の領域にあるのは $O^{20}$ と $O^{30}$ 原子のみであった．さらに $t$ = 40 ps において，4 個の酸素分子 $O^{40}$ を表面に吸着させ，10 ps シミュレーションを行った．$t$ = 50 ps には，図 4.27(f) に示すように，表面第 1 層は再構成されて 2 層からなる酸化物層を形成した．そのうち最外層は，5 個の Ti 原子が外側に移動しそこに 1 個の $O^{20}$，2 個の $O^{30}$，3 個の $O^{40}$ 原子が Ti 原子のブリッジサイトを占めることで酸化物ネットワークを形成した．ここで本シミュレーションの興味深く重大な結果は，$t$ = 50 ps における $\alpha$ ケースの形成である．つまり，5 個の $O^0$ 原子と 1 個の $O^{10}$ 原子が，第 2 層と第 3 層間の Ti 原子の八面体サイトを占めることで $\alpha$ ケースを形成していることが分かった．

一方，18.75 at.% Si–Ti における酸化の時間発展は，純 Ti の場合と異なる

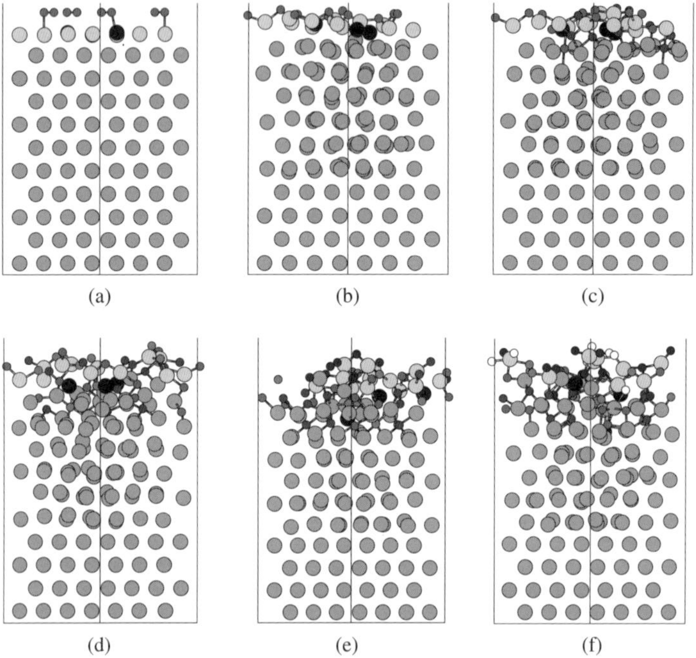


図 **4.28**　18.75 at.% Si–Ti の場合の第一原理 MD のスナップショット．(a)$t$ = 0 ps，(b)$t$ = 10 ps，(c)$t$ = 20 ps，(d)$t$ = 30 ps，(e)$t$ = 40 ps，(f)$t$ = 50 ps において．

ことが分かった．はじめに，純 Ti の場合と同様に $t$ = 0 ps において表面に 4 個の $O^0$ 分子を吸着させた（図 4.28（a））．$t$ = 10 ps には，図 4.28(b) に示すように，解離した $O^0$ 原子が表面の fcc あるいは hcp サイトを占有した．第 1 層の 2 個の Si 原子が第 2 層に向かって降下する一方，第 2 層の 1 個の Ti 原子が第 1 層に向かって上昇し始めた．$t$ = 10 ps において，4 個の酸素分子 $O^{10}$ を表面に吸着させ，10 ps のシミュレーションを行った．$t$ = 20 ps には，図 4.28(c) に示すように，$O^0$ と $O^{10}$ 原子のスラブ内への侵入が観察された．2 個の $O^0$ 原子と 1 個の $O^{10}$ 原子が第 2 層 Ti の面内まで侵入し，第 3 層の Ti 原子と結合した．次いで $t$ = 20 ps において，4 個の酸素分子 $O^{20}$ を表面に吸着させ，10ps のシミュレーションを行った．$t$ = 30 ps には，図 4.28(d) に示すように，酸素原子のさらなるスラブ内への侵入が観察された．つまり，

1 個の $O^0$ 原子，3 個の $O^{10}$ 原子，1 個の $O^{20}$ 原子が第 2 層と第 3 層間の格子間位置を占めた．また，Si 原子はスラブ内への侵入を続けた．引き続き $t$ = 30 ps において，4 個の酸素分子 $O^{30}$ を表面に導入してシミュレーションを開始すると，2 個の $O^{30}$ 分子は解離して表面の Ti 原子と結合したが，残り 2 個の $O^{30}$ 分子は表面から離脱した．この挙動は $O^{30}$ 分子の初期配置を変えても観察された．そのため，$t$ = 30 ps において 2 個の酸素分子 $O^{30}$ を表面に吸着させ 1 ps のシミュレーションを行った後，$t$ = 31 ps において 2 個の酸素分子 $O^{31}$ を導入し 9 ps のシミュレーションを行った．$t$ = 40 ps には，図 4.28(e) に示すように，1 個の Si 原子が第 2 層と第 3 層間の格子間位置を占有する様子が観察された．$O^{30}$ と $O^{31}$ 原子は第 1 層に残ったが，第 2 層の 2 個の Ti 原子は第 1 層に向かって上昇した．さらに $t$ = 40 ps において表面に導入された 4 個の酸素分子 $O^{40}$ は，$t$ = 30 ps における状況と同様，表面から離脱した．そのため $t$ = 40 ps において 2 個の酸素分子 $O^{40}$ を吸着させ 1 ps のシミュレーションを行った後，$t$ = 41 ps において 2 個の酸素分子 $O^{41}$ を導入し 9 ps のシミュレーションを行った．$t$ = 50 ps には，図 4.28(f) に示すように，第 3 層 Ti の面内に 1 個の Si 原子が観察されたが，残り 2 個の Si 原子は，より表面側にある酸化物ネットワーク内に存在した．第 1 層は，いくつかの Ti 原子が外側に移動して再構成された．さらに，第 2 層の 3 個の Ti 原子が第 1 層に向かって上昇することで，第 2 層中には 13 個のみ Ti 原子が残った．また，純 Ti の場合と異なる興味深い結果として，$\alpha$ ケースは観察されなかった．つまり第 2 層と第 3 層間にある酸素原子は八面体サイトを占有しなかった．

図 4.29 に，ベーダー電荷解析により求まった $t$ = 50 ps における表面近傍での Ti 原子の酸化数 (e) の平均値を示す．なお，ベーダー電荷解析から得られる Ti の酸化数は，配位数が 2 の場合は +1，1 の場合は +0.5 である．純 Ti の場合（図 4.29(a)），先述のように第 1 層は 2 層からなる酸化物ネットワークを形成し，そのうち最外層の Ti 原子の酸化数は +1.79，次いで +1.65 であった．引き続く第 2 層と第 3 層の Ti は各々 +0.87 と +0.22 の酸化数を有していた．なお，第 2 層と第 3 層間の酸素原子は八面体サイトを占有し，$\alpha$ ケースを形成した．一方，18.75 at.% Si–Ti の場合は，図 4.29(b) に

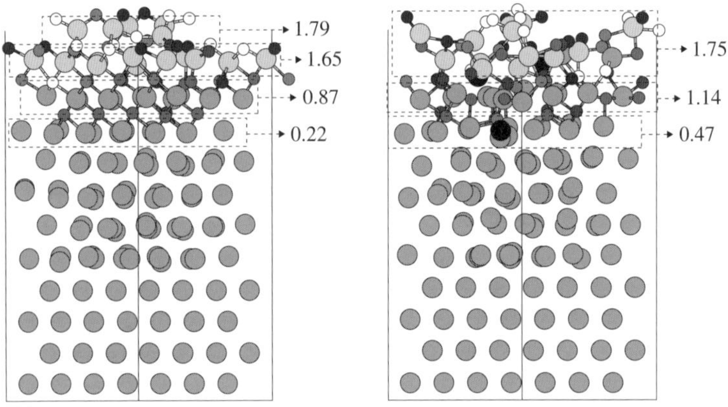


**図 4.29**　$t$ = 50 ps における表面近傍の各層あたりの平均酸化数.
(a) 純 Ti, (b)18.75 at.% Si–Ti の場合.

示すように，酸化物ネットワークの最も外側の領域の Ti 原子の平均酸化数は約 +1.75 であり，次いで +1.14 および +0.47 であった.

$\alpha$ ケース形成に対する Si 添加の効果を明らかにするため，純 Ti および 18.75 at.% Si–Ti における格子間酸素形成エネルギー $E^f_{int} = E[\text{supercell+O}] - (E[\text{supercell}] + \frac{1}{2}E[O_2])$ を求めた. ここで $E$[supercell+O]，$E$[supercell]，$E[O_2]$ は各々，格子間酸素を 1 個含むスーパーセル，含まないスーパーセル，酸素分子のトータルエネルギーである. 18.75 at.% Si–Ti の場合は Si–O 間距離を変えながら $E^f_{\text{int}}$ を計算した. 純 Ti の場合は −5.51 eV/atom であり，酸素原子は八面体サイトを占有して安定であった. 18.75 at.% Si–Ti の場合は，Si–O 間距離が 1.95 Å と 2.75 Å に対して各々 −3.43 eV/atom と −4.48 eV/atom であった. さらに 18.75 at.% Si–Ti の場合は，酸素原子は八面体サイトを占有しなかった. つまり，Si が存在することで Ti 中の酸素溶解度は劇的に低下し，酸素原子は八面体サイトで安定でないため，$\alpha$ ケース形成が抑制された.

次いで，酸化メカニズムを検討する. 酸素分子の金属表面への吸着とそれに続く解離は，Ti から酸素分子への電子の供与により特徴付けられる [103]. そのため，金属原子から酸素分子への電荷移動 $Q_{\text{trans}}$ を計算した. これは，

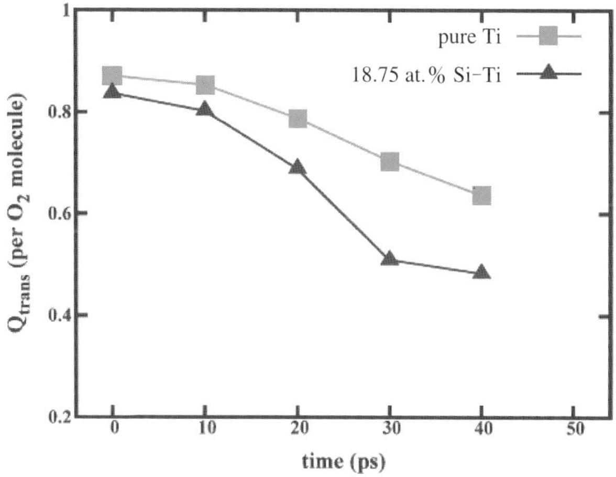


図 **4.30** 酸素分子当たりの電荷移動の時間依存性

酸素分子吸着前後における電荷密度分布の差分を基に求められる．図 4.30 に $Q_{trans}$ の時間発展を示す．純 Ti と 18.75 at.% Si–Ti の両者について，$Q_{trans}$ は時間とともに単調減少した．シミュレーション開始後，最初の 20 ps においては，酸素のスラブ内への侵入は第 1 層と第 2 層間という表面直下の領域に制限されており，このことは最初の 20 ps の酸化が電荷移動により律速されることを示唆している．その後，$Q_{trans}$ はさらに減少する一方で，酸素のスラブ内への侵入により，酸化物ネットワークは成長し続ける．これらの観察から，Ti 表面酸化の初期段階は，金属原子から酸素分子への電荷移動によって引き起こされたと結論付けられる．$Q_{trans}$ の減少は，18.75 at.% Si–Ti の場合に特に顕著であるが，これは先述の，シミュレーション後半における酸素分子の表面からの離脱を説明する．

また，酸化物ネットワークの厚さは，シミュレーション初期段階では純 Ti と 18.75 at.% Si–Ti の両者でほぼ同じであった．しかし $t$ = 50 ps では，純 Ti のほうが 18.75 at.% Si–Ti より 1.6 Å 厚かった．前述のように，酸化膜の成長は主に酸素原子のスラブへの侵入によるものである．純 Ti の場合，酸化プロセスによりスラブの Ti 原子面は再構築されながら Ti–O ボンドが形成される．これにより Ti–O ボンドは多孔質になるが，その空隙がスラブ

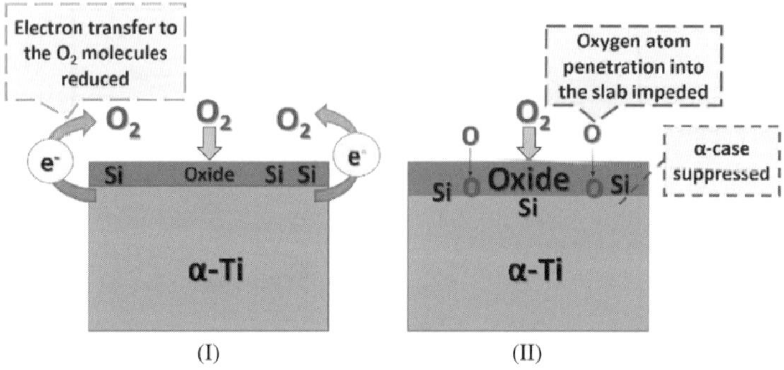


図 **4.31**　高温での Ti 表面酸化プロセスの模式図. (I) 第 I ステージは金属原子から酸素分子への電荷移動が律速であり, (II) 第 II ステージは Ti 固体内への酸素拡散が律速である（本図は Si 含有の場合）.

内への酸素の侵入を促進した. このプロセスはシミュレーション時間全体にわたり続いた. 18.75 at.% Si–Ti の場合, 純 Ti と同様の成長過程が 30 ps まで観察された. その後, 第 2 層の Ti 原子は第 1 層に向かって上昇した. さらに, 3 個の Si 原子のうち 2 個が酸化物領域に留まった. これにより酸化物ネットワークの空隙が減少し, スラブ内への酸素拡散が減少した. Ti–Si 合金においては純 Ti よりも O 拡散が遅いという第一原理計算の報告 [104,105] もあり, 本研究はこれとも一致する.

今回の一連の解析により, 図 4.31 に示すように, 高温での Ti 表面酸化は主に 2 段階のステージにより進められることが示された. つまり, 酸化の初期段階では金属原子から酸素分子への電荷移動が律速であり, 次の段階ではスラブ内への酸素の侵入が律速である. Si 原子は, Ti 原子から酸素分子への電荷移動および酸素原子のスラブ内への侵入を減少させる. さらに, Si の存在により $\alpha$ ケース形成が抑制される. $\alpha$ ケースは Ti の機械的性質の劣化を招くため, Si 添加は有利に働く. Si 溶解度は $\alpha$–Ti 固体に対しては非常に低い [84] が, 図 4.26 に示されるように Ti 表面層に対しては高いため, Si や Ti–Si 合金によりコーティングされた Ti 合金は, 高温用途に適していると言える.

## 4.6　多元系炭化物 $\gamma$-$M_{23}C_6$ の相安定性の温度依存性解析[1)]

発電プラントの主蒸気管などに用いられる高クロムフェライト系耐熱鋼は，旧オーステナイト粒界，パケット，ブロック，ラスの階層組織を有しており，さらに各界面や粒内に析出物が存在する複雑な組織であるために，高温特性を保持している．しかし，溶接により変態点付近で熱せられた領域には細粒熱影響部が形成され，母材と比較してクリープ寿命が 1 桁ほど低下する早期破断問題を抱えている [106]．これを解決するために，旧オーステナイト粒界上の析出物 ($\gamma$-$M_{23}C_6$) の耐熱性を向上させ，相変態を遅滞させることで，組織を安定化させる必要がある．ここで M は金属元素種であり，主に Cr, Fe などから構成されている．また，旧オーステナイト粒界とは，鋼を焼き入れする際に高温で得られたオーステナイトを焼き入れた後に残るオーステナイト相の粒界のことである．このように炭化物 $\gamma$-$M_{23}C_6$ は，9Cr 耐熱鋼のクリープ特性を制御するうえで重要な析出物である．実験的に微量ホウ素 B (～0.01 wt%) を添加した鋼は MARBN 鋼 [107] として知られており，B が $M_{23}C_6$ 中の C と置換されることで析出物が安定化されるという報告がある [108]．典型的には，これらの結晶粒は数十から数百マイクロメーターのオーダーであり，炭化物は数十から数百ナノメーターのオーダーである．本炭化物が 600–800℃ 程度の高温において，どのような組成で安定に存在するか正しく評価することが期待されている．

炭化物を含む多元系の相安定性の組成依存性に関する第一原理計算は多く行われているが，そのほとんどが，結晶格子を構成する各副格子は各々，1 種類の元素で完全に占有されるという「完全占有モデル」により解析されてきた [109–112]．このモデルは，相安定性を組成依存性の関数として記述するモデルと言えるが，情報を単純化しすぎて安定性を誤って評価してしまう場合がある．本節では，組成依存性に加えてその原子配置依存性を考慮することで，炭化物 $\gamma$-$M_{23}C_6$ の相安定性の温度依存性を系統的に明らかにしたソイシ (Souissi) らによる研究結果について紹介する [113]．

---

1) 本 4.6 節の内容は，*Sci. Rep.* 8, 7279 (2018) を，許可を得て一部加筆，修正のうえ執筆したものである．

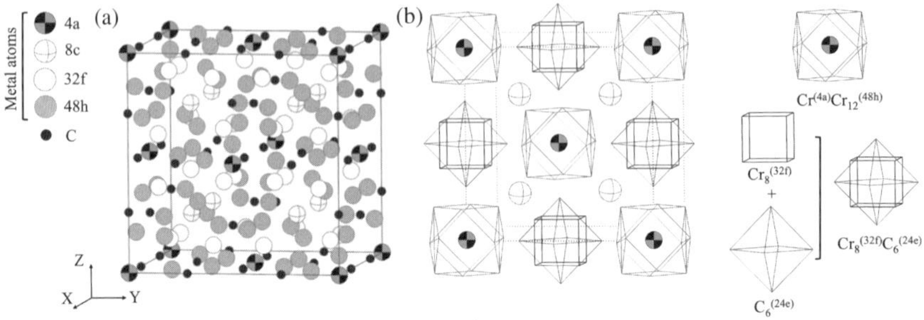


図 **4.32**　(a)$\gamma$-$Cr_{23}C_6$ 結晶構造．(b) スーパーイオンモルフォロジーに基づく同結晶構造であり，$Cr^{(4a)}Cr_{12}{}^{(48h)}$ クラスターと $Cr_8{}^{(32f)}C_6^{(24e)}$ クラスター（スーパーイオンと呼ぶ）による NaCl 構造，および侵入型位置の 8c サイトを占有する Cr から構成される．

本研究では，従来型の「完全占有モデル」に加えて，原子配置依存性を明示的に考慮するために特定の副格子は複数の元素で占有されうる「部分占有モデル」を導入し，これらを後述の統計力学的手法と併用することで，多元系炭化物の相安定性の温度依存性を明らかにする．組成依存性のみならず，原子配置依存性を考慮することが重要である，というのがポイントである．

図 4.32 に $\gamma$-$Cr_{23}C_6$ の結晶構造を示す．本結晶は空間群 $Fm\bar{3}m$ であり，一つのスーパーセルは四つの単位胞から構成される．図 4.32(a) に示すように Cr は 4a，8c，32f，48h という四つの結晶学的に独立な格子（副格子）を各々占有し，炭素は 24e サイトを占有するため，一つのスーパーセル当たり 92 個の Cr と 24 個の C からなる．一方，図 4.32(b) に示すように，この結晶構造はウェストグレン (Westgren) により粉末 X 線解析で求められたように [114]，各々 4 個の立方八面体 (cubo-octahedron) 構造の $Cr^{(4a)}Cr_{12}{}^{(48h)}$ クラスターと菱形 12 面体 (rhombic dodecahedron) 構造の $Cr_8{}^{(32f)}C_6{}^{(24e)}$ クラスターによる塩化ナトリウム (NaCl) 型構造と，その侵入型サイト（8c サイト）を占有する 8 個の $Cr^{(8c)}$ から構成される，とみなすことができる．なお本研究では，部分占有は金属サイトのみを考慮し，24c サイトは完全に C で占有されるとした．これは，炭素空孔の生成エネルギーは約 1.05(eV/C vacancy)[115] と，非常に大きいためである．

実験的には，組成範囲 $0 \leqq x \leqq 7.36$ におけるヤケル (Yakel) の単結晶 X

線解析 [116, 117] により，低 $x$ 側では Fe は 4a サイトと 8c サイトを占有し，次いで，$x$ 増加とともに 32f と 48h サイトを占有し始めるという報告がある．

これらを踏まえて本研究では，炭化物 $\gamma$-$Cr_{23-x}Fe_xC_6$($0 \leqq x \leqq 3$) について，第一原理計算で得られたエネルギーの**クラスター展開法** (cluster expansion method, CEM)[118] および**クラスター変分法** (cluster variation method, CVM)[119] により，相安定性をはじめとする諸特性について組成と温度依存性を詳細に調べた．

CEM は，ある相の全エネルギー $E$ を，1 体，2 体，3 体，4 体…といったクラスターの相互作用を用いて展開する方法である．

$$E = \sum_{\alpha}^{\alpha_{\max}} J_\alpha \xi_\alpha \tag{4.7}$$

ここで $\alpha$ はクラスター（$\alpha_{max}$ は考えている最大のクラスター），$J_\alpha$ は有効クラスター相互作用 (effective cluster interaction, ECI)，$\xi_\alpha$ は相関関数であり，クラスター $\alpha$ を構成するサイト $i$ における占有演算子 $\sigma_i$ の関数である．これにより，どのような原子配列を有する相であっても全エネルギーは決定される．

CVM は，ある相の自由エネルギー $G = E - TS$ を求める際に，混合エントロピー $S$ を，相を構成するクラスターの寄与で近似する方法であり，これは先述のクラスター $\alpha$ を使って，

$$S = \sum_{\alpha}^{\alpha_{\max}} \gamma_\alpha S_\alpha \tag{4.8}$$

で表される．ここで $\gamma_\alpha$ は Kikuchi-Barker 係数と呼ばれる，クラスターとそれを構成するサブクラスター間の相関を結びつけるパラメータであり [120]，$S_\alpha$ はクラスター $\alpha$ のエントロピーの寄与である．これにより，$G$ は $\xi$ で変分して最小値として任意の温度で求められる [121]．

はじめに，本研究で導入した CEM と CVM の計算条件について述べる．本研究で用いたクラスターは，二つのサイト間の距離が格子定数（約 1 nm）

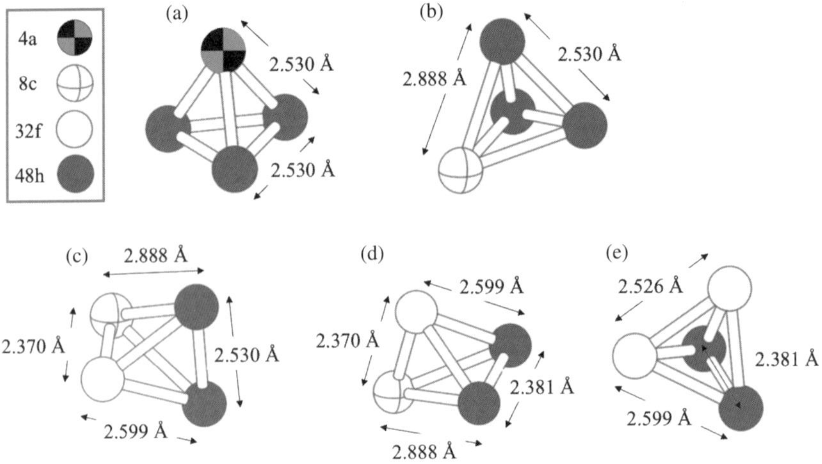


**図 4.33**　エネルギー展開 (CEM) およびクラスター変分法 (CVM) で使用した 5 種類の 4 面体クラスター．図中の結合長は $Cr_{23}C_6$（格子定数 10.524 Å）の場合に対応している．

の最大で 0.31 倍であるという条件で決定した [122]．これに従うと，五つの異なる 4 面体クラスターが最大のクラスターとなる（図 4.33 参照）．なお，これらの五つの 4 面体クラスターは四つの点クラスター，七つのペアクラスター，八つの 3 体クラスターを含んでおり，合計 24 個のクラスターを考慮することになる．なお，CEM では五つの 4 面体クラスターのうち三つを使用することで DFT 計算と CEM 計算の誤差が最小になることを確認したため，その三つを使用した．このような条件を適用することで，テスト計算により，DFT 計算と CEM 計算により得られた生成エネルギーの計算誤差は最大 15 meV/atom であることを確認している．

本研究で部分占有モデルを構築する際は特に，高い対称性を有する Fe 原子配置に注目した．なぜなら，このような結晶構造の相安定性は両極端であることが考えられるからである．つまり，例えば CsCl 型の B2 構造は，生成エンタルピーによると最も安定 [123, 124]，あるいは最も不安定 [125] である．このことより，莫大な数の原子配置の組合せの可能性の中から，効率的に部分占有モデルを構築する．具体的には，$x = 1 - 3$ においては，はじめに高い対称性を有する異なる最大四つのサイトを選び，Cr を Fe で置換

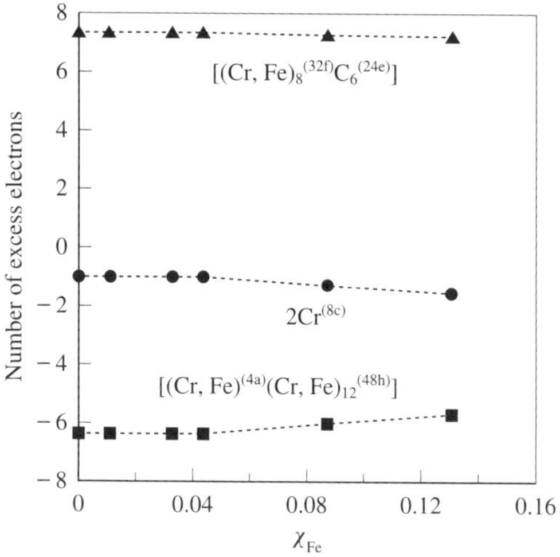


図 **4.34** ベーダー電荷解析により得られた，$\gamma$-$Cr_{23-x}Fe_xC_6$ 結晶を構成する各スーパーイオン，あるいは原子当たり電子数増分の $x_{Fe}$ 依存性.

した．このような原子配置の組合せは Fe 占有率（$x_{Fe} = x/23$ で定義）$x_{Fe}$〜0.043($x = 1$)，0.087($x = 2$)，0.120($x = 3$) を与える．結局，本研究では，完全占有モデル ($0 \leqq x \leqq 23$) と部分占有モデル ($0 \leqq x \leqq 3$) を合わせて 30 の原子配置について計算を行った.

### 4.6.1 スーパーイオンモルフォロジーによる電子状態解析

図 4.34 にスーパーイオンモルフォロジーに基づいた電子状態解析として，$\gamma$-$Cr_{23-x}Fe_xC_6$ 結晶を構成する各スーパーイオン（$(Cr,Fe)^{(4a)}(Cr,Fe)_{12}{}^{(48h)}$，$(Cr,Fe)_8^{(32f)}C_6^{(24e)}$）および侵入型原子 ($Cr^{(8c)}$) 当たりのベーダー電荷解析により求めた電子数増分の $x_{Fe}$ 依存性を示す．さらに図 4.35 に，孤立系である $Fe^{(4a)}Cr_{12}{}^{(48h)}$，$Cr^{(4a)}Cr_{12}{}^{(48h)}$，$Cr_8{}^{(32f)}C_6{}^{(24e)}$ の固有値と価電子数の関係を示す．これらの振舞いは以下に述べるように，NaCl 構造のイオン結合性を示すものである．つまり，$Cr^{(4a)}Cr_{12}{}^{(48h)}$ は電子数が 6 程度減少している一方，$Cr_8{}^{(32f)}C_6{}^{(24e)}$ は電子数が 7 程度増加しており，侵入型位置にある 8c サイトの Cr により全体のバランスを取る．これらのクラスターの HOMO-LUMO

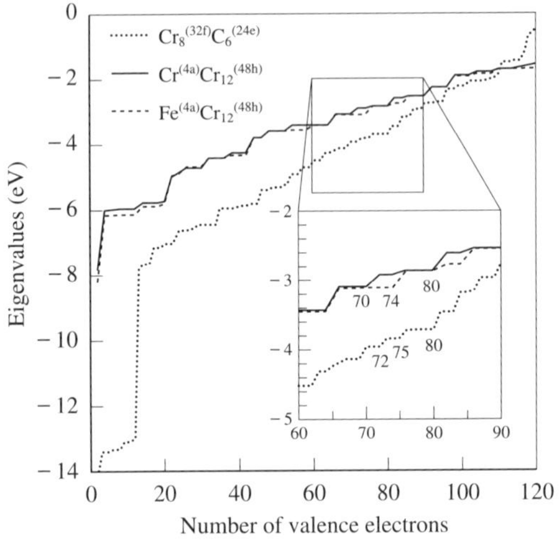


図 **4.35**　孤立系 $Fe^{(4a)}Cr_{12}^{(48h)}$，$Cr^{(4a)}Cr_{12}^{(48h)}$，$Cr_8^{(32f)}C_6^{(24e)}$ の固有値と価電子数の関係

ギャップは，典型的なイオン結合において期待されるように，大きな値を示す（図 4.35）．つまり，$Cr^{(4a)}Cr_{12}{}^{(48h)}$ あるいは $Fe^{(4a)}Cr_{12}{}^{(48h)}$ は価電子数 70，74，80 のときに HOMO-LUMO ギャップが大きくなる．これはクラスター当たり価数 8+，4+，2− の際に実現し，前者は電子数が 6 程度減少することに一致する．同様に $Cr_8{}^{(32f)}C_6{}^{(24e)}$ は 72，75，80 のときに HOMO-LUMO ギャップが大きくなる．これはクラスター当たり価数 0，3−，8− の際に実現し，後者は電子数が 7 程度増加することに一致する．

Cr を Fe と置換した際の炭化物の相安定性の変化は，スーパーイオン $Cr^{(4a)}Cr_{12}{}^{(48h)}$ と $Cr_8{}^{(32f)}C_6{}^{(24e)}$ の HOMO-LUMO ギャップにより理解することができる．つまり，$Cr^{(4a)}Cr_{12}{}^{(48h)}$ 中の 48h サイトあるいは $Cr_8{}^{(32f)}C_6^{(24e)}$ 中の 32f サイトのいくつかの Cr を Fe で置換すると，これらスーパーイオンの高い対称性が失われる．これにより電子のエネルギーレベルの縮退性が低下し，結果として HOMO-LUMO ギャップが小さくなる．大きな HOMO-LUMO ギャップは電子配置の高い安定性を示しているため，48h サイトや 32f サイトへの Fe の置換は結果として系全体の安定性を減少させるのである．一方，$Cr^{(4a)}Cr_{12}{}^{(48h)}$ 中の 4a サイトや侵入型 8c サイトの Cr を Fe で置換してもスーパーイオンの対称性は保たれるために大きなHOMO-LUMOギャップは保たれ，互いに正負の電荷を持つスーパーイオンが並び，炭化物は安定である．

### 4.6.2　自由エネルギー計算と格子振動の効果

$\gamma$-$Cr_{23-x}Fe_xC_6$ の相安定性の温度依存性について解析を行った結果を示す．自由エネルギー計算に格子振動の効果を考慮することで，有限温度における結果は0Kでのそれとは非常に異なることが考えられる．実際，格子振動の自由エネルギーを評価することにより，温度によって最安定構造を有する本炭化物の原子配置が変わることが，以下に示される．

本研究では，完全占有モデルと部分占有モデルの様々な原子配置の生成自由エネルギー評価の際に，格子振動の自由エネルギーをデバイ近似 [126, 127] により評価した．ここで，$Cr_{23-x}Fe_xC_6$ 中の Cr, Fe の配置を明確に表す記号として (MMMM) を導入する．本記号中，M は 4a，8c，32f，48h サイトの順番で並んでおり，Fe あるいは Cr（部分的に Fe）で占有される．また記号の簡略化のため Cr を“-”と標記する．これに従うと，例えば ($Fe$--$Fe_{1/12}$) は 4a，8c，32f，48h サイトは単位胞当たり各々 1，0，0，1 個の Fe 原子で占有され，残りは Cr で占有されることを示す．

スーパーセル当たりの自由エネルギー $\widetilde{G}_\mathrm{f}$ は，第一原理計算で求めた基底状態のエンタルピー $H$ に，デバイ近似に基づく格子振動の自由エネルギー $G_\mathrm{Debye}(T)$ を加えたものである．

$$\widetilde{G}(T) = H + G_\mathrm{Debye}(T) \tag{4.9}$$

ここで $T$ は絶対温度である．なお，$G$ の上付き“$\widetilde{\ }$”は，この値が混合のエントロピー項を含まないことを明示するために導入した．$G_\mathrm{Debye}$ は，

$$G_\mathrm{Debye} = \frac{9}{8}k_\mathrm{B}\theta_\mathrm{D} + k_\mathrm{B}T \times \left[3\ln(1 - e^{-\theta_\mathrm{D}/T}) - D_3\left(\frac{\theta_\mathrm{D}}{T}\right)\right] \tag{4.10}$$

で与えられる．ここで $k_B$ はボルツマン因子，$\theta_\mathrm{D}$ はデバイ温度，$D_3$ はデバイ積分である．右辺第1項はゼロ点振動の寄与である．$\theta_\mathrm{D}$ は体積弾性率から評価できるが，いくつかの部分占有モデルについては体積弾性率を評価す

ることが困難であった．その場合については，多項フィッティングすることで体積弾性率を評価し，これを基に $\theta_D$ を求めることにした．

生成自由エネルギー $\Delta\widetilde{G}_f(T)$ は，$Cr_{23}C_6$ と $Fe_{23}C_6$ を基準として，

$$\begin{aligned}&\Delta\widetilde{G}_f(T)[Cr_{23-x}Fe_xC_6]\\&=\widetilde{G}(T)[Cr_{23-x}Fe_xC_6]-\left\{\frac{23-x}{23}\widetilde{G}(T)[Cr_{23}C_6]+\frac{x}{23}\widetilde{G}(T)[Fe_{23}C_6]\right\}\end{aligned} \tag{4.11}$$

で与えられる．ここで得られた $\Delta\widetilde{G}_f(T)$ を用いて，CEM により温度依存性を含む有効クラスター相互作用を評価することで $\Delta G_f(T)$ を求めた．熱力学的に期待される安定な配置は，$\Delta G_f(T)$ を最小とすることで求められる．なお，本研究では，格子の熱膨張の効果は考慮していない．

図 4.36 に，本手法により得られた $\Delta\widetilde{G}_f$ の $x_{Fe}$ 依存性を示す．図 4.36(a)–(c) は各々 0 K，600 K，1200 K での計算結果である．□は完全占有モデルによる結果，○は部分占有モデルによる結果である．実線は各組成においての最安定な値を結んだ凸包 (convex full) である．

図 4.36 より，多くの系は基準である $Cr_{23}C_6$ や $Fe_{23}C_6$ より安定である．炭化物の最安定原子配置は，$x_{Fe}$～0.043 においては，0 K（図 4.36(a)）で (Fe−−) である．600 K（図 4.36(b)）でも同様であるが，1200 K（図 4.36(c)）では (−−$Fe_{1/8}$−) が安定になる．$x_{Fe}$～0.087 においては，0 K では (Fe −$Fe_{1/8}$−) と (Fe−−$F_{1/12}$) はほぼ同じ値を示し安定であるが，格子振動の効果によって高温側の 1200 K では (Fe−−$F_{1/12}$) が最も安定になる．$x_{Fe}$～0.130 においては，より多くの部分占有モデル (Fe−$Fe_{1/8}Fe_{1/12}$)，(Fe−$Fe_{2/8}$−)，(Fe−−$Fe_{2/12}$) が完全占有モデル (Fe Fe−−) とほぼ同じ値を示し安定であるが，1200 K では (Fe−$Fe_{2/8}$−) が最も安定となる．一般的な傾向として，高温側においては部分占有モデルによる凸包は，完全占有モデルで得られた凸包よりも深く沈み，より安定となることが分かる．これらのことより，相安定性に対する部分占有の効果は，有限温度における格子振動の寄与により，より明確になる．

1 原子当たりの体積は $x_{Fe}$ とともに単調減少する．各 $x_{Fe}$ における最安定原子配置の値により求められる体積の計算値は ($10.045 - 0.549x_{Fe}\text{Å}^3$) とフィ

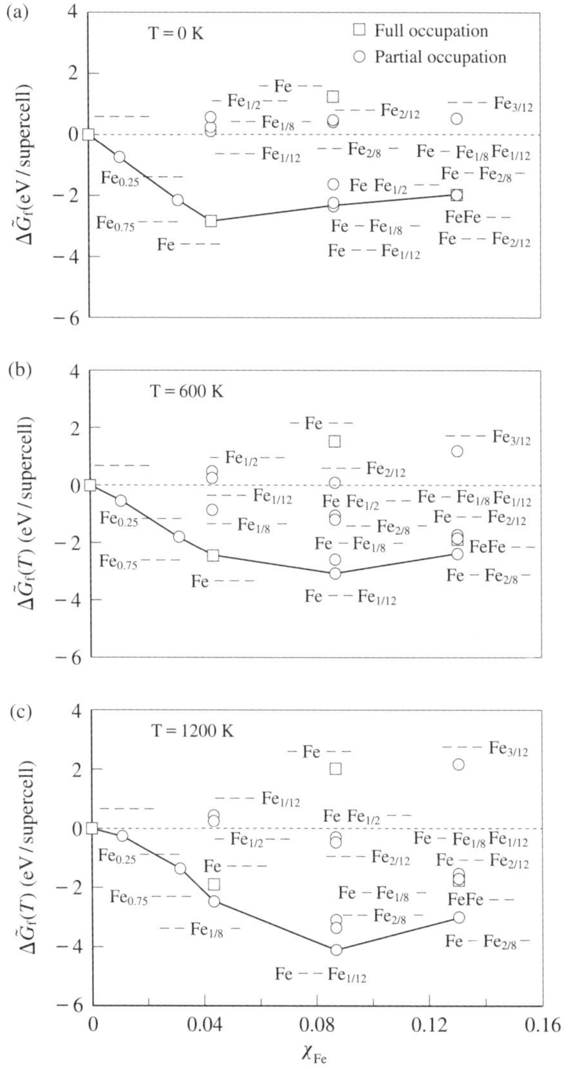


図 4.36　生成自由エネルギー $\Delta\widetilde{G}_f(T)$ の $x_{Fe}$ 依存性．(a)0 K，(b)600 K，(c)1200 K．□は完全占有モデル，○は部分占有モデルによる結果．

ッティングされるが，この値は実験値 (10.439 − 0.574$x_{\mathrm{Fe}}$Å$^3$)[117]，(10.385 − 0.390$x_{\mathrm{Fe}}$Å$^3$)[117, 128]，(10.443 − 0.536$x_{\mathrm{Fe}}$Å$^3$)[117, 129] と一致する．さらに，$x_{\mathrm{Fe}}$〜0.043 で常磁性と強磁性間の相転移が起こることも明らかになった．

1200 K，$x_{\mathrm{Fe}}$〜0.087 における最安定エネルギーを有する原子配置 (Fe--Fe$_{1/12}$) の $\Delta\widetilde{G}_{\mathrm{f}}$ は約 −4.09 eV/supercell と求められたが，この値は実験値 −3.34 eV/supercell[130] と同程度であり，計算状態図法である CALPHAD 法による計算熱力学アセスメントで得られた Fe–Cr–C 系の値 −12.12 eV/supercell[131] より大きい．

### 4.6.3　サイト占有パラメータの解析

最後に図 4.37 に，CVM により求めた四つの金属原子占有サイト (4a, 8c, 32f, 48h サイト) における Fe 原子占有率の $x_{\mathrm{Fe}}$ 依存性を示す．図 4.37(a)(b) は格子振動の効果を含めない場合，図 4.37(c)(d) は含めた場合の結果である．また，図 4.37(a)(c) は温度 600 K，図 4.37(b)(d) は 1200 K についての結果である．比較のために，実験値 [117] をエラーバーとともに載せる．はじめに格子振動の効果を含めない場合については，600 K と 1200 K について，部分占有モデルは 4a および 48h サイトにおける Fe 原子占有率の値を改善することが示される．しかし，8c および 32f サイトにおける改善性については明瞭でない．一方，格子振動の効果を含めた場合については，600 K における 4a サイトの Fe 原子占有率についての改善は見られるが，他については明確でない．総じて，4a，32f，48h サイトについては計算値と実験値との一致は見られる一方，8c サイトについてはあまり良いとは言えない．Fe が 4a サイトを優先的に占有することは，これまでの実験報告 [132–135] と一致する．今回の計算では，$x_{\mathrm{Fe}}$ 増加とともに，8c サイトが占有され始める前に，4a サイトが Fe ですべて占有される．一方，32f と 48h サイトは徐々に占有が開始されるが，48h サイトのほうがその傾きは大きく，これは実験と一致する．

高温側 (1200 K) においては，デバイ近似に基づく格子振動の寄与は必ずしも良い解析結果を与えるとは言いがたい面もあるが，これは高温においては格子振動の非調和項の寄与が無視できなくなってくる [136] ことや，電子

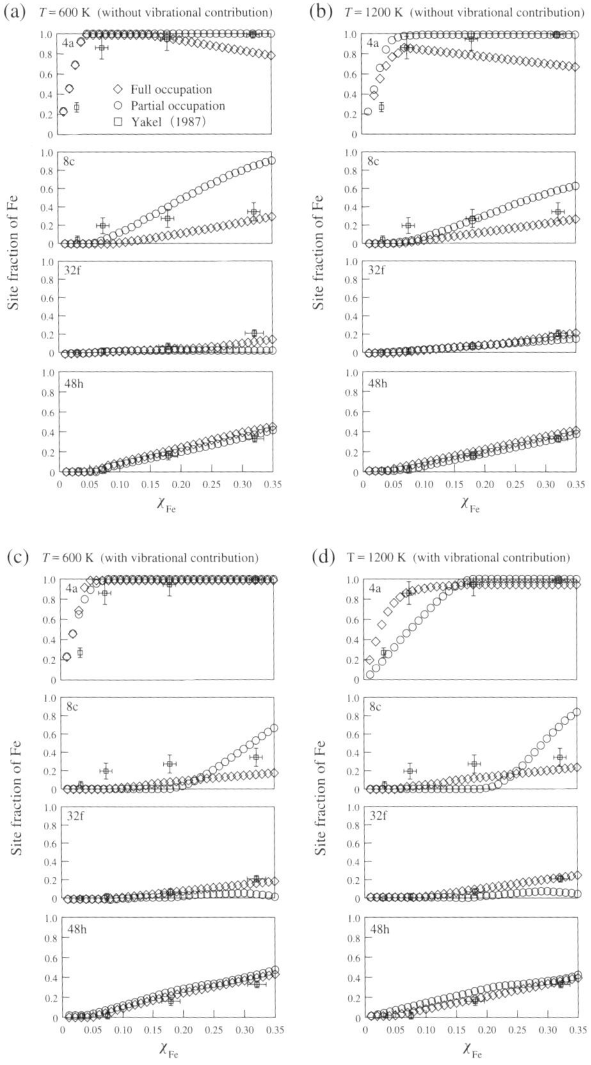


図 **4.37**　四つの金属原子占有サイト (4a, 8c, 32f, 48h) における Fe 原子占有率の $x_{\mathrm{Fe}}$ 依存性．格子振動の効果を (a)(b) 含めない場合，(c)(d) 含めた場合．(a)(c) 温度 600 K，(b)(d)1200 K について．比較のために実験値 [117] をエラーバーとともに示す．

比熱の寄与等にも関連してくるであろう．これらのことは今後の解決すべき課題であるとしても，本研究で提示した，第一原理計算と熱力学的手法と併用した「部分占有モデル」や「スーパーイオンモルフォロジー」による解析は今回の炭化物のみならず一般的に多元系炭化物の特性解析に適用可能であり，今後の耐熱鋼のクリープ特性解明に役立つことが期待される．

## 4.7　今後の展望

本章では，第一原理計算を適用した研究例をいくつか紹介した．ナノスケールの物理現象解明に利用される計算手法は，第一原理計算以外にも数多い．例えば，本シリーズ『ナノカーボン——炭素材料の基礎と応用』の第 2 章にも，長年不明であったフラーレンの生成機構をシミュレーションにより明らかにした研究成果 [137] が述べられている．さらに，第一原理計算で扱える原子数や物理時間の制限を回避する方法として第一原理計算に立脚したマルチスケール・シミュレーションの適用も試みられている．また，第一原理計算で得られた物性値を機械学習の教師データとして利用し，新しい材料探索に応用する研究も進められている．

材料研究では材料探索は，重要な課題の一つである．実験を主体とした研究方法では研究対象は，既知の物質や合成可能な物質に限定されてしまうが，シミュレーション研究の適用範囲は未知の物質にも及ぶ．さらに近年の計算機性能の向上に伴い，従来は扱えなかった多数の材料系を短期間に特性評価を行うことが可能になってきた．シミュレーション研究の発展は，基礎理論の発展と数値計算手法の開発によるところが大きい．今後はこれらに加えて，スパコン「京」の後継機である「富岳」などの多くの CPU コアを実装したコンピュータを効率良く活用できる計算手法の実用化が期待される．

# 参考文献

## 第 1 章

[1] Hohenberg, P. and Kohn, W., Inhomogeneous Electron Gas, *Phys. Rev.* 136, pp.B864-B871 (1964).

[2] Levy, M., Universal variational functionals of electron densities, first-order density matrices, and natural spin-orbitals and solution of the v-representability problem, *Proc. Nat. Acad. Sci.* 76, pp.6062-6065 (1979).

[3] Ceperley, D. M. and Alder, B. J., Ground State of the Electron Gas by a Stochastic Method, *Phys. Rev. Lett.* 45, pp.566-569 (1980).

[4] Kohn, W. and Sham, L. J., Self-Consistent Equations Including Exchange and Correlation Effects, *Phys. Rev.* 140, pp.A1133-A1138 (1965).

[5] von Barth, U. and Hedin, L., A local exchange-correlation potential for the spin polarized case: I, *J. Phys. C: Solid State Phys.* 5, pp.1629-1642 (1972).

[6] Gunnarsson, O. and Lundqvist, B. I., Exchange and correlation in atoms, molecules, and solids by the spin-density-functional formalism, *Phys. Rev. B* 13, pp.4274-4298 (1976).

[7] Almbladh, C.-O. and von Birth, U., Exact results for the charge and spin densities, exchange-correlation potentials, and density-functional eigenvalues, *Phys. Rev. B* 31, pp.3231-3244 (1985).

[8] Averill, F. W. and Painter, G. S., Virial theorem in the density-functional formalism: Forces in $H_2$, *Phys. Rev. B* 24, pp.6795-6800 (1981).

[9] Perdew, J. P. and Zunger, A., Self-interaction correction to density-functional approximations for many-electron systems, *Phys. Rev. B* 23, pp.5048-5079 (1981).

[10] Becke, A. D., A new mixing of Hartree-Fock and local density functional theories, *J. Chem. Phys.* 98, 1372-1377 (1993).

[11] Anisimov, V. I., Zaanen, J. and Andersen, O. K., Band theory and Mott insulators: Hubbard *U* instead of Stoner *I*, *Phys. Rev. B* 44, 943 (1991).

[12] 藤永 茂,『分子軌道法』, 岩波書店, pp.1-446 (1980).

[13] Ohno, K., Ono, S. and Isobe, T., A simple derivation of the exact quasiparticle

theory and its extension to arbitrary initial excited eigenstates, *J. Chem. Phys.* 146, pp.084108; 1-15 (2017).

[14] Morokuma, K. and Iwata, S., Extended Hartree-Fock Theory for Excited States, Chem. Phys. Lett. 16, pp.192-197 (1972).

[15] Nozières, P., Theory of Interacting Fermi Systems (Advanced Book Classics, 1997) pp. 1-388.

[16] Kuwahara, R. and Ohno, K., Linearized self-consistent GW approach satisfying the Ward identity, *Phys. Rev. A* 90, pp.032506; 1-9 (2014).

[17] Feynman, R. P., *Statistical Mechanics*: A Set Of Lectures (Frontiers in Physics) CRC Press (1998); 西川恭治 監訳,『ファインマン統計力学』, 丸善 (2012).

[18] Hedin, L., New Method for Calculating the One-Particle Green's Function with Application to the Electron-Gas Problem, Phys. Rev. 139, pp.A796-A823 (1965).

[19] 押山 淳, 天能精一郎, 杉野 修, 大野かおる, 今田正敏, 高田康民, 岩波講座「計算科学」第 3 巻『計算と物質』第 2 章, 第 6 章, 岩波書店 (2012).

[20] Csnak G., Taylor H. S., and Yais R., Green's Function Technique in Atomic and Molecular Physcis, *Adv. Atomic Mol. Phys.* ed. Bates D. B., 7, pp.287-361 (Academic Press, 1971).

[21] Bjorken J. D. and Drell S. D., Relativistic Quantum Fields, McGraw-Hill, New York, 1965, pp. 1-396; Section 1.7: pp.181-184.

[22] Shavitt I. and Bartlett R. J., Many-Body Methods in Chemistry and Physics: MBPT and Coupled-Cluster Theory, Cambridge Univ. Press, Cambridge, UK, 2009, pp.1-532; Section 3.7: pp.85-89.

[23] Szabo A. and Ostlund N. S., Modern Quantum Chemistry: Introduction to Advanced Electronic Structure Theory (Dover, 1996) pp.1-480; 大野公男, 藤井健男, 望月祐志 訳,『新しい量子化学—電子構造の理論入門 上・下』, 東京大学出版会, pp.1-303 (1987).

[24] Nakatsuji, H., Cluster expansion of the wave function. (Calculation of) Electron correlation(s) in ground and excited states by SAC (symmetry-adapted cluster) and SAC-CI theories, *Chem. Phys. Lett.* 67, pp.329-342 (1979).

[25] Löwdin, P.-O., Quantum Theory of Many-Particle Systems. I. Physical Interpretations by Means of Density Matrices, Natural Spin-Orbitals, and Convergence Problems in the Method of Configurational Interaction, *Phys. Rev.* 97, pp.1474-1489 (1955).

[26] M. Gell-Mann and F. Low, Bound States in Quantum Field Theory, *Phys. Rev.* 84, 350-354 (1951).

[27] Strinati, G. Effects of dynamical screening on resonances at inner-shell thresholds in semiconductors, *Phys. Rev. B* 29, pp.5718-5726 (1984).

## 第2章


[1] Liu, B., The Simultaneous Expansion-Method for the Iterative Solution of Several of the Lowest Eigenvalues and Corresponding Eigenvectors of Large Real-Symmetric Matrices, *National Resource for Computation in Chemistry, Numerical Algorithms in Chemistry: Algebraic Methods* (Lawrence Berkeley Lab., 1978) pp.49-53.

[2] Wang, J.-T., Chen C., Ohno, K., Wang, E., Chen, X.-L., Wang, D.-S., Mizuseki, H. and Kawazoe, Y. Atomistic nucleation and growth mechanism for single-wall carbon nanotubes on catalytic nanoparticle surfaces, *Nanotechnology* 21, pp. 115602; 1-5 (2010).

[3] Pigos, E., Penev, E. S., Ribas, M. A., Sharma, R., Yakobson, B. I., Harutyunyan, A. R., Carbon Nanotube Nucleation Driven by Catalyst Morphology Dynamics, *ACS Nano* 5, pp.10096-10101 (2011).

[4] Nishide, D., Dohi, H., Wakabayashi, T., Nishibori, E., Aoyagi, S., Ishida, M., Kikuchi, S., Kitaura, R., Sugai, T., Sakata, M. and Shinohara, H., Single-wall carbon nanotubes encaging linear chain $C_{10}H_2$ polyyne molecules inside, *Chem. Phys. Lett.* 248, pp.356-360 (2006).

[5] Kuwahara, R., Kudo, Y., Morisato, T. and Ohno K., Encapsulation of Carbon Chain Molecules in Single-Walled Carbon Nanotubes, *J. Phys. Chem. A* 115, pp.5147-5156 (2011).

[6] Car R. and Parrinello M., Unified Approach for Molecular Dynamics and Density-Functional Theory, *Phys. Rev. Lett.* 55, pp.2471-2474 (1985).

[7] Payne, M. C., Teter, M. P., Allan, D. C., Arias, T. A., and Joannopoulos, J. D., Iterative minimization techniques for ab initio total-energy calculations: molecular dynamics and conjugate gradients, *Rev. Mod. Phys.* 64, pp.1045-1097 (1992).

[8] Ohno, K., Maruyama, Y., Esfarjani, K., Kawazoe, Y., Sato, N., Hatakeyama, R., Hirata, T., and Niwano, M. All-electron mixed-basis molecular dynamics simulations for collision between $C_{60}^{\square}$ and alkali-metal ions: A possibility of Li@$C_{60}$, *Phys. Rev. Lett.* 76, pp.3590-3593 (1996).

[9] Ohno, K., Manjanath, A., Kawazoe, Y., Hatakeyama, R., Misaizu, F., Kwon, E., Fukumura, H., Ogasawara, H., Yamada, Y., Zhang, C., Sumi, N., Kamigaki, T., Kawachi, K., Yokoo, K., Ono, S., and Kasama, Y. Extensive First-Principles Molecular Dynamics Study on the Li Encapsulation into $C_{60}$ and Its Experimental Confirmation, *Nanoscale* 10, pp.1825-1836 (2018).

[10] Jeon, I., Ueno, H., Seo, S., Aitola, K., Nishikubo, R., Saeki, A. Okada, H., Boschloo, G., Maruyama, S. and Matsuo Y. Lithium-Ion Endohedral Fullerene

($Li^+$@$C_{60}$) Dopants in Stable Perovskite Solar Cells Induce Instant Doping and Anti-Oxidation, *Angewandte Chemie* 57, pp.4607-4611 (2018).

[11] Zangwill A. and Soven P., Density-functional approach to local-field effects in finite systems: Photoabsorption in the rare gases, *Phys. Rev. A* 21, pp.1561-1572 (1980).

[12] Gross, E. K. U. and Kohn, W., Local Density-Functional Theory of Frequency-Dependent Linear Response, Phys. Rev. Lett. 55, pp.2850-2852 (1985).

[13] Petersilka, M., Gossmann, U. J. and Gross, E. K. U., Excitation Energies from Time-Dependent Density-Functional Theory, *Phys. Rev. Lett.* 76, pp.1212-1215 (1996).

[14] Schwitalla, J. and Ebert, H., Electron Core-Hole Interaction in the X-Ray Absorption Spectroscopy of 3d Transition Metals, *Phys. Rev. Lett.* 80, pp.4586-4589 (1998).

[15] Runge, E. and Gross, E. K. U., Density-Functional Theory for Time-Dependent Systems, *Phys. Rev. Lett.* 52, pp.997-1000 (1984).

[16] Akai, I., Okada, A., Kanemoto, K., Karasawa, T., Hashimoto, H. and Kimura, M., Quenching of energy transfer by freezing molecular vibrations in light-harvesting small dendrimer, *J. Lumin.* 119/120, pp.283-287 (2006).

[17] Kodama, Y., Ishii, S. and Ohno, K., Dynamics simulation of a $\pi$-conjugated light-harvesting dendrimer, *J. Phys.: Cond. Mat.* 19, pp.365242; 1-8 (2007).

[18] 松尾 豊,『有機薄膜太陽電池の科学』, 化学同人 (2011).

[19] Kodama, Y. and Ohno, K., Charge separation dynamics at molecular heterojunction of $C_{60}$ and zinc phthalocyanine, *J. Appl. Phys.* 96, pp.034101; 1-3 (2010).

[20] Seki, K., Furube, A. and Yoshida, Y., Detailed balance limit of power conversion efficiency for organic photovoltaics, *Appl. Phys. Lett.* 103, pp.253904; 1-4 (2013).

[21] Ono, S., Kuwahara, R. and Ohno, K., Heterojunction of single-walled capped carbon nanotube and zinc phthalocyanine with high energy conversion efficiency, *J. Appl. Phys.* 116, pp.054305; 1-4 (2014).

[22] Pham, T. N., Ono, S. and Ohno, K., Ab initio molecular dynamics simulation study of successive hydrogenation reactions of carbon monoxide producing methanol, *J. Chem. Phys.* 144, 144306; 1-6 (2016).

[23] Hybertsen, M. S. and Louie, S. G., Electron correlation in semiconductors and insulators: Band gaps and quasiparticle energies, *Phys. Rev. B* 34, pp.5390-5413 (1986).

[24] Godby, R. W., Schluter M. and Sham, L. J., Self-energy operators and exchange-correlation potentials in semiconductors, *Phys. Rev. B* 37, pp.10159-10175 (1988).

[25] von der Linden, W. and Horsch, P., Precise quasiparticle energies and Hartree–Fock bands of semiconductors and insulators, *Phys. Rev. B* 37, pp.8351–8362 (1988).

[26] Engel, G. E. and Farid, B., Generalized plasmon–pole model and plasmon band structures of crystals, Phys. Rev. B 47, pp.15931–15934 (1993).

[27] Ohno, K., Ono, S. and Isobe, T., A simple derivation of the exact quasiparticle theory and its extension to arbitrary initial excited eigenstates, *J. Chem. Phys.* 146, pp.084108; 1–15 (2017).

[28] Kuwahara, R., Noguchi, Y. and Ohno K., GWΓ + Bethe–Salpeter equation approach for photoabsorption spectra: Importance of self-consistent GWΓ calculations in small atomic systems, *Phys. Rev. B* 94, pp.121116(R); 1–5 (2016).

[29] Isobe, T. Kuwahara, R. and Ohno, K., GW(Γ) method without the Bethe–Salpeter equation for photoabsorption energies of spin–polarized system, *Phys. Rev. A* 97, 060502(R); 1–6 (2018).

## 第3章

[1] a) IPCC 編，文部科学省経済産業省気象庁環境省 訳，『IPCC 地球温暖化第四次レポート』，中央法規出版（2009）. b) 深井 有，『気候変動とエネルギー問題—$CO_2$ 温暖化論争を超えて』，中公新書（2011）.

[2] a) 杉浦美羽，伊藤 繁，南後 守 編，『光合成のエネルギー・物質変換—人工光合成を目指して』，化学同人（2015）. b) 垣谷俊昭，三室 守 編，『電子と生命—新しいバイオエナジェティックスの展開』，共立出版（2000）.

[3] a) Chase, M. W. Jr., *NIST–JANAF Thermochemical Tables* 4th Edition Monograph 9 (Part I and Part II), American Institute of Physics, pp. 643(1998). b) O'Neil, M. J., *The Merck Index –An Encyclopedia of Chemicals, Drugs, and Biologicals*, Whitehouse Station, NJ: Merck and Co., Inc., pp. 293(2006). c) James, G. S., *Lange's Handbook of Chemistry* 16th Edition. McGraw-Hill Professional (2005). d) Lide, D. R., *CRC Handbook of Chemistry and Physics*, Internet Version 2005, CRC Press (2005).

[4] Nakamura, S., Hatakeyama1, M., Wang, Y., Ogata, K., and Fujii, K., A Basic Quantum Chemical Review on the Activation of $CO_2$, In *Advances in $CO_2$ Capture, Sequestration, and Conversion*; Jin, Fangming, et al. eds; ACS Symposium Series; American Chemical Society (2015).

[5] Albright, T.A., Burdett, J.K., and Whangbo, M–H., *Orbital Interaction in Chemistry*, Wiley (2013).

[6] Nakamoto, K.,*Infrared and Raman Spectra of Inorganic and Coordination Compounds: Theory and Applications in Inorganic Chemistry* (Volume A), John Wiley & Sons, Inc. (1997).

[7] Niwa, H., Kiuchi, H., Miyawaki, J., Harada, Y., Oshima, M., Nabae, Y., and Aoki,T., *Electrochemistry Communications* 35 pp.57 (2013).

[8] a) Gibson, D. H., The organometallic chemistry of carbon dioxide, *Chem. Rev.* 96, pp.2063–2095 (1996). b) Gibson, D. H., Carbon dioxide coordination chemistry: metal complexes and surface-bound species. What relationships? *Coord. Chem. Rev.* 186, pp.335–355 (1999).

[9] Jessop, P. G., Ikariya, T., and Noyori, R., Homogenous hydrogenation of carbon dioxide., *Chem. Rev.* 95, pp.259–272 (1995).

[10] a) Freund, H.J. and Roberts, M.W., Surface chemistry of carbon dioxide,*Surf. Sci. Rep.* 25, pp.225–273 (1996). b) McCollom, T.M., et al., Experimental constraints on the hydrothermal reactivity of organic acids and acid anions, *Geochimica et Cosmochimica Acta.* 19, pp.3625 (2003).

[11] Hori, Y. and Suzuki, S., Electrolytic reduction of carbon dioxide at mercury electrode in aqueous solution, *B. Chem. Soc. Jpn.* 55, pp.660–665 (1982).

[12] Hori, Y., Electrochemical $CO_2$ Reduction on Metal Electrodes. In *Modern Aspects of Electrochemistry,* Vaycnas, C., White, R., Gamboa-Aldeco, M., Eds., Springer, pp.89–189 (2008).

[13] Flyunt, R., Pacchioni, G., Chiesa, M., and Giamello, E., Formation of $CO_2$–Radical Anions from $CO_2$ Adsorption on an Electron-Rich MgO Surface: A Combined ab Initio and Pulse EPR Study, *J.Phys. Chem. C.* 112, pp.19568 (2008).

[14] Breen, K. J., DeBlase, A. F., Guasco, T. L., Voora, V. K., Jordan, K. D., Nagata, T., and Johnson, M. A., Bottom-Up View of Water Network-Mediated $CO_2$ Reduction Using Cryogenic Cluster Ion Spectroscopy and Direct Dynamics Simulations, *J. Phys. Chem. A.* 116, pp.903 (2012).

[15] Liu, P., Zhao, J., Liu, J. X., Zhang, M., and Bu, Y. X., Ab initio molecular dynamics simulations reveal localization and time evolution dynamics of an excess electron in heterogenous $CO_2$–$H_2O$ Systems, *J.Chem. Phys.* 140, pp.044318–11 (2014).

[16] Janik, I. and Tripathi, G. N. R., The nature of the $CO_2^-$radical anion in water, *J. Chem. Phys.* 144, p.154307 (2016).

[17] Narayanan, H., Nair, M.V.H., and Viswananathan, B., On the current status of the mechanistic aspects of photocatalytic reduction of carbon dioxide, *Indian J.Chem.* 56A, pp.251–269 (2017)

[18] Flyunt, R., Schuchmann, M. N., and von-Sonntag, C., A Common Carbanion Intermediate in the Recombination and Proton-Catalysed Disproportionation of the Carboxyl Radical Anion, $CO_2^-$, in Aqueous Solution, *J. Chem. Eur. J.* 7, pp.796–799 (2001).

[19] a) Aresta, M. and Angelini, A., in Lu, X.B., Eds., *Carbon Dioxide and*

*Organometallics*, Springer International Publishing, p.1(2016). b) Aresta, M., Forti, G., *Carbon Dioxide as a Source of Carbon*, D,Reidel Publishing Co.(1986). c) Zhong, H., Fujii, K., Nakano, Y., Jin, F., Effect of $CO_2$ Bubbling into Aqueous Solutions Used for Electrochemical Reduction of $CO_2$ for Energy Conversion and Storage, *J. Phys. Chem.C* 119, pp.55-61 (2015).

[20] a) Atkins, P., Overton, T., Rourke, J., Weller, M., and Armstrong, F., *Inorganic Chemistry*, Oxford University Press, 4th edn (2006). b) Schneider, J., Jia, H., Muckerman, J.T., and Fujita, E., Thermodynamics and kinetics of $CO_2$ reduction catalysts, *Chem. Soc. Rev.* 41, pp.2036-2051 (2012).

[21] a) 日本光合成研究会 編,『光合成事典』, 学会出版センター（2003）. b) 東京大学光合成教育研究会 編,『光合成の科学』, 東京大学出版会（2007）. c) 山崎 巌,『光合成の光化学』, 講談社（2011）. d) 田宮信夫 他 訳,『ヴォート生化学』, 東京化学同人（2009）. d) Ogata, K., Yuki, T., Hatakeyama, M., Uchida, W., and Nakamura, S., *J. Am. Chem. Soc.* 135, pp.15670-15673 (2013).

[22] Sakaki, S.,Theoretical and Computational Study of a Complex System Consisting of Transition Metal Element(s): How to Understand and Predict Its Geometry, Bonding Nature, Melecular Property, and Reaction Behavior,*Bull. Chem. Soc. Jpn.*88, pp.889-938 (2015) およびこの総説に引用された文献.

[23] Li, Y., Chan, S. H., and Sun, Q., Heterogeneous catalytic conversion of $CO_2$: a comprehensive theoretical review. *Nanoscale* 7, pp.8663-8683 (2015).

[24] Cheng, D., Negreiros, F. R., Aprà E., and Fortunelli, A., Computational Approaches to the Chemical Conversion of Carbon Dioxide. *Chem. Cat. Chem.* 6, pp.944-965 (2013).

[25] a) Wang, W., Wang, S., Ma, X., and Gong, J., Recent advances in catalytic hydrogenation of carbon dioxide, *Chem. Soc. Rev.* 40, pp.3703-3727 (2011). b) Liu, X. -M., Lu, G. Q., Yan, Z. -F., and Beltramini, J., Recent Advances in Catalysts for Methanol Synthesis via Hydrogenation of CO and $CO_2$, *Ind. Eng. Chem. Res.*42, pp.6518-6530 (2003). c) Behrens, M., Studt, F., Kasatkin, I., Kühl, S., Hävecker, M., Abild-Pedersen, F., Zander, S., Girgsdies, F., Kurr, P., Kniep, B. -L., Tovar, M., Fischer, R. W., Nørskov, J. K., and Schlögl, R., The Active Site of Methanol Synthesis over $Cu/ZnO/Al_2O_3$ Industrial Catalysts, *Science* 336, pp.893-897 (2012). d) Bart, J. C. J. and Sneeden, R. P. A., Copper-zinc oxide-alumina methanol catalysts revisited, *Catal. Today* 2, pp.1-124 (1987).

[26] a) Yoshihara, J., Parker, S. C., Schafer, A., and Campbell, C., Methanol synthesis and reverse water-gas shift kinetics over clean polycrystalline copper, *Catal. Lett.* 31, pp.313-324 (1995). b) Yoshihara, J. and Campbell, C. T., Methanol Synthesis and Reverse Water-Gas Shift Kinetics over Cu (110) Model Catalysis: Structur

Sensitivity, *J. Catal.* 161, pp.776–782 (1996).

[27] Kakumoto, T. and Watanabe, T., A theoretical study for methanol synthesis by $CO_2$ hydrogenation, *Catal. Today* 36, pp.39–44 (1997).

[28] Yang, Y., Evans, J., Rodriguez, J. A., White, M. G., and Liu, P., Fundamental studies of methanol synthesis from $CO_2$ hydrogenation on Cu(111), Cu clusters, and Cu/ZnO(0001), *Phys. Chem. Chem. Phys.* 12, pp.9909–9917 (2010).

[29] Grabow, L. C. and Mavrikakis, M., Mechanism of Methanol Synthesis on $CO_2$ and CO Hydrogenation, *ACS Catal.* 1, pp.365–384 (2011).

[30] Yang, Y., White, M. G., and Liu, P., Theoretical study of Methanol Synthesis from $CO_2$ Hydrogenation on Metal-Doped Cu (111) Surfaces, *J. Phys. Chem. C* 116, pp.248–256 (2011).

[31] a) Vesselli, E., Monachino, E., Rizzi, M., Furlan, S., Duan, X., Dri, C., Peronio, A., Africh, C., Lacovig, P., Baldereschi, A., Comelli, G., and Peressi, M., Steering the Chemistry of Carbon Oxides on a NiCu Catalyst, *ACS Catal.* 3, pp.1555–1559 (2013). b) Nerlov, J. and Chorkendorff, I., Promotion through gas phase induced surface segregation:methanol synthesis from CO, $CO_2$ and $H_2$ over Ni/Cu (100), *Catal. Lett.* 54, pp.171–176 (1998). c) Nerlov, J. and Chorkendorff, I., Methanol Synthesis from $CO_2$, CO and $H_2$ over Cu(100) and Ni/Cu (100), *J. Catal.* 181, pp.271–279 (1999).

[32] Liu, P., Choi, Y., Yang, Y., and White, M. G., Methanol Synthesis from $H_2$ And $CO_2$ on a $Mo_6S_8$ Cluster: A Density Functional Study, *J. Phys. Chem. A* 114, pp.3888–3895 (2009).

[33] a) Tang, Q. -L., Hong, Q. -L., and Liu, Z. -P., $CO_2$ fixation into methanol at Cu/$ZrO_2$ interface from first principles kinetic Monte Carlo,*J. Catal.* 263, pp.114–122 (2009). b) Elliott, A. J., Hadden, R. A., Tabatabaei, J., Waugh, K. C., and Zemicael, F.W., Inverted Temperature Dependence of the Decomposition of Carbon Dioxide on Oxide-Supported Polycrystalline Copper, *J. Catal.* 157, pp.153–161 (1995).

[34] Zhao, Y. -F., Yang, Y., Mims, C., Peden, C.H.F., Li, J., and Mei, D., Insight into methanol synthesis from $CO_2$ hydrogenation on Cu (111): Complex reaction network and the effects of $H_2O$, *J. Catal.*281, pp.199–211 (2011).

[35] Wang, G. -C. and Nakamura, J., Structure Sensitivity for Forward and Reverse Water-Gas Shift Reactions on Copper Surfaces: A DFT Study, *J. Phys. Chem. Lett.* 1, pp.3053–3057 (2010).

[36] a) Liu, C., Cundari, T. R., and Wilson, A. K., $CO_2$ Reduction on Transition Metal (Fe, Co, Ni, and Cu) Surfaces: In Comparison with Homogeneous Catalysis, *J. Phys. Chem. C* 116, pp.5681–5688 (2012). b) Vesselli, E., Rogatis, L. D., Ding,

X., Baraldi, A., Savio, L., Vattuone, L., Rocca, M., Fornasiero, P., Peressi, M., Baldereschi, A., Rosei, R., and Comelli, G., Carbon Dioxide Hydrogenation on Ni (110), *J. Am. Chem. Soc.* 130, pp.11417–11422 (2008). c) Vesselli, E., Rizzi, M., Rogatis, L. De, Ding, X., Baraldi, A., Comelli, G., Savio, L., Vattuone, L., Rocca, M., Fornasiero, P., Baldereschi, A., and Peressi, M., Hydrogen-Assisted Transformation of $CO_2$ on Nickel: The Role of Formate and Carbon Monoxide, *J. Phys. Chem. Lett.* 1, pp.402–406 (2010). d) Tominaga, H. and Nagai, M., Density Functional Study of Carbon Dioxide Hydrogenation on Molybdenum Carbide and Metal,*Appl. Catal. A*282, pp.5–13 (2005). e) Rodriguez, J. A., Evans, J., Feria, L., Vidal, A. B., Liu, P., Nakamura, K., and Illas, F., $CO_2$ hydrogenation on Au/TiC, Cu/TiC, and Ni/TiC catalysts: Production of CO, methanol, and methane, *J. Catal.* 307, pp.162–169 (2013).

[37] a) Peng, G., Sibener, S. J., Schatz, G. C., Ceyer, S. T., and Mavrikakis, M., $CO_2$ Hydrogenation to Formic Acid on Ni (111), *J. Phys. Chem. C* 116, pp.3001–3006 (2012). b) Peng, G., Sibener, S. J., Schatz, G. C., and Mavrikakis, M., $CO_2$ hydrogenation to formic acid on Ni (110), *Surf. Sci.* 606, pp.1050–1055 (2012). c) Yoo, J. S., Abild-Pedersen, F., Nørskov J. K., and Studt, F., Theoretical Analysis of Transition-Metal Catalysts for Formic Acid Decomposition, *ACS Catal.* 4, pp.1226–1233 (2014).

[38] Jin, F. M., Gao, Y., Jin, Y. J., Zhang, Y. L., Cao, J. L., Wei, Z., and Smith, R. L., High-yield reduction of carbon dioxide into formic acidby zero-valent metal/metal oxide redox cycles, *Energy Environ. Sci.* 4, p.881 (2011).

[39] Zeng, X., Hatakeyama, M., Ogata, K., Liu, J., Wang, Y., Gao, Q., Fujii, K., Fujihira, M., Jin, F., and Nakamura, S., New insights into highly efficient reduction of $CO_2$ to formic acid by using zinc under mild hydrothermal conditions: a joint experimental and theoretical study, *Phys. Chem. Chem. Phys.* 16, pp.19836–19840 (2014).

[40] Ogata, K., Hatakeyama, M., Jin, F., Zeng, X., Wang, Y., Fujii, K., and Nakamura, S., A model study of hydrothermal reactions of trigonal dipyramidal $Zn_5$ cluster with two water molecules, *Comput. Theor. Chem.* 1070, pp.126–131 (2015).

[41] a) Hori, Y., Kikuchi, K., and Suzuki, S., PRODUCTION OF CO AND CH4 IN ELECTROCHEMICAL REDUCTION OF $CO_2$ AT METAL ELECTRODES IN AQUEOUS HYDROGENCARBONATE SOLUTION, *Chem. Lett.* 14, pp.1695–1698 (1985). b) Hori, Y., Kikuchi, K., Murata, A., and Suzuki, S., PRODUCTION OF METHANE AND ETHYLENE IN ELECTROCHEMICAL REDUCTION OF CARBON DIOXIDE AT COPPER ELECTRODE IN AQUEOUS HYDROGENCARBONATE SOLUTION, Chem. Lett. 15, pp.897–898

(1986). c) Hori, Y., Murata, A., and Takahashi, R., Formation of hydrocarbons in the electrochemical reduction of carbon dioxide at a copper electrode in aqueous solution, *J. Chem. Soc.,Faraday Trans 1* 85, pp.2309–2326 (1989). d) DeWulf, D. W., Jin, T., and Bard, A. J., Electrochemical and Surface Studies of Carbon Dioxide Reduction to Methane and Ethylene at Copper Electrodes in Aqueous Solutions, *J. Electrochem. Soc.* 136, pp.1686–1691 (1989). e) Kim, J. J., Summers, D. P., and Frese Jr., K. W., Reduction of $CO_2$ and CO to methane on Cu foil electrodes, *J. Electroanal. Chem. Interfacial Electrochem.* 245, pp.223–244 (1988).

[42] Hori, Y., Murata, A., Kikuchi, K., and Suzuki, S., Electrochemical reduction of $CO_2$ to CO at a gold electrode in aqueous $KHCO_3$, *J. Chem. Soc. Chem. Commun.*, pp.728–729 (1987).

[43] Nørskov, J. K., Rossmeisl, J., Logadottir, A., Lindqvist, L., Kitchin, J. R., Bligaard, T., and Jónsson, H., Origin of the Overpotential for Oxygen Reduction at a Fuel-Cell Cathode, *J. Phys. Chem. B* 108, pp.17886–17892 (2004).

[44] Peterson, A. A., Abild-Pedersen, F., Studt, F., Rossmeisl, J., and Norskov, J. K., How copper catalyzes the electroreduction of carbon dioxide into hydrocarbon fuels, *Energy Environ. Sci.* 3, pp.1311–1315 (2010).

[45] Nie, X., Griffin, G.L., Janik, M. J., and Asthagiri, A., Surface phases of $Cu_2O$ (111) under $CO_2$ electrochemical reduction conditions, *Catal. Commun. 52*, pp.88–91 (2014).

[46] Peterson, A. A. and Nørskov, J. K., Activity Descriptors for $CO_2$ Electroreduction to Methane on Transition-Metal Catalysts, *J. Phys. Chem. Lett.* 3, pp.251–258 (2012).

[47] Montoya, J. H., Peterson, A. A., and Nørskov, J. K., Insights into C_C Coupling in $CO_2$ Electroreduction on Copper Electrodes, *Chem. Cat. Chem.* 5, pp.737–742 (2013).

[48] a) Schouten, K. J. P., Kwon, Y., van der Ham, C. J. M., Qin, Z., and Koper, M. T. M., A new mechanism for the selectivity to C1 and C2 species in the electrochemical reduction of carbon dioxide on copper electrodes, *Chem. Sci.* 2, pp.1902–1909 (2011). b) Schouten, K. J. P., Qin, Z., Gallent, E. P., and Koper, M. T. M., Two Pathways for the Formation of Ethylene in CO Reduction on Single-Crystal Copper Electrodes, *J. Am. Chem. Soc.* 134, pp.9864–9867 (2012). c) Calle-Vallejo, F. and Koper, M. T. M., Theoretical Considerations on the Electroreduction of CO to C2 Species on Cu (100) Electrodes, *Angew. Chem. Int. Ed.* 52, pp.7282–7285 (2013).

[49] Shi, C., O'Grady, C. P., Peterson, A. A., Hansen, H. A., and Nørskov, J. K., Modeling $CO_2$ reduction on Pt (111), *Phys. Chem. Chem. Phys.* 15, pp.7114–7122

(2013).

[50] a) Nie, X., Esopi, M. R., Janik, M. J., and Asthagiri, A., Selectivity of $CO_2$ reduction on copper electrodes: the role of the kinetics of elementary steps., *Angew. Chem., Int. Ed. Engl.* 52, pp.2459–2462 (2013). b) Nie, X., Luo, W., Janik, M. J., and Asthagiri, A., Reaction mechanisms of $CO_2$ electrochemical reduction on Cu (111) determined with density functional theory, *J. Catal.* 312, pp.108–122 (2014).

[51] a) Sugino, O., Hamada, I., Otani, M., Morikawa, Y., Okamoto, Y., and Ikeshoji, T., First-principles molecular dynamics simulation of biased electrode/solution interface, *Surf. Sci.* 601, p.5237 (2007). b) Otani, M., Hamada, I., Sugino, O., Morikawa, Y., Okamoto, Y., and Ikeshoji, T., Electrode Dynamics from First Principles, *J. Phys. Soc. Jpn.* 77, p.024802 (2008). c) Nishihara, S. and Otani, M., Hybrid solvation models for bulk, interface, and membrane: Reference interaction site methods coupled with density functional theory, *Phys. Rev. B* 96, p.115429 (2017).

[52] Lim, H-K. and Kim, H., The Mechanism of Room-Temperature Ionic-Liquid-Based Electrochemical $CO_2$ Reduction: A Review, *Molecule* 22, pp.536 (2017).

[53] a) Armand, M., Endres, F., MacFarlane, D. R., Ohno, H., and Scrosati, B., Ionic-liquid materials for the electrochemical challenges of the future, *Nat. Mater.* 8, pp.621–629 (2009). b) Alvarez-Guerra, M., Albo, J., Alvarez-Guerra, E., and Irabien, A., Ionic liquids in the electrochemical valorisation of $CO_2$, *Energy Environ. Sci.* 8, pp.2574–2599 (2015). c) Zhang, S., Sun, J., Zhang, X., Xin, J., Miao, Q., and Wang, J., Ionic liquid–based green processes for energy production, *Chem. Soc. Rev.* 43, pp.7838–7869 (2014). d) Buzzeo, M. C., Evans, R. G., and Compton, R. G., Non-Haloaluminate Room-Temperature Ionic Liquids in Electrochemistry-A Review, *Chem. Phys. Chem.* 5, pp.1106–1120 (2004).

[54] Rosen, B. A., Salehi-Khojin, A., Thorson, M. R., Zhu, W., Whipple, D. T., Kenis, P.J.A., and Masel, R. I., Ionic Liquid-Mediated Selective Conversion of $CO_2$ to CO at Low Overpotentials, *Science* 34, pp.643–644 (2011).

[55] Wang, Y., Hatakeyama, M., Ogata, K., Wakabayashi, M., Jin, F., and Nakamura, S., Activation of $CO_2$ by ionic liquid EMIM–$BF_4$ in the electrochemical system: a theoretical study, *Phys. Chem. Chem. Phys.* 17, pp.23521–23531 (2015).

[56] Lau, G. P. S., Schreier, M., Vasilyev, D., Scopelliti, R., Grätzel, M., and Dyson, P.J., New Insights Into the Role of Imidazolium-Based Promoters for the Electroreduction of $CO_2$ on a Silver Electrode, *J. Am. Chem. Soc.* 138, pp.7820–7823 (2016).

[57] a) Truhlar, D. and Morokuma, K., *Transition state modeling for catalysis*, Ameri-

can Chemical Society (1999). b) Maseras, F. and Lledos, A., *Computational modeling of homogeneous catalysis*, Kluwer Academic Publishers (2002). c) Nakamura, S. and Sieber, S., Catalyst Design, in *Encyclopedia of Computational Chemistry 1*, Eds. P. v. R. Schleyer, et al., Wiley, p.247 (1998).

[58] Kozuch, S. and Shaik, A., How to Conceptualize Catalytic Cycles? The Energetic Span Model, *Acc. Chem. Res.* 44, pp.101–110 (2011) およびこの総説に引用された文献.

[59] a) Amatore, C. and Jutand, A., Mechanistic and kinetic studies of palladium catalytic systems, *J. Organomet. Chem.* 576, pp.254–278 (1999). b) Kozuch, S. and Shaik, S. A., A Combined Kinetic-Quantum Mechanical Model for Assessment of Catalytic Cycles: Application to Cross-Coupling and Heck Reactions, *J. Am. Chem. Soc.* 128, pp.3355–3365 (2006). c) Kozuch, S. and Shaik, S., Kinetic-Quantum Chemical Model for Catalytic Cycles: The Haber-Bosch Process and the Effect of Reagent Concentration, *J. Phys. Chem. A* 112, pp.6032–6041 (2008).

[60] Christiansen, J. A., The Elucidation of Reaction Mechanisms by the Method of Intermediates in Quasi-Stationary Concentrations, *Adv. Catal.* 5, pp.311 (1953).

[61] Uhe, A,, Kozuch, S., and Shaik, S., Automatic analysis of computed catalytic cycles, *J. Comput. Chem.* 32, pp.978–98d, (2011)

## 第4章

[1] Honkala K., Hellman A., Remediakis IN., Logadottir A., Carlsson A., Dahl S., Christensen CH., and Nørskov JK., Ammonia Synthesis from First-Principles Calculations, *Science* 307, pp. 555–558 (2005).

[2] Schweinfest R., Paxton AT., and Finnis MW., Bismuth Embrittlement of Copper is an Atomic Size Effect, *Nature* 432, pp. 1008–1011 (2004).

[3] https://www.atsdr.cdc.gov/spl/

[4] Han J., Lee S., Choi K., Kim J., Ha D., Lee CG., An B., Lee SH., Mizuseki H., Choi JW., and Kang S., Effect of Nitrogen Doping on Titanium Carbonitride-derived Adsorbents used for Arsenic Removal, *J. Hazard. Mater.* 302, pp. 375–385 (2016).

[5] Ko YJ., Choi K., Lee S., Cho JM., Choi HJ., Hong SW., Choi JW., Mizuseki H., and Lee WS., Chromate Adsorption Mechanism on Nanodiamond-derived Onion-like Carbon, *J. Hazard. Mater.* 320, pp. 368–375 (2016).

[6] Ströbel, R., Garche, J., Moseley, PT., Jörissen, L., and Wolf, G., Hydrogen Storage by Carbon Materials, *Journal of Power Sources*, 159, pp. 781–801 (2006).

[7] Cheng, J., Zhang, L., Ding, R., Ding, Z., Wang, X., and Wang, Z., Grand Canonical Monte Carlo Simulation of Hydrogen Physisorption in Single-walled Boron Nitride Nanotubes, *Int. J. Hydrogen Energy* 32, pp. 3402–3405 (2007).

[8] Rathi, S. J. and Ray, A. K., On the Electronic and Geometric Structures of Armchair GeC Nanotubes: A Hybrid Density Functional Study, *Nanotechnology* 19, 335706 (2008).

[9] Hu, J. Q., Bando, Y., Zhan, J. H., and Golberg, D., Fabrication of ZnS/SiC Nanocables, SiC-shelled ZnS Nanoribbons (and Sheets), and SiC Nanotubes (and Tubes), *Appl. Phys. Lett.* 85, 2932 (2004).

[10] Huang, C. -C., Chen, H. -M., and Chen, C. -H., Hydrogen Adsorption on Modified Activated Carbon, *Int. J. Hydrogen Energy* 35, pp. 2777–2780 (2010).

[11] Zhou, M., Lu Y., Zhang, C., and Feng, Y. P., Enhancement of Energy Storage Capacity of Mg Functionalized Silicene and Silicane under External Strain, *Appl. Phys. Lett.* 97, 103109 (2010).

[12] Yildirim, T. and Ciraci, S., Titanium-Decorated Carbon Nanotubes as a Potential High-Capacity Hydrogen Storage Medium, *Phys. Rev. Lett.* 94, 175501 (2005).

[13] Durgun, E., Ciraci S., and Yildirim, T., Functionalization of Carbon-based Nanostructures with Light Transition-metal Atoms for Hydrogen Storage, *Phys. Rev. B* 77, 085405 (2008).

[14] Shevlin, S. A. and Guo, Z. X., High-Capacity Room-Temperature Hydrogen Storage in Carbon Nanotubes via Defect-Modulated Titanium Doping, *J. Phys. Chem. C* 112, pp. 17456–17464 (2008).

[15] Xiang, Z., Cao, D., Lan, J., Wang, W., and Broom, D. P., Multiscale Simulation and Modelling of Adsorptive Processes for Energy Gas Storage and Carbon Dioxide Capture in Porous Coordination Frameworks, *Energy Environ. Sci.* 3, pp. 1469–1487 (2010).

[16] Liu C. -S. and Zeng Z., GaAs Nanoneedles Grown on Sapphire, *Appl. Phys. Lett.* 96, 123101 (2010).

[17] Chandrakumar, K. R. S., Srinivasu, K., and Ghosh, S. K., Nanoscale Curvature-Induced Hydrogen Adsorption in Alkali Metal Doped Carbon Nanomaterials, *J. Phys. Chem. C* 112, pp. 15670–15679 (2008).

[18] Yang, C. -K., A Metallic Graphene Layer Adsorbed with Lithium, *Appl. Phys. Lett.* 94, 163115 (2009).

[19] Ataca, C., Aktürk, E., Ciraci, S., and Ustunel, H., High-capacity Hydrogen Storage by Metallized Graphene, *Appl. Phys. Lett.* 93, 043123 (2008).

[20] Lee, H., Ihm, J., Cohen, M. L., and Louie, S. G., Calcium-Decorated Graphene-Based Nanostructures for Hydrogen Storage, *Nano Lett.* 10, pp. 793–798 (2010).

[21] Kim, G. and Jhi, S. -H., Ca-Decorated Graphene-Based Three-Dimensional Structures for High-Capacity Hydrogen Storage, *J. Phys. Chem. C* 113, pp. 20499–20503 (2009).

[22] Ataca, C., Aktürk, E., and Ciraci, S., Hydrogen Storage of Calcium Atoms Adsorbed on Graphene: First-principles Plane Wave Calculations, *Phys. Rev. B* 79, 041406 (2009).

[23] Kim, G., Jhi, S. -H., Lim, S., and Park, N., Crossover between Multipole Coulomb and Kubas Interactions in Hydrogen Adsorption on Metal-graphene Complexes, *Phys. Rev. B* 79, 155437 (2009).

[24] Tozawa, T., Jones, J. T. A., Swamy, S. I., Jiang, S., Adams, D. J., Shakespeare, S., Clowes, R., Bradshaw, D., Hasell, T., Chong, S. Y., Tang, C., Thompson, S., Parker, J., Trewin, A., Bacsa, J., Slawin, A. M. Z., Steiner, A., and Cooper, A. I., Porous Organic Cages, *Nat. Mater.* 8, pp. 973–978 (2008).

[25] Holst, J. R., Trewin, A., and Cooper, A. I., Porous Organic Molecules, *Nat. Chem.* 2, pp. 915–920 (2010).

[26] Ohto, K., Matsufuji, T., Yoneyama, T., Tanaka, M., Kawakita, H. and Oshima, T., Preorganized, Cone-conformational Calix [4] arene Possessing Four Propylenephosphonic Acids with High Extraction Ability and Separation Efficiency for Trivalent Rare Earth Elements, *J. Incl. Phenom. Macrocycl. Chem.* 71, pp. 489–497 (2011).

[27] Thallapally, P. K., McGrail, B. P., Dalgarno, S. J., Schaef, H. T., Tian, J. and Atwood, J. L., Gas-induced Transformation and Expansion of a Non-porous Organic Solid, *Nat. Mater.* 7, pp. 146–150 (2008).

[28] Venkataramanan, N. S., Sahara, R., Mizuseki, H., and Kawazoe, Y., Hydrogen Adsorption on Lithium-Functionalized Calixarenes: A Computational Study, *J. Phys. Chem. C* 112, pp. 19676–19679 (2008).

[29] Venkataramanan, N. S., Sahara, R., Mizuseki, H., and Kawazoe, Y., Quantum Chemical Studies on the Alkali Atom Doped Calix [4] arene as Hydrogen Storage Material, *Comput. Mater. Sci.* 49, pp. S263–S267 (2010).

[30] Venkataramanan, N. S., Belosludov, R. V., Note, R., Sahara, R., Mizuseki, H., and Kawazoe, Y., Theoretical Investigation on the Alkali-Metal Doped BN Fullerene as a Material for Hydrogen Storage, *Chem. Phys.* 377, pp. 54–59 (2010).

[31] Sanville, E., Kenny, S. D., Smith, R., and Henkelman, G.: Improved Grid-based Algorithm for Bader Charge Allocation, *J. Comput. Chem.* 28, pp. 899–908 (2007).

[32] Belosludov R. V., Subbotin O. S., Mizuseki H., Kawazoe Y., and Belosludov V. R., Accurate description of phase diagram of clathrate hydrates at the molecular level,

*J. Chem. Phys.*, 131, 244510 (2009).
[33] Yasuda K. and Ohmura R., Phase Equilibrium for Clathrate Hydrates Formed with Methane, Ethane, Propane, or Carbon Dioxide at Temperatures below the Freezing Point of Water, *J. Chem. Eng. Data* 53, pp. 2182–2188 (2008).
[34] Lokshin K. A., Zhao Y., He D., Mao W. L., Mao H. -K., Hemley R. J., Lobanov M. V., and Greenblatt M., Structure and Dynamics of Hydrogen Molecules in the Novel Clathrate Hydrate by High Pressure Neutron Diffraction, *Phys. Rev. Lett.* 93, 125503 (2004).
[35] Belosludov R. V., Bozhko Y. Y., Subbotin O. S., Belosludov V. R., Mizuseki H., Kawazoe Y., and Fomin V. M., Stability and Composition of Helium Hydrates Based on Ices Ih and II at Low Temperatures, *J. Phys. Chem. C* 118, pp. 2587–2593 (2014).
[36] Belosludov R. V., Zhdanov R. K., Subbotin O. S., Mizuseki H., Kawazoe Y., and Belosludov V. R., Theoretical Study of Hydrogen Storage in Binary Hydrogen-methane Clathrate Hydrates, *J. Renewable Sustainable Energy* 6, 053132 (2014).
[37] Belosludov R. V., Bozhko Y. Y., Zhdanov R. K., Subbotin O. S., Kawazoe Y., and Belosludov V. R., Hydrogen Hydrates: Equation of State and Self-preservation Effect, *Fluid Phase Equilibria* 413, pp. 220–228 (2016).
[38] Zhdanov R. K., Gets K. V., Belosludov R. V., Subbotin O. S., Bozhko Y. Y., and Belosludov V. R., Theoretical Modeling of the Thermodynamic Properties and the Phase Diagram of Binary Gas Hydrates of Argon and Hydrogen, *Fluid Phase Equilibria* 434, pp. 87–92 (2017).
[39] Li, Y. and Yang, R. T., Hydrogen Storage on Platinum Nanoparticles Doped on Superactivated Carbon, *J. Phys. Chem. C* 111, pp.11086–11094 (2007).
[40] Miller, M. A., Wang, C. -Y., and Merrill, G. N., Experimental and Theoretical Investigation Into Hydrogen Storage via Spillover in IRMOF-8, *J. Phys. Chem. C* 113, pp.3222–3231 (2009).
[41] Lachawiec, A. J. Jr. and Yang, R. T., Isotope Tracer Study of Hydrogen Spillover on Carbon-Based Adsorbents for Hydrogen Storage, *Langmuir* 24, pp.6159–6165 (2008).
[42] Zielinski, M., Wojcieszak, R., Monteverdi, S., Mercy, M., and Bettaha, M. M., Hydrogen storage in nickel catalysts supported on activated carbon, *Int. J. Hydrogen Energy* 32, pp.1024–1032 (2007).
[43] Nishihara, H., Hou, P. -X., Li, L. -X., Ito, M., Uchiyama, M., Kaburagi, T., Ikura, A., Katamura, J., Kawarada, T., Mizuuchi, K., and Kyotani, T., High-Pressure Hydrogen Storage in Zeolite-Templated Carbon, *J. Phys. Chem. C* 113, pp.3189–3196 (2009).

[44] Li, Y., Yang, F. H., and Yang, R. T., Kinetics and Mechanistic Model for Hydrogen Spillover on Bridged Metal-Organic Frameworks, *J. Phys. Chem. C* 111, pp.3405–3411 (2007).

[45] Galina, P. P., Vayssilov, G. N., and Rösch, N., Density Functional Study of Hydrogen Adsorption on Tetrairidium Supported on Hydroxylated and Dehydroxylated Zeolite Surfaces, *J. Phys. Chem. C* 111, pp.14484–14492 (2007).

[46] Chen, L., Cooper, A. C., Pez, G. P., and Cheng, H., Mechanistic Study on Hydrogen Spillover onto Graphitic Carbon Materials, *J. Phys. Chem. C* 111, pp.18995–19000 (2007).

[47] Sha, X., Knippenberg, M. T., Cooper, A. C., Pez, G., P., and Cheng, H., Dynamics of Hydrogen Spillover on Carbon-Based Materials, *J. Phys. Chem. C* 112, pp.17465–17470 (2008).

[48] George, M. P. and Froudakis, G. E., DFT Study of the Hydrogen Spillover Mechanism on Pt-Doped Graphite, *J. Phys. Chem. C* 113, pp.14908–14915 (2009).

[49] Sahara, R., Mizuseki, H., Sluiter, Marcel H. F., Ohno., K., and Kawazoe, Y., Effect of a nickel dimer on the dissociation dynamics of a hydrogen molecule, *RSC Advances* 3, pp.12307–12312 (2013).

[50] Venkataramanan, N. S., Sahara, R., Mizuseki, H., and Kawazoe, Y., Titanium-Doped Nickel Clusters $TiNi_n$ ($n = 1 - 12$): Geometry, Electronic, Magnetic, and Hydrogen Adsorption Properties, *J. Phys. Chem. A* 114, pp.5049–5057 (2010).

[51] Ohno, K., Esfarjani, K., and Kawazoe, Y., *Computational Materials Science: From ab initio to Monte Carlo Methods*, Springer Series in Solid-State Sciences, Springer-Verlag, Berlin, Heidelberg, 129, pp. 42–46 (1999).

[52] Bahramy, M. S., Sluiter, M. H. F., and Kawazoe, Y., First-principles calculations of hyperfine parameters with the all-electron mixed-basis method, *Phys. Rev. B* 73, 045111 (2006).

[53] Ono, S., Noguchi, Y., Sahara, R., Kawazoe, Y., and Ohno, K., TOMBO: All-electron mixed-basis approach to condensed matter physics, *Comput. Phys. Comm.* 189, pp.20–30 (2015).

[54] Sawada, T., Wu, J., Kawazoe, Y., and Ohno, K., Dynamics on Electronic Excitation in Chemical Reaction, *Trans. Mater. Res. Soc. Jpn.* 29, pp.3727–3730 (2004).

[55] Ahmad, Z. and Fredj, N., *Principles of Corrosion Engineering and Corrosion Control*, Butterworth-Heinemann, 2nd edn (2017).

[56] McCrory, C. C. L., Jung, S., Ferrer, I. M., Chatman, S. M., Peters, J. C., and Jaramillo, T. F., Benchmarking Hydrogen Evolving Reaction and Oxygen Evolving Reaction Electrocatalysts for Solar Water Splitting Devices, *J. Am. Chem. Soc.*, 137, pp.4347–4357 (2015).

[57] Chen, J. Y. C., Dang, L., Liang, H., Bi, W., Gerken, J. B., Jin, S., Apl, E. E., and Stahl, S. S., Operando Analysis of NiFe and Fe Oxyhydroxide Electrocatalysts for Water Oxidation: Detection of $Fe^{4+}$ by Mössbauer Spectroscopy, *J. Am. Chem. Soc.*, 137, pp.15090-15093 (2015).
[58] Foley, R. T., Role of the Chloride Ion in Iron Corrosion, *Corrosion* 26, pp.58-70 (1970).
[59] Toney, M. F., Davenport, A. J., Oblonsky, L. J., Ryan, M. P., and Vitus, C. M., Atomic Structure of the Passive Oxide Film Formed on Iron, *Phys. Rev. Lett.* 79, pp.4282-4285 (1997).
[60] Linsebigler, A. L., Smentkowski, V. S., and Yates, J. T. Jr., Interactional effects in corrosive chemisorption of chlorine and oxygen on iron(110), *Langmuir* 8, pp.1950-1954 (1992).
[61] Casals, N. F., Nazarov, A., Vucko, F., Pettersson, R., and Thierry, D., Influence of Mechanical Stress on the Potential Distribution on a 301 LN Stainless Steel Surface, *J. Electrochem. Soc.* 162, C465-C472 (2015).
[62] Haupt, S. and Strehblow, H.-H., Corrosion, layer formation, and oxide reduction of passive iron in alkaline solution: a combined electrochemical and surface analytical study, *Langmuir* 3, pp.873-885 (1987).
[63] Parkinson, G. S., Iron oxide surfaces, *Surf. Sci. Rep.* 71, pp.272-365 (2016).
[64] Emsley, A. M. and Hill, M. P., The influence of carbonaceous surface impurities on excrescence initiation in the rimming steel/$CO_2$/CO system, *Corros. Sci.* 16, pp.171-172 (1976).
[65] Li, W. and Li, D. Y., Influence of surface morphology on corrosion and electronic behavior, *Acta Mater.* 54, pp.445-452 (2006).
[66] Li, Y. and Cheng, Y. F., Effect of surface finishing on early-stage corrosion of a carbon steel studied by electrochemical and atomic force microscope characterizations, *Appl. Surf. Sci.* 366, pp.95-103 (2016).
[67] Wagner, V. C., and Traud, W., ÜBER DIE DEUTUNG VON KORROSIONSVORGÄNGEN DURCHÜBERLAGERUNG VON ELEKTROCHEMISCHEN TEILVORGÄNGEN UNDÜBER DIE POTENTIALBILDUNG AN MISCHELEKTRODEN, *Z. Electrochem.* 44, 391 (1938).
[68] Shibata, T. and Takeyama, T., Stochastic Theory of Pitting Corrosion, *Corrosion* 33, pp.243-251 (1977).
[69] Chew, K. -H., Kuwahara, R., and Ohno, K., First-principles study on the atomistic corrosion processes of iron, *Phys. Chem. Chem. Phys.* 20, pp.1653-1663 (2018).
[70] Nagayama, M. and Cohen, M., The Anodic Oxidation of Iron in a Neutral Solution: II. Effect of Ferrous Ion and pH on the Behavior of Passive Iron, *J. Electrochem.*

*Soc.* 110, pp.670–680 (1963).

[71] Smentkowski, V. S., Cheng, C. C., and Yates, J. T. Jr., The interaction of carbon tetrachloride with iron(110): a system of tribological importance, *Langmuir* 6, pp.147–158 (1990).

[72] Detzel, T., Memmel, N., and Fauster, T., Growth of ultrathin iron films on Cu(001): an ion-scattering spectroscopy study, *Surf. Sci.* 293, pp.227–238 (1993).

[73] Napier, M. E. and Stair, P. C., Decomposition of fluorinated diethers on the clean iron surface, *Surf. Sci.* 298, pp.201–214 (1993).

[74] Govind, N., Petersen, M., Fitzgerald, G., King-Smith, D., and Andzelm, J., A generalized synchronous transit method for transition state location, *Comput. Mater. Sci.* 28, pp.250–258 (2003).

[75] Cerjan, C. J. and Miller, W. H., On finding transition states, *J. Chem. Phys.* 75, pp.2800–2806 (1981).

[76] Atanasov, M., Zadrozuy, J. M., Long, J. R., and Neese, F., A theoretical analysis of chemical bonding, vibronic coupling, and magnetic anisotropy in linear iron(II) complexes with single-molecule magnet behavior, *Chem. Sci.* 4, pp.139–156 (2013).

[77] Schröder, D., Bärsch, S., and Schwarz, H., Second Ionization Energies of Gaseous Iron Oxides and Hydroxides: The $FeO_mH_n^{2+}$ Dications ($m = 1, 2; n \leq 4$), *J. Phys. Chem. A* 104, pp.5101–5110 (2000).

[78] Błoński, P., Kiejna, A., and Hafner, J., Oxygen adsorption on the clean and O-precovered Fe (110) and (100) surfaces, *J. Phys.: Condens. Matter* 19, 096011 (2007).

[79] Błoński, P., Kiejna, A., and Hafner, J., Dissociative adsorption of $O_2$ molecules on O-precovered Fe(110) and Fe(100): Density-functional calculations, *Phys. Rev. B* 77, 155424 (2008).

[80] Błoński, P., Kiejna, A., and Hafner, J., Theoretical study of oxygen adsorption at the Fe(110) and (100) surfaces, *Surf. Sci.* 590, pp.88–100 (2005).

[81] Linsebigler, A. L., Smentkowski, V. S., and Yates, J. T. Jr., Interactional effects in corrosive chemisorption of chlorine and oxygen on iron(110), *Langmuir* 8, pp.1950–1954 (1992).

[82] Lara, J. and Tysoe, W. T., Interaction of Effusive Beams of Methylene Chloride and Chloroform with Clean Iron: Tribochemical Reactions Explored in Ultrahigh Vacuum, *Langmuir* 14, pp.307–312 (1998).

[83] Sazou, D., Pavlidou, M., and Pagitsas, M., Temporal patterning of the potential induced by localized corrosion of iron passivity in acid media. Growth and breakdown of the oxide film described in terms of a point defect model, *Phys. Chem.*

*Chem. Phys.* 11, pp.8841–8854 (2009).

[84] Boyer, R. R., An overview on the use of titanium in the aerospace industry, *Mater. Sci. Eng. A.* 213, pp.103–114 (1996).

[85] Kosaka, Y., Faller, K., and Fox, S. P., Newly developed titanium alloy sheets for the exhaust systems of motorcycles and automobiles, JOM. 56, pp.32–34 (2004).

[86] Froes, F. H., Suryanarayana, C., and Eliezer, D., Synthesis, properties and applications of titanium aluminides, J. Mater. Sci. 27, pp.5113–5140 (1992).

[87] Stringer, J., The oxidation of titanium in oxygen at high temperatures, *Acta. Metall.* 8, pp.758–766 (1960).

[88] Kofstad, P., High-temperature oxidation of titanium, J. Less Common. Met. 12, pp.449–464 (1967).

[89] Chaze, A. M., and Coddet, C., Influence of alloying elements on the dissolution of oxygen in the metallic phase during the oxidation of titanium alloys, *J. Mater. Sci.* 22, pp.1206–1214 (1987).

[90] Evans, R. W., Hull, R. J., and Wilshire, B., The effects of alpha-case formation on the creep fracture properties of the high temperature titanium alloy IMI834, *J. Mater. Process Technol.* 56, pp.492–501 (1996).

[91] Kitashima, T. and Kawamura, T., Prediction of oxidation behavior of near-$\alpha$ titanium alloys, *Scripta Mater.* 124, pp.56–58 (2016).

[92] Kitashima, T., Yamabe-Mitarai, Y., Iwasaki, S., and Kuroda, S., Effects of alloying elements on the tensile and oxidation properties of alpha and near-$\alpha$ Ti alloys, *Metall. Mater. Trans. A* 47, pp.6394–6403 (2016).

[93] 成島尚之，チタンの高温酸化，『軽金属』68, pp.354–365 (2018).

[94] Bhattacharya, S. K., Sahara, R., Kitashima, T., Ueda, K., and Narushima, T., First principles study of oxidation of Si-segregated $\alpha$-Ti(0001) surfaces, *Jpn. J. Appl. Phys.* 56, 125701 (2017).

[95] Bhattacharya, S. K., Sahara, R., Ueda, K., and Narushima, T., Effect of Si on the oxidation reaction of $\alpha$-Ti(0001) surface: ab initio molecular dynamics study, *Sci. Tech. Adv. Mat.* 18, pp.998–1004 (2017).

[96] Bhattacharya, S. K., Sahara R., Suzuki S., Ueda K., and Narushima T., Mechanisms of oxidation of pure and Si-segregated $\alpha$-Ti surfaces, *Appl. Surf. Sci.* 463, pp. 686–692 (2019).

[97] Schneider, J. and Ciacchi, L. C., First principles and classical modeling of the oxidized titanium (0001) surface, *Surf. Sci.* 604, pp.1105–1115 (2010).

[98] Ohler, B., Prada, S., Pacchioni, G., and Langel, W., DFT simulations of titanium oxide films on titanium metal, *J. Phys. Chem. C* 117, pp.358–367 (2013).

[99] Ciacchi, L. C. and Payne, M. C., "Hot-Atom" $O_2$ dissociation and oxide nucleation

on Al(111), *Phys. Rev. Lett.* 92, 176124 (2004).
[100] Ciacchi, L. C. and Payne, M. C., First-principles molecular dynamics study of native oxide growth on Si(001), *Phys. Rev. Lett.* 95, 196101 (2005).
[101] Ciacchi, L. C., Modelling the onset of oxide formation on metal surfaces from first principles, *Int. J. Mater. Res.* 98, pp.708-716 (2007).
[102] Azoulay, A., Shamir, N., Fromm, E., and Mintz, M., The initial interactions of oxygen with polycrystalline titanium surfaces, *Surf. Sci.* 370, pp. 1-16 (1997).
[103] Kofstad, P., Anderson, P., and Krudtaa, O., Oxidation of titanium in the temperature range 800-1200℃, *J. Less Comm. Metals* 3, pp. 89-97 (1961).
[104] Wu, H. H. and Trinkle, D. R., Direct diffusion through interpenetrating networks: oxygen in titanium, *Phys. Rev. Lett.* 107, 045504 (2011).
[105] Wu, H. H. and Trinkle, D. R., Solute effect on oxygen diffusion in $\alpha$-titanium, *J. Appl. Phys.* 113, 223504 (2013).
[106] Matsui, M., Tabuchi, M., Watanabe, T., Kubo, K., Kinugawa, J., and Abe, F., Degradation of creep strength in welded joint of 9%Cr steel, *ISIJ Int.* 41, S126-S130 (2001).
[107] Kondo, M., Tabuchi, M., Tsukamoto, S., Yin, F., and Abe, F., Suppressing type IV failure via modification of heat affected zone microstructures using high boron content in 9Cr heat resistant steel welded joints, *Sci. Technol. Weld. Join.* 11, pp.216-223 (2006).
[108] Sahara, R., Matsunaga, T., Hongo, H., and Tabuchi, M., Theoretical Investigation of Stabilizing Mechanism by Boron in Body-Centered Cubic Iron Through $(Fe, Cr)_{23}(C, B)_6$ Precipitates, *Metall. Mater. Trans. A* 47, pp.2487-2497 (2016).
[109] Pavlů, J., Vřešťál, J., andŠob, M., Ab initio study of formation energy and magnetism of sigma phase in Cr-Fe and Cr-Co systems, *Intermetallics* 18, pp.212-220 (2010).
[110] Ackland, G. J., Ordered sigma-type phase in the Ising model of Fe-Cr stainless steel, *Phys. Rev. B* 79, 094202 (2009).
[111] Fries, S. G. and Sundman, B. Using Re-W $\sigma$-phase first-principles results in the Bragg-Williams approximation to calculate finite-temperature thermodynamic properties, *Phys. Rev. B* 66, 012203 (2002).
[112] Zhang, Y., Ozoliš, V., Morelli, D., and Wolverton, C., Prediction of New Stable Compounds and Promising Thermoelectrics in the Cu-Sb-Se System, *Chem. Mater.* 26, pp.3427-3435 (2014).
[113] Souissi, M., Sluiter, M. H. F., Matsunaga, T., Tabuchi, M., Mills, M. J., and Sahara, R., Effect of mixed partial occupation of metal sites on the phase stability of $\gamma$-$Cr_{23-x}Fe_xC_6$ (x = 0 – 3) carbides, *Sci. Rep.* 8, 7279 (2018).

[114] Bowman, A. L., Arnold, G. P., Storms, E. K., and G. Nereson, N., The crystal structure of $Cr_{23}C_6$, *Acta Cryst. B* 28, pp.3102–3103 (1972).

[115] Fang, C. M., Van Huis, M. A., Sluiter, M. H. F., and Zandbergen, H. W., Stability, structure and electronic properties of $\gamma$-$Fe_{23}C_6$ from first-principles theory, *Acta Mater.* 58, pp.2968–2977 (2010).

[116] )Yakel, H. L. and Brynestad, J., Non-random site-occupation parameters in (Cr, Fe$)_{23}C_6$ phases, *Scripta Metall.* 16, pp.453–454 (1982).

[117] Yakel, H. L., Atom distributions in tau-carbide phases: Fe and Cr distributions in $(Cr_{23-x}Fe_x)C_6$ with $x = 0, 0.74, 1.70, 4.13$ and 7.36, *Acta Cryst. B* 43, pp.230–238 (1987).

[118] Connolly J. W. D. and Williams A. R., Density-functional theory applied to phase transformation in transition-metal alloys, *Phys. Rev. B* 27, pp. 5169–5172 (1983).

[119] Kikuchi, R., A Theory of Cooperative Phenomena, *Phys. Rev*. 81, pp.988–1003 (1951).

[120] de Fontaine D., Solid State Physics Vol. 34, edited by H. Ehrenreich and D. Turnbull, Academic Press, pp. 73–274 (1979).

[121] Sluiter M. H. F., Pasturel A., and Kawazoe Y., Site occupation in the Ni–Nb $\mu$ phase, *Phys. Rev. B* 67, 174203 (2003).

[122] Sluiter, M. H. F., Esfarjani, K., and Kawazoe, Y., Site Occupation Reversal in the Fe–Cr $\sigma$ Phase, *Phys. Rev. Lett.* 75, pp.3142–3145 (1995).

[123] Drautz, R., Díaz–Ortiz, A., Fähnle, M., and Dosch, H., Ordering and Magnetism in Fe–Co: Sequence of Ground-State Structures, *Phys. Rev. Lett.* 93, 067202 (2004).

[124] Blum, V. and Zunger, A., Structural complexity in binary bcc ground states: The case of bcc Mo–Ta, *Phys. Rev. B.* 69, 020103(R) (2004).

[125] Feng, R., Liaw, P. K., Gao, M. C., and Widom, M., First–principles prediction of high-entropy-alloy stability, *npj Comput. Mater.*3, 50 (2017).

[126] Florez, M., Recio, J. M., Francisco, E., Blanco, A. M., and Pendas, M. A., First-principles study of the rocksalt-cesium chloride relative phase stability in alkali halides, *Phys. Rev. B* 66, 144112 (200).

[127] Ma, D., Grabowski, B., Körmann, F., Neugebauer, J., and Raabe, D., Ab initio thermodynamics of the CoCrFeMnNi high entropy alloy: Importance of entropy contributions beyond the configurational one, *Acta Mater.* 100, pp.90–97 (2015).

[128] Shaw, S. W. K., and Quarrell, A. G., The Formation of Carbides in Low-Carbon, Chromium-Vanadium Steels at 700℃, *J. Iron Steel Inst.* 185, pp.10–22 (1957).

[129] Westgren, A., Phragmén, G., and Negresco, Tr., On the Structure of the Iron-Chromium-Carbon System, *J. Iron Steel Inst.* 117, pp.383–400 (1928).

[130] Kulkarni, A. D. and Worrell, W. L., High-Temperature Thermodynamic Properties of the Chromium Carbides Determined Using the Torsion-Effusion Technique, *Metall. Trans.* 3, pp.2363-2369 (1972).

[131] Khvan, A. V., Hallstedt, B., and Broeckmann, C., A thermodynamic evaluation of the Fe-Cr-C system, *Calphad* 46, pp.24-33 (2014).

[132] Medvedeva, N. I., Van Aken, D. C., and Medvedeva, J. E., Stability of binary and ternary $M_{23}C_6$ carbides from first principles, *Comput. Mater. Sci.* 96, pp.159-164 (2015).

[133] Han, J. J., Wang, C. P. Liu, Z. J., Wang, Y., and Liu, Z. -K., First-principles calculation of structural, mechanical, magnetic and thermodynamic properties for $\gamma$-$M_{23}C_6$ (M = Fe, Cr) compounds, J. Phys.: Condens. Matter. 24, 505503 (2012).

[134] Henriksson, K. O. E., Sandberg, N., and Wallenius, J., Carbides in stainless steels: Results from ab initio investigations, *Appl. Phys. Lett.* 93, 191912 (2008).

[135] Fang, C., van Huis, M. A., and Sluiter, M. H. F., Formation, structure and magnetism of the $\gamma$-(Fe, M)$_{23}$C$_6$ (M = Cr, Ni) phases: A first-principles study, *Acta Mater.* 103, pp.273-279 (2016).

[136] Glensk, A., Grabowski, B., Hickel, T., and Neugebauer, J., Understanding Anharmonicity in fcc Materials: From its Origin to *ab initio* Strategies beyond the Quasiharmonic Approximation, *Phys. Rev. Lett.* 114, 195901 (2015).

[137] Irle S., Zheng G., Wang Z., and Morokuma K., The $C_{60}$ Formation Puzzle "Solved": QM/MD Simulations Reveal the Shrinking Hot Giant Road of the Dynamic Fullerene Self-Assembly Mechanism, J. Phys. Chem. B 110, pp. 14531-14545 (2006).

# 索　引

## 英字・数字

**M**

MRDCI, 58
MRDCI 法, 117

**N**

NEB 法, 153
N 積, 60
$n$ 電子励起 (n-electron excitation), 56
$n$ 電子励起の励起演算子 (n-electron excitation operator), 56

**P**

$\pi$ 軌道 ($\pi$-orbital), 78
PPM, 113
$p$ 軌道 (p orbital), 74

**Q**

QM/MM 計算, 147
QP エネルギー, 76
QP 波動関数, 76

**R**

RMM-DIIS 法, 91

**S**

$sp^2$ 混成 ($sp^2$ hybridization), 77
$sp^3$ 混成 ($sp^3$ hybridization), 77
sp 混成 (sp hybridization), 77
symmetry-adapted cluster CI (SAC-CI) 法, 61
$s$ 軌道 (s orbital), 74

**T**

TOF, 162
TOF を決定する遷移状態 (TOF-determining transition state, TDTS), 167
TOF を決定する中間体 (TOF-determining intermediate, TDI), 167
T 積, 64

**U**

↑スピン電子 (up spin electron), 74

**Z**

Zn フタロシアニン (ZnPc), 107

**あ**

アイリング (Eyring) の式, 163
アヴリル (Averill), 16
アレニウス (Arrhenius) の式, 163
イオン液体, 121, 156
イオン化ポテンシャル (ionization potential), 15, 26
位相因子 (phase factor), 65, 84
位相因子 $e^{i\theta(k)}$ の不定性 (ambiguity of phase factor $e^{i\theta(k)}$), 86
一様電子ガス系 (homogeneous electron gas system), 13
一般化勾配近似 (generalized gradient approximation, GGA), 13
一般化固有値問題 (generalized eigenvalue problem), 87
インジウム錫チタン (ITO), 109
ウィグナー–ザイツ球 (Wigner-Seitz sphere), 83
ウィグナー–ザイツ胞 (Wigner-Seitz cell), 83
ウィックの定理 (Wick theorem), 52, 66, 68
ウオルシュ (Walsh) ダイアグラム, 125
ウルトラソフト擬ポテンシャル (ultrasoft pseudopotential), 90
運動エネルギー演算子 (kinetic energy operator), 22
運動方程式 (equation of motion) 結合クラスター (EOM-CC) 法, 61
運動量補正 (mass-velocity), 3
永年方程式 (secular equation), 76, 81
エネルギー・ダイアグラム (energy diagram), 110
エネルギー期待値, 80

エネルギーギャップ (energy gap), 86
エネルギー散逸, 100
エネルギースパン (energetic span), 164
エネルギー変換効率, 111
エネルギー論（E-表現）, 163
エルミート共役, 16
演算子同士の関係式, 19
オイラーの多面体定理 (Euler polyhedron theorem), 103
大きさについての無矛盾性 (size consistency), 58
オタマジャクシ (tadpole) 図形, 39
オニオンライクカーボン (onion-like carbon, OLC), 171
オペランド計測, 124

か

カー (Car), 99
カー-パリネロ (Car-Parrinello) 法, 100
カーボンナノチューブ (carbon nanotube, CNT), 82
外線につながっている図形 (linked diagram), 67
回転 (rotation), 86
カイラルベクトル (chiral vector), 82
ガウス型軌道 (Gauss type orbital, GTO), 87
化学ポテンシャル, 149
角運動量量子数 (angular momentum quantum number), 74
拡散型の 1 階の微分方程式 (diffusion-type, linear differential equation), 102
拡張準粒子理論 (extended quasiparticle theory), 26
確率振幅 (probability amplitude), 19
化合物半導体, 109
重なり行列 (overlap matrix), 87
下三角行列 (lower triangular matrix), 48, 87
仮想質量 (fictitious mass), 100
活性化エネルギー, 163
活性化エネルギー障壁 (activation energy barrier), 95
活性空間 (active space), 59
過電圧, 148
過電圧火山プロット, 152
ガリツキー-ミグダル (Galitski-Migdal) の公式, 32, 69
カルビン-ベンソン回路, 134
完全 (complete) 活性空間, 59
完全 CI, 58
完全系, 5, 19
完全結合軌道 (complete bonding orbital), 79
完全性の条件 (completeness condition), 19, 27
完全反結合軌道 (complete antibonding orbital), 79
規格化, 57
規格化因子 (normalization constant), 57
規格化条件 (normalization condition), 8
奇置換 (odd permutation), 55
基底関数重なり誤差 (basis set superposition error, BSSE), 88
基底状態 (ground state), 2
基底状態の変分原理 (variational principle), 8, 12, 57
希薄な He 原子気体, 58
擬ポテンシャル (pseudopotential) 法, 90
基本逆格子ベクトル (primitive reciprocal lattice vector), 79, 84
基本格子ベクトル (primitive lattice vector), 79, 84
逆格子空間 (reciprocal space), 84
逆格子ベクトル (reciprocal lattice vector), 84
逆光電子分光 (inverse photoemission spectroscopy) 実験, 25
逆転現象, 75
ギャップレス (gapless), 83
キャンベル-ベーカー-ハウスドルフ (Campbell-Baker-Hausdorff) 公式, 59
球対称性 (spherical symmetry), 74

球対称性の破れ (broken symmetry), 77
球対称ポテンシャル (spherical potential), 92
球ベッセル関数 (spherical Bessel function), 93
球面調和関数 (spherical harmonics), 74
鏡映 (mirror reflection), 86
強束縛 (tight-binding) 近似, 75
共役勾配 (conjugate gradient, CG) 法, 93, 100, 102
共有結合性 (covalent bonding) の強い軌道, 77
行列方程式 (matrix equation), 81
行列要素 (matrix element), 93
極 (pole), 45
局在軌道 (localized orbital), 85
局所スピン密度近似 (local spin density approximation, LSDA), 13
局所的 (local) KS/非局所的 (nonlocal) QP ハミルトニアン, 73
局所的な (local) 交換相関エネルギー, 13
局所的な電荷保存則, 48
局所密度近似 (local density approximation, LDA), 13
近似解, 75
金属 (metal), 83
金属錯体 (metal complex), 109
金属電極 (metal electrode), 109
金属微粒子 (metal fine particle), 94
空間軸 (space axis), 36
空間反転対称性 (spatial inversion symmetry), 86
偶置換 (even permutation), 55
クープマンスの定理 (Koopmans theorem), 10, 15
クラスター展開法 (cluster expansion method, CEM), 217
クラスター変分法 (cluster variation method, CVM), 217
グラファイト (graphite), 81
グラフェン (graphene), 79
クラマース縮退 (Kramers degeneracy), 87
グラム-シュミットの直交化 (Gram-Schmidt orthogonalization), 102
グリーン関数 (Green's function), 43, 68
繰り込み因子 (renormalization factor), 113
結合軌道 (bonding orbital), 76, 80
結合クラスター (coupled cluster, CC), 61
結合クラスター (coupled cluster, CC) 法, 59
結合クラスター法の基本方程式 (basic equation of CC method), 61
結晶の単位胞の総数 (total number of unit cells in the crystal), 86
結節点 (articulation point), 68
ケット (ket), 16
原子核・電子間の引力的クーロン相互作用, 3
原子核位置の構造最適化 (structural/geometrical optimization), 90
原子核間の斥力的クーロン相互作用, 3
原子軌道 (atomic orbital, AO), 74, 87
原子軌道関数 (AO), 98
コア分子 C, 107
交換項 (exchange term), 9, 31, 71
交換相関 (exchange-correlation) エネルギー, 12
交換相関孔 (exchange-correlation hole), 13
交換相関ポテンシャル (exchange-correlation potential), 14
交換相関ポテンシャル・カーネル, 106
交換相互作用 (exchange interaction), 9
格子ベクトル (lattice vector), 84
格子力学計算（原子サイズでの力学に基づいた自由エネルギー計算）, 182
構造最適化 (structural/geometrical optimization), 97
光電子分光 (photoemission spectroscopy) 実験, 25
光捕集機能, 107
コーン (Kohn), 10, 13

コーン-シャム (KS) 方程式, 15, 73
コーン-シャム軌道（Kohn-Sham orbital，以下，KS 軌道）, 13
互換演算子, 4
骨格図形, 69, 70
骨格図形 (skeleton diagram), 40
古典的な電子間のクーロン相互作用エネルギー, 12
異なる時刻の（反）交換関係 ((anti-)commutation relation at different times), 50
固有関数 (eigenfunction), 4
固有値方程式 (eigenvalue equation), 5, 76, 78
孤立 5 員環規則 (isolated pentagon rule, IPR), 103
孤立系 (isolated system), 84
孤立原子 (isolated atom), 73
孤立した図形 (unlinked diagram), 67
コレスキー分解 (Cholesky decomposition), 48, 87
混合基底 (mixed-basis) 法, 87
混成軌道 (hybridized orbital), 77

さ

最急降下法 (steepest descent (SD) method), 102
最高占有分子軌道 (highest occupied molecular orbital, HOMO), 27, 186
最大局在ワニエ関数 (most localized Wannier function), 86
最低非占有分子軌道 (lowest unoccupied molecular orbital, LUMO), 27, 186
酸化還元 (redox), 143
時間依存 GW(time-dependent GW, TDGW) シミュレーション, 112
時間依存密度汎関数理論 (time dependent density functional theory, TDDFT), 186
時間依存密度汎関数理論 (time-dependent density functional theory, TDDFT), 106
時間軸 (time axis), 36
時間順序積 (time ordered product), 44, 64
時間に依存しない一般化されたウィックの定理 (time-independent generalized Wick theorem), 54, 60
時間に依存しないウィックの定理 (time-independent Wick theorem), 54
時間に依存するコーン-シャム (TDKS) 方程式, 106
時間発展演算子 (time-evolution operator), 62
時間発展方程式 (time-evolution equation), 63
時間反転対称性 (time reversal symmetry), 87
磁気量子数 (magnetic quantum number), 74
自己エネルギー (self-energy), 31, 68, 70
自己エネルギーの効果, 75
自己エネルギーの線形化 (self-energy linearization), 48, 62
自己エネルギーのダブルカウント (double count of the self-energy), 69
自己エネルギーを与える相互作用 (interaction constituting self-energy), 34
自己相互作用補正 (self-interaction correction, SIC), 16
自己無撞着 (self-consistent), 9, 15, 90, 113
自己無撞着 GWΓ 法, 41
自己無撞着 GW 近似, 113
自然軌道 (natural orbital), 27, 46, 61
実数値 (real number), 75
自発的に内包, 95
射影演算子 (projection operator), 19
射影演算子補強波 (projector augmented wave, PAW) 法, 90
シャム (Sham), 13
周期関数 (periodic function), 85
周期的境界条件 (periodic boundary condition), 78, 83, 84
周辺分子 P, 107

縮約 (contraction), 51, 60, 66
主量子数 (principal quantum number), 74
シュレーディンガー表示 (Schrödinger representation), 43, 62
準粒子 (QP) 方程式, 73
準粒子 (quasiparticle) としての記述（準粒子描像, quasiparticle picture）, 25
準粒子エネルギー (quasiparticle energy), 26, 32, 45, 47, 112
準粒子エネルギースペクトル (quasiparticle energy spectrum), 45
準粒子間相互作用, 34
準粒子状態 (quasiparticle state), 71
準粒子波動関数 (quasiparticle wave function), 27, 32, 45, 47
準粒子波動関数とその複素共役 (complex conjugate) の積, 45
準粒子方程式, 32, 47
準粒子理論 (quasiparticle theory), 10, 16
常磁性電流密度演算子, 106
状態 $|\boldsymbol{r}_1, \boldsymbol{r}_2, \ldots, \boldsymbol{r}_M\rangle$, 21
状態の完全性, 21
消滅演算子 (annihilation operator), 17
ジョーンズ酸化反応, 173
触媒回転頻度 (TOF), 121, 162
触媒設計, 120
示量性 (size extensivity), 58
真空 (vacuum), 64
真空期待値 (vacuum expectation value), 51, 60
真空準位 (vacuum level), 25
振動数に依存する線形応答理論 (linear response theory), 105
水素原子 (hydrogen atom), 74
数学的帰納法, 52
数値的な原子軌道 (numerical atomic orbital), 87
スーパーセル (supercell), 84
スカラーポテンシャル, 3
スピン (spin) 角運動量, 1
スピン軌道結合 (spin-orbit coupling, SOC), 3
スピンの 2 重性 (spin duplicity), 70
スレーター型軌道 (Slater type orbital, STO), 87
スレーター行列式 (Slater determinant), 5
スレーター行列式の線形結合 (linear combination of Slater determinants), 56
正規積 (normal product, N 積), 51
正規直交化 (orthonormalization), 8
正規直交関数系 (orthonormal function set), 93
正規直交性 (orthonormality), 19, 21, 28, 29
制限つき探索法, 11
正孔 (hole), 26, 36, 70, 75
正準ハートリー-フォック軌道 (canonical Hartree–Fock orbital), 9, 56
正準ハートリー-フォック軌道の生成消滅演算子, 57
整数 (integer), 79
生成演算子 (creation operator), 17
生成消滅演算子, 49, 50
静的相関 (static correlation), 59
接続条件 (matching condition), 89
切断 (decoupling) 近似, 30, 47
切断近似, 30
摂動ハミルトニアン, 34
遷移状態, 124
線形近似で外挿 (linear extraplation), 113
線形混合 (linear mixing), 91
全電子混合基底法, 92, 115
全電子混合基底法 (all-electron mixed basis approach), 88
占有軌道, 56
占有軌道 $\mu$ に対する準粒子方程式 (quasiparticle equation), 31
占有状態 (occupied state)$\mu$ に対するハートリー-フォック方程式, 30
占有電子状態の情報 (information of occupied states), 25
相関項 (correlation term), 31, 71
双極子 (dipole) 相互作用, 3
相互作用の衣を着たグリーン関数

(clothed Green's function), 69
相互作用表示 (interaction representation), 49, 62
速度論（k-表現）, 163

た

ダーウィン (Darwin), 3
第 1 ブリルアン帯 (first Brillouin zone), 80, 84
第一原理 (first principles), 99
第一原理分子動力学シミュレーション (first-principles molecular dynamics simulaiton), 90
大規模固有値問題, 90
対称操作 (symmetry operation), 86
対生成 (pair creation), 36
ダイソン方程式 (Dyson equation), 68
太陽光スペクトル (sun light spectra)(AM1.5G), 111
太陽電池, 109
多参照 (multi-reference, MR), 58
多体摂動論 (many-body perturbation theory), 34
単位胞 (unit cell), 79, 84
単位胞の体積 (unit cell volume), 92
断熱 LDA(adiabatic LDA), 106
断熱定理 (adiabatic theorem), 64
超微細相互作用 (hyperfine interaction), 3
直接項 (direct term), 9, 31
直線状の炭素分子 (linear carbon molecule), 95
つながっていない図形 (disconnected diagram), 67
つながっている図形 (connected diagram), 67
定常状態, 3
定常状態のシュレーディンガー (Schrödinger) 方程式, 4
ディラックコーン (Dirac cone), 81
停留値 (stationary value), 7
停留値条件 (stationary condition), 9, 76, 80
デバイスへの応用 (devise application), 81
電荷移動エキシトン (charge transfer exciton), 110
電気二重層, 153
点群 (point group), 86
電子 (electron), 26, 36, 70, 75
電子移動 (electron transfer), 97
電子易動度 (electron mobility), 81
電子ガス (electron gas), 11
電子間相互作用の期待値, 36
電子供与層 (electron donor layer), 109
電子受容層 (electron acceptor layer), 109
電子状態 (electronic state), 2
電子親和力 (electron affinity, EA), 26, 125
電子相関 (electron correlation), 31
電子と原子核の運動エネルギー, 3
電子の散乱プロセス (electron scattering process), 36
電子間の斥力的クーロン相互作用, 3
電子密度 (electron density), 46
伝達関数 (propagator), 44
デンドリマー (dendrimer), 106
天然光合成, 119
等核 2 原子分子, 75
動径関数 (radial function), 74
同時 (simultaneous) 固有状態, 4
同時刻の（反）交換関係, 43, 50
同定危機 (Identity Crisis), 128, 131
動的遮蔽クーロン相互作用 (dynamically screened Coulomb interaction), 40, 70
動的相関 (dynamic correlation), 59
動的な遮蔽効果 (dynamically screening effect), 112
透明電極 (transparent electrode), 109
凸包 (convex full), 222

な

内積（ブラケット， braket）, 17
二酸化炭素の還元, 119
ノルム (norm), 57

ノルム非保存型, 90
ノルム保存型の擬ポテンシャル (norm-conserving pseudopotential), 90

## は

バース (Barrh), 13
バーテックス関数 (vertex function), 40, 70
バーテックス補正 (vertex correction), 48, 116
ハートリー–フォック基底状態, 61
ハートリー–フォック近似, 47, 71
ハートリー項, 9, 31
パーマネント (parmanent), 5
ハイアラキー (hierarchy), 47
ハイゼンベルクの運動方程式 (Heisenberg equation of motion), 49
ハイゼンベルグ表示 (Heisenberg representation), 43, 49, 62
配置間相互作用 (configuration interaction, CI), 27, 57, 58
ハイバーチェン (Hybertsen), 113
ハイブリッド汎関数, 16
ハウスホルダー (Householder) 法, 93
パウリ (Pauli) の排他原理 (exclusion principle), 5
波数ベクトル (wave number vector), 81, 83
ハット, 43
波動関数 (wave function), 1
波動関数の完全性 (completeness of wave function), 19
波動関数の繰り込み (wave function renormalization), 113
バトラー–ボルマー (Butler-Volmer) 式, 153
場の演算子 (field operator), 18, 20, 49
ハミルトニアン行列 (Hamiltonian matrix), 87
パリネロ (Parrinello), 99
バルク結晶 (bulk crystal), 84
反結合軌道 (antibonding orbital), 76, 80
反交換関係 (anti-commutation relation), 17, 18, 20
反対称性 (antisymmetry), 5
反転 (inversion), 86
バンドギャップ問題 (band gap problem), 16
反応速度論, 163
光吸収エネルギー (photoabsorption energy, PAE), 118
光吸収スペクトル (photoabsorption spectra) の計算, 105
非局所的な交換相関ポテンシャル, 105
非経験的 (ab initio), 99
非経験的分子動力学 (*ab-initio* MD), 129
被摂動ハミルトニアン (unperturbed Hamiltonian), 34
非占有軌道, 56
非占有軌道 $\nu$ に対する準粒子方程式 (quasiparticle equation), 31
非占有状態 (empty state) $\nu$ に対するハートリー–フォック方程式, 30
非占有電子状態の情報 (information of empty states), 25
ピュレイ力 (Pulay force), 99
ビリアル定理 (virial theorem), 7, 16
ファインマン (Feynman) 図形, 36
ファラデー（Faraday）効率, 147
フーリエ逆変換 (Fourier inverse transformation), 41
フーリエ級数 (Fourier series), 85
フーリエ変換 (Fourier transformation), 41
プールベ (Pourbaix) ダイアグラム, 127
フェニレン・ビニレン, 107
フェルミオン (Fermion), 4
フェルミ共鳴 (Fermi Resonance), 124
フェルミ準位 (Fermi level), 81
フェルミ接触 (Fermi contact) 相互作用, 3
フェルミの海 (Fermi sea), 50, 64
フェルミ分布関数 (Fermi distribution function), 70

フェルミ粒子 (Fermi particle), 4
フォック項, 9, 31
フォック交換項, 112
不完全基底力 (incomplete basis set force), 98
複素エルミート行列 (complex Hermitian matrix) の対角化ルーチン, 93
不純物系 (impurity system), 84
フタロシアニン, 109
ブラ (bra), 17
フラーレン (fullerene), 103
フラーレン誘導体 (fullerene derivative), 109
プラズマシャワー法 (plasma-shower method), 103
プラズモンポールモデル (plasmon pole model, PPM), 113
ブリルアン-ウィグナー (Brillouin-Winger) の摂動論, 34
ブリルアン-ウィグナーの公式, 35
ブロイデン (Broyden) 法, 91
ブロック・デビッドソン (block Davidson, BD) 法, 93, 100
ブロッホの定理 (Bloch theorem), 85
ブロッホ和 (Bloch sum), 85
フロンティアオービタル, 127
フロンティア軌道という質的実体, 148
分極関数 (polarization function), 40, 70, 105
分子軌道 (molecular orbital), 75, 121
分子動力学シミュレーション (molecular dynamics simulation), 97
分子動力学法, 174
平行 6 面体, 84
並進対称性 (translational symmetry), 84
平面波 (plane wave, PW), 85, 98
平面波展開法 (plane wave expansion method), 85, 98
ペインター (Painter), 16
ペインのアルゴリズム (Payne algorithm), 102
ベーテ-サルペータ方程式 (Bethe-Salpeter equation, BSE), 71, 117
ヘキサン, 95
ベクトルポテンシャル, 3
ヘディン (Hedin), 13
ヘディン (Hedin) の式, 41
ヘルマン-ファインマンの定理 (Hermann-Feynman theorem), 98
ヘルマン-ファインマン力 (Hellmann-Feynman force), 98
ペロブスカイト太陽電池 (perovskite solar cell), 104
変分力 (variational force), 98
法, 59
方程式の連鎖, 47
放電状態, 88
包絡関数 (envelop function), 85
ホーエンベルク (Hohenberg), 10
補強された平面波 (augmented plane wave, APW), 89
ボソン (Boson), 4
ポテンシャル・エネルギー表面 (potential energy surface), 95
ポリイン (polyine), 95
ボルツマン (Boltzmann) 分布, 163
ポルフィリン, 109
ボルン-オッペンハイマー (Born-Oppenheimer) 近似, 4, 99
ボルン-オッペンハイマー面 (Born-Oppenheimer (BO) surface), 98

## ま

マクロセル腐食, 191
マフィンティン (muffin-tin), 89
マフィンティン近似 (muffin-tin approximation), 89
マフィンパン (muffin-pan), 89
マリケン電子密度解析 (Mulliken population analysis), 171
ミクロセル腐食, 191
未知係数 (unknown coefficient), 56
密度行列 (density matrix), 46, 61
密度行列 (density matrix) を対角的にす

る表現, 27, 46
密度汎関数, 11
密度汎関数理論 (density functional theory, DFT), 11
密度汎関数理論の変分原理, 14
メラー-プレセット (Møller-Plesset), 33
網羅的計算, 157
網羅的に計算スクリーニング, 145
モンテカルロ法, 174

や

ヤナックの定理 (Janak theorem), 10, 15
有機薄膜太陽電池 (thin film organic solar cell), 109
誘電関数 (dielectric function), 40, 70
ユニタリー群 (unitary group), 63
ユニタリー変換 (unitary transformation), 6, 19, 20, 61
弱い共有結合 (weak covalent bond), 97
弱い面間の相互作用 (weak interlayer interaction), 82

ら

ラグランジアン (Lagrangian), 100
ラグランジュの未定乗数 (Lagrange multiplier), 9, 14, 100
ラッティンジャー-ワード (Luttinger-Ward) 汎関数, 32, 69
ラティマー-フロスト (Latimer-Frost) ダイアグラム, 132
乱雑位相近似 (random phase approximation, RPA), 70, 112
リチウムイオン内包, 103
立体障害, 107
立方調和関数 (cubic harmonics), 74, 77
粒子数演算子 (number operator), 18
粒子数密度 (particle number density), 6
粒子数密度演算子 (number density operator), 22
留数 (residue), 45
リュードベリ定数 (Rydberg constant), 74
量子化 (quantize), 83
量子モンテカルロシミュレーション (quantum Monte Carlo simulation), 13
リング図形 (ring diagram), 70
リング図形の和, 70
ルーイエ (Louie), 113
ルビスコ, 133
励起演算子の直交性 (orthogonality of excitation operator), 60
励起状態 (excited state), 2
レイリー-シュレーディンガー (Rayleigh-Schrödinger), 33
レウディン (Löwdin), 61
レウディンの直交化法 (Löwdin's orthogonalization method), 62
連結クラスター定理 (linked cluster theorem), 37, 68
連続スペクトル状態 (continuum spectral state), 88
連続の式, 106

わ

ワード (Ward)-高橋恒等式, 32, 48
ワニエ関数 (Wannier function), 86
ワンショット (one-shot), 112

## 執筆者紹介

### 大野 かおる（おおの かおる） 第 1 章，第 2 章 担当

1984 年 東北大学大学院理学研究科物理学専攻博士後期課程 修了・理学博士
同 年 日本学術振興会 奨励研究員
1986 年 東北大学教養部（物理学科）助手
1987 年 Alexisander von Humboldt 研究員（Mainz 大学，Jülich KFA）
1990 年 東北大学金属材料研究所 助教授
2000 年 横浜国立大学工学部知能物理工学科 教授
2001 年 横浜国立大学大学院工学研究院（物理工学分野）教授
現在に至る．

主要著書
『コンピュータシミュレーションによる物質科学』（共著，共立出版，1996 年）
『ナノシミュレーション技術ハンドブック』（共著，共立出版，2006 年）
『密度汎関数法の発展―マテリアルデザインへの応用』（共著，丸善，2012 年）
『計算と物質（岩波講座「計算科学」第 3 巻）』（共著，岩波書店，2012 年）
*Computational Materials Science: From Ab Initio to Monte Carlo Methods, 2nd Edition*（共著，Springer-Verlag，2018 年）

### 中村 振一郎（なかむら しんいちろう） 第 3 章 担当

1980 年 早稲田大学理工学研究科物理化学専攻 修了
1984 年 ストラスブール大学（仏）フランス国家博士号 (These D'Etat) 取得
同 年 分子科学研究所理論第一分野学術振興会 奨励研究員
1986 年 三菱化成（現 三菱ケミカル）横浜総合研究所 入社
2000 年 三菱化学科学技術研究センター・計算科学研究所長
2007 年 三菱化学フェロー
2009 年 東京工業大学連携客員教授
2011 年 理化学研究所 特別招聘研究員
現在に至る．

主要著書
*Solar to Chemical Energy Conversion, Lecture Notes in Energy* 32（共編著，Springer, 2016 年）
*Molecular Modeling Calculations, Organic Photochromic and Thermochromic Compounds* 2（Kluwer Academic Publishers, 1999 年）
*Catalyst Design, Encyclopedia of Computational Chemistry* 1（共著，Wiley，1998 年）

### 水関 博志（みずせき ひろし）　第 4 章 担当

1990 年　東北大学工学部材料物性学科 卒業
1995 年　東北大学大学院工学研究科材料物性学専攻博士課程後期 3 年の課程 修了・博士（工学）
同　年　東北大学金属材料研究所 助手
2005 年　東北大学金属材料研究所 助教授
2007 年　東北大学金属材料研究所 准教授
2013 年　韓国科学技術研究院 Principal Researcher
現在に至る.

主要著書
『レアメタルの代替材料とリサイクル』（共著，シーエムシー出版，2008 年）

### 佐原 亮二（さはら りょうじ）　第 4 章 担当

1994 年　東北大学工学部金属工学科 卒業
2000 年　東北大学大学院工学研究科材料物性学専攻博士課程後期 3 年の課程 修了・博士（工学）
同　年　東北大学大学院工学研究科 助手
2003 年　東北大学金属材料研究所 助手
2007 年　東北大学金属材料研究所 助教
2012 年　東北大学金属材料研究所 准教授
2013 年　国立研究開発法人物質・材料研究所 主幹研究員
2019 年　東北大学大学院工学研究科材料システム工学専攻 特任教授（研究）併任
現在に至る.

ナノ学会編
シリーズ：未来を創るナノ・サイエンス&テクノロジー
第5巻 計算ナノ科学
第一原理計算の基礎と高機能ナノ材料への適用

2019 年 7 月 31 日 初版第 1 刷発行

編著者 大野 かおる
共著者 中村 振一郎
水関 博志
佐原 亮二
発行者 井芹 昌信

発行所 株式会社 近代科学社
〒162-0843 東京都新宿区市谷田町 2-7-15
電話 03-3260-6161 振替 00160-5-7625
https://www.kindaikagaku.co.jp

大日本法令印刷 ISBN978-4-7649-5030-6

定価はカバーに表示してあります.